图灵教育

站在巨人的肩上

Standing on the Shoulders of Giants

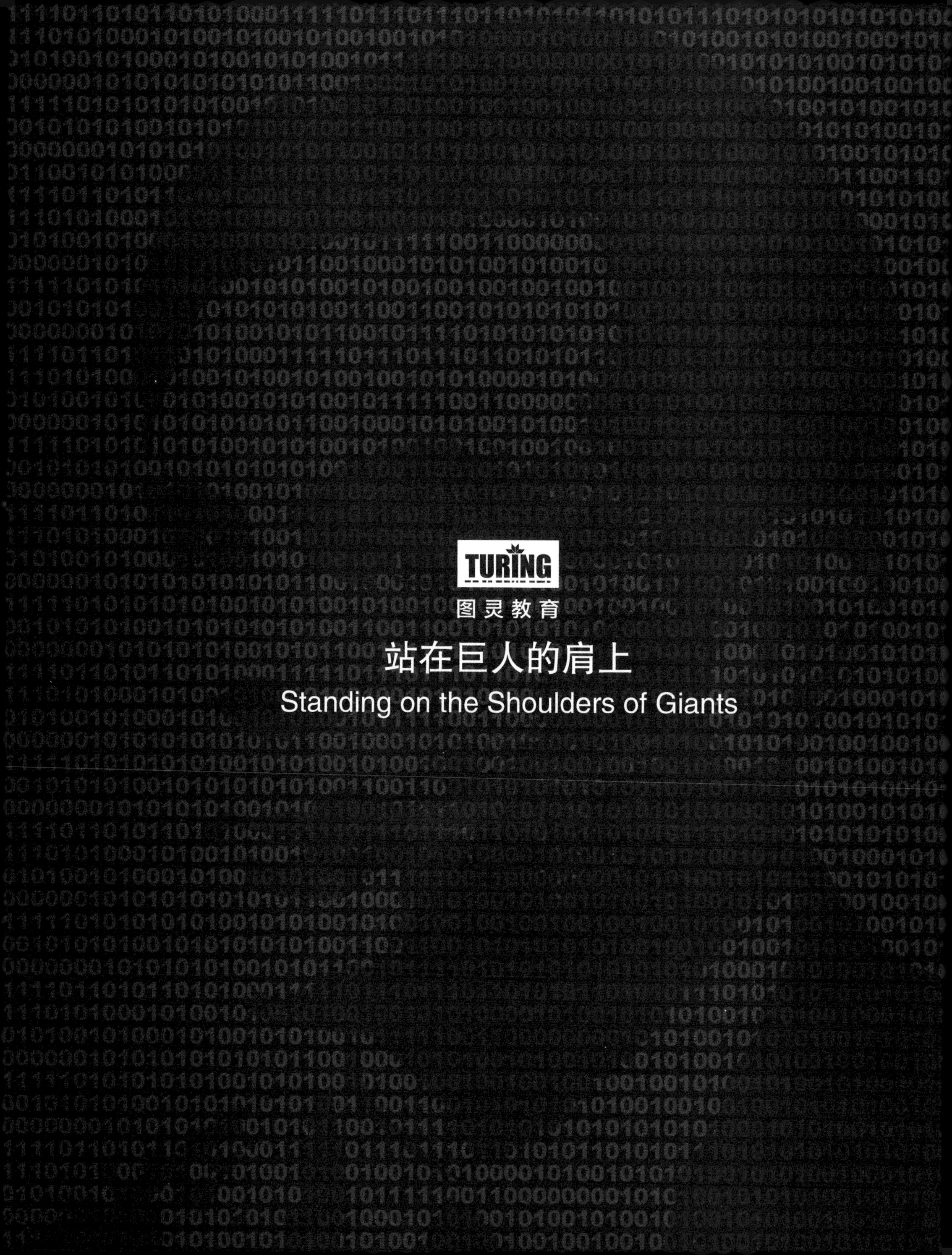
TURING
图灵教育
站在巨人的肩上
Standing on the Shoulders of Giants

The Art of Feature Engineering
Essentials for Machine Learning

特征工程的艺术

通用技巧与实用案例

[加] 巴勃罗·迪布（Pablo Duboue）著　陈光欣 译

人民邮电出版社
北　京

图书在版编目（CIP）数据

特征工程的艺术 ：通用技巧与实用案例 / （加）巴勃罗·迪布（Pablo Duboue）著 ；陈光欣译. -- 北京 ：人民邮电出版社，2022.5
ISBN 978-7-115-58841-8

Ⅰ. ①特… Ⅱ. ①巴… ②陈… Ⅲ. ①机器学习 Ⅳ. ①TP181

中国版本图书馆CIP数据核字(2022)第042515号

内 容 提 要

特征工程可以修改数据特征，更好地捕获问题本质，从而改进结果。这个过程既是一种艺术，也是技巧和诀窍的一种结合。本书是一本特征工程实用指南，主要探讨如何利用特征工程提升机器学习解决方案的性能。本书从特征工程的基本概念和技术开始介绍，建立了一种独特的跨领域方法，通过充分研究案例详细介绍了图数据、时间戳数据、文本数据和图像数据的处理方法，包括分箱、折外估计、特征选择、数据降维和可变长度数据编码等重要主题。

本书适合机器学习相关从业者和数据科学家阅读。

◆ 著　　[加] 巴勃罗·迪布（Pablo Duboue）
译　　陈光欣
责任编辑　杨　琳
责任印制　彭志环

◆ 人民邮电出版社出版发行　　北京市丰台区成寿寺路11号
邮编　100164　　电子邮件　315@ptpress.com.cn
网址　https://www.ptpress.com.cn
三河市中晟雅豪印务有限公司印刷

◆ 开本：800×1000　1/16
印张：13.25　　2022年5月第1版
字数：279千字　　2022年5月河北第1次印刷

著作权合同登记号　图字：01-2021-0126号

定价：89.80元

读者服务热线：(010)84084456-6009　印装质量热线：(010)81055316
反盗版热线：(010)81055315
广告经营许可证：京东市监广登字 20170147 号

版权声明

献给阿根廷国立科尔多瓦大学，教给我品行和知识的地方。

前　言

每本书都有写作理由，本书旨在帮助从业者处理以各种形式分布的信息。书的好坏是由读者判断的。初步的反馈表明，本书的内容非常丰富，而不是只涵盖明显符合人们直觉或共识的内容。出于个人喜好，我希望自己的工具箱中有很多工具，而不是只有几种通用工具。案例研究则得到了截然不同的反馈：有些审阅者非常喜欢它们，而另一些审阅者却不理解为什么要使用它们。我要说的是，为了将这些案例组织在一起，我付出了非常大的努力。每个人都有不同的学习方式。有些人是通过观察别人来学习的，如果你也是这样，那么本书就可以提供特征工程的很多端到端示例，我希望它们能帮助你明确各种概念。

如果你认为应该换一种方式来介绍这个主题；如果你觉得特征工程需要更加详细的处理，而不是纸上谈兵；如果你把本书放在一边，想自己写一些东西，那么我写作本书的努力就没有白费。

我对特征工程的兴趣始于 2005 年之后。当时我在 IBM 沃森研究中心工作，与 David Gondek 等人一起组成了击败《危险边缘》节目冠军的团队。本书的结构和很多思想来自这段经历。当时，David Ferrucci 主持的误差分析研讨会通常历时两天，节奏非常快，讨论的问题一个接一个，我们会就这些问题的解决思路展开头脑风暴。这是一段非常紧张的时间。我希望本书让你无须亲身经历这种痛苦便能从这种经历中受益。即使我们已经不在一起工作好多年了，此次能够成书，还是要感谢他们的努力。

离开 IBM 之后，在从事咨询工作的日子里，我见到无数专业人员因为缺少特征工程工具而放弃了很多有前途的方法。本书正是为他们而写的。

2014 年，我在阿根廷国立科尔多瓦大学讲授“大数据集上的机器学习”课程，课上的学生也对本书的写作起了重要作用。2018 年特征工程研究生课上的学生对本书的初稿进行了“测试”。

温哥华的数据科学社区，尤其是 LearnDS 线下读书会的成员，提供了非常有帮助的建议，其中有些人还对本书进行了审阅。

有 30 多人对全书或部分章节进行了审阅，我向他们致以诚挚的谢意。他们是（按照姓氏的字母顺序排列）：Sampoorna Biswas、Eric Brochu、Rupert Brooks、Gavin Brown、Steven Butler、Pablo Gabriel Celayes、Claudio Conejero、Nelson Correa、Facundo Deza、Michel Galley、Lulu Huang、Max Kanter、Rahul Khopkar、Jessica Kuo、Newvick Lee、Alice Liang、Pierre Louarn、Ives Macedo、Aanchan Mohan、Kenneth Odoh、Heri Rakotomalala、Andriy Redko、David Rowley、Ivan Savov、Jason Smith、Alex Strackhan、Adrián Tichno、Chen Xi、Annie Ying 和 Wlodek Zadrozny，等等。出版社还安排了一些匿名审阅者，使本书草稿更加适合现在的教学内容，我也要向他们表示感谢，抱歉不能将其姓名一一列出。匿名审阅者是高质量科学出版的重要基础。

出版社还使本书从概念变成了最终产品。感谢 Kaitlin Leach 帮助我完成了错综复杂的出版过程，以及 Amy He 督促我按照计划写作。

写书总是会严重影响家庭生活，本书更是与我的家庭紧密联系在一起，因为我的夫人 Annie Ying 也是一位数据科学家。[①]本书的成形始于我使用配偶签证在纽约和她共度的一个假期。她校对了每一章，并帮助我在写作的黑暗时期保持清醒。没有她的帮助，本书不可能完成，甚至不会开始。Annie，非常感谢，我爱你。

① 你可以说我们是不可思议的一对儿。

目　录

第一部分　基础知识

第一部分

基础知识

本书第一部分主要介绍与领域无关的特征工程技术和整个过程。尽管领域知识在机器学习任务中非常重要，但在很多时候，细致的数据分析可以让我们避免做出糟糕的假设，无须领域知识也能得到高性能的模型。

没有高深的领域知识能否进行高质量的特征工程，是特征工程领域中一个充满争议的话题。一位名为 Nicholas Kridler 的网络竞赛优胜者在演讲“Data Agnosticism：Feature Engineering without Domain Expertise”中说，“可靠的数据分析与快速迭代可以生成高性能的预测模型”，这种模型可以帮助我们在没有领域知识的情况下找出特征。在第一部分中，我们将对这种观点进行研究。

即使你缺少领域知识，也不要低估从数据集中获得的知识。Desmond 和 Copeland 在他们的著作 *Communicating with Today's Patient* 中写道，在医生的诊断中有两种有效的知识：（医生的）医学知识和（患者自身的）身体知识。如果你能按照第 1 章中介绍的数据分析过程和第二部分中的实例进行研究与分析，那么随着时间的推移，即使你不了解问题领域，也能成为精通数据集的专家。

第1章

简　　介

你的手里有一些数据。你用它们训练了一个模型，但结果不尽如人意。你认为应该继续做些工作，但该做些什么呢？可以尝试改善一下模型，也可以收集更多数据，这些都是获得更好结果的正确方法。其实还有第三种方法，就是修改数据特征以更好地捕获问题的本质。这种方法称为特征工程（feature engineering，FE），它从某种程度上说是一种艺术，从另一种程度上说是一些技巧和诀窍的融合。在随后的章节中，我希望你能获取一些新的思想，以提高机器学习解决方案的效果。

为了理解 FE 的重要性，我们用数学教科书中应用题的解决方法做个类比。例如，请看下面这个问题。

> 夫妻二人相距 30 米，以每小时 8 千米的速度相向而行，一只狗在二人之间以每小时 16 千米的速度来回奔跑。到二人相遇为止，这只狗奔跑的总距离是多少？

根据问题的描述方式，解决这个问题需要做一个积分（将这只狗的所有奔跑距离加起来），或者使用小学算术（先算出夫妻二人相遇需要的时间，再算出狗在这段时间内以其速度奔跑的距离）。我们很容易忽视问题描述方式的重要性，也很难在教学中将这种重要性传达给学生。机器学习（machine learning，ML）也面临同样的问题：多数 ML 算法将现实问题表示为“特征”的向量，这些“特征”就是能使用算法处理的部分现实。首先，最关键的是选择正确的表示方法；其次，有时候可以在算法外部对特征进行预处理，综合一些来自问题领域的理解以更好地解决问题。这种处理就是 FE，往往可以获得无法通过算法调优得到的性能提高。本书将介绍这些技术和方法。

本书结构。本书分为两部分。在第一部分中，我[①]会介绍 FE 的思想和方法，尽量做到不与具体领域相关。第二部分通过案例研究的方式，以具体示例来说明各种技术在某些核心领域（图数

① FE 中有大量存在争议的话题。如果我觉得你可能需要对我的意见特别小心，就会使用“我”将我的个人意见与更多人接受的意见区别开来。使用“我”并不是说这些意见不那么受欢迎，只是在提醒你要批判性地阅读相关内容。

据、时间序列、文本处理、计算机视觉，等等）中的应用。这些案例的所有代码和数据都能在开源许可下使用。

本章介绍 FE 的定义和其中的一些主要过程。FE 的核心就是对 **ML 周期**（见 1.3.1 节）进行扩展，使之能够容纳 FE 过程（见 1.3.2 节），此外，它还包括一个数据发布计划，以避免过拟合，这是在评价模型时的一种考虑（见 1.2 节）。在这个周期中，有两类分析是非常重要的，一类是在 ML 开始之前进行的（**探索性数据分析**，见 1.4.1 节），另一类是在 ML 周期结束之后进行的（**误差分析**，见 1.4.2 节），二者能为 FE 过程中的下一个步骤提供信息。我们还将讨论与 FE 相关的另外两种过程：**领域建模方法**有助于特征形成（feature ideation，见 1.5.1 节），由此会导致不同的**特征构建**（feature construction，见 1.5.2 节）技术。本章最后会对 FE 做一些总体上的讨论，重点在于 FE 在超参数拟合中的应用，以及应在何时使用 FE 和为什么使用 FE（见 1.6 节）。

第 2 章讨论基于特征的整体行为来修改特征的 FE 技术，包括归一化、缩放、异常值处理和生成描述性特征。第 3 章讨论特征扩展和特征填充，并将重点放在可计算特征上。第 4 章介绍一种重要的 FE：通过修剪或投影到一个更小的特征空间上，对特征进行自动缩减。第 5 章是第一部分的最后一章，介绍了几个高级主题，包括对可变长度特征向量的处理、用于深度学习（deep learning，DL）的 FE，以及自动 FE（可以是监督的，也可以是无监督的）。

第二部分给出的案例研究来自一些 FE 被充分理解和广泛使用的领域。研究这些技术，可以帮助我们在 FE 尚未成熟的领域中开展工作。在这些领域中，不要将本书中的案例作为综合性的指导材料，应该参考每个具体领域的专业图书，本书每章结尾都会推荐一些这样的书。这些案例的作用是帮助你进行头脑风暴，获得在具体领域中进行 FE 的思路和想法。此外，我使用的说法可能会与相关领域中的常用表述有些细微的差别。本书还提供了一个数据集（前四章都会使用），它是为了讲述 FE 而专门建立的，其中包括图数据、文本数据、图像数据和时间戳数据。我们的任务是基于各种可用数据来预测世界各地 80 000 个城镇的人口数量，第 6 章会详细描述这个任务。我们研究的领域包括图数据、时间戳数据（第 7 章）、文本数据（第 8 章）和图像数据（第 9 章），第 10 章介绍了一些其他领域，包括视频、地理数据和偏好数据。这些章节使用的源代码是用 Jupyter 笔记本实现的。不过，不需要研究这些代码，你一样可以理解这些案例并跟上讲解。

如何阅读本书。本书主要面向 ML 从业人员，即已经使用数据训练了一些模型的人。针对这些读者，本书可以在以下两种情形下提供帮助。

第一，你想进行更好的 FE。也就是说，你已经进行了一些简单的 FE，但发现还有更多工作要做。仔细地阅读本书第一部分，你会产生一些新的想法并可加以尝试。需要特别重视的是 1.3 节中提出的周期概念，看看你是否能够理解。你可以尝试一下这一节中的周期，也可以开发适合自己的周期。在进行 FE 时，你应该有一个流程，这样就可以确定何时结束 FE，以及如何分配工作和评价数据。在此之后，你可以进入第二部分，进行案例研究。第二部分中的工作旨在引发一些交流和讨论。对于数据和应用领域，你可以提出自己的观点、想法和意见。正如总结分析中所提到的那样，我对每个案例研究中自己的很多决策是不太满意的。希望你能在案例研究中提出更好的方法，这是你掌握 FE 的最快途径。我也希望你能在本书提供的数据集和代码上试验你的想法并得到启发。

第二，你有一个数据集和一个问题，需要 FE 的帮助。为此，你需要更加细致地阅读特定章节。如果你的领域是结构化的，请参考第 6 章中的案例研究，并在需要时阅读第一部分中的关联材料。如果你的领域关注传感器数据，请阅读第 9 章。如果关注离散数据，请阅读第 8 章。如果领域中有时间成分，请阅读第 7 章。如果数据的特征过多，请阅读第 4 章。如果你觉得有迹象表明特征没有被 ML 算法很好地捕获，请使用第 3 章中的思想试验一下特征的向下钻取。如果某个特征值与其他值和特征之间的关系可能很重要，请阅读第 2 章。最后，如果你有可变长度的特征，5.1 节会对你有所帮助。

读者应具备的知识背景。ML 从业者的背景多种多样，ML 研究者也同样如此，这意味着当前工作中使用的方法也五花八门。很多技术需要高深的数学知识才能理解，但使用起来并不需要这些数学知识。本书将尽量避免这种高深的数学解释，但假定你拥有以下知识：ML 算法（决策树、回归、神经网络、k 均值聚类，等等）、线性代数（矩阵求逆、特征值和特征向量、矩阵分解）和概率（相关性、协方差、独立性）。如果你需要学习这些知识，1.7 节提供了一些合适的材料。从业者的时间有限，所以对学习要有一个战略规划。第一部分介绍的很多技术超出了这些背景知识的范畴，如果某一技术在你的关键路径上，你需要对其进行深入研究的话，请全面阅读书中提供的学习材料。

本书中会使用以下缩写：ML（机器学习）、NN（神经网络）、IR（信息检索）、NLP（自然语言处理）和 CV（计算机视觉）等。

1.1 特征工程

监督 ML 系统的输入被表示为一个训练示例的集合，这些示例称为**实例**（instance）。分类或回归问题中的每个实例都有一个**目标类**（target class）或**目标值**（target value），它可以是离散的（分类），也可以是连续的（回归）。下面的讨论面向的是目标类和分类问题，但同样适用于目标值和回归问题。除了目标类，每个实例还包含一个固定长度的向量。这个向量由**特征**（feature）组成，表示这个实例的特有信息，ML 从业者期望这些信息可以用于学习（有些作者使用“变量”或“属性”来称呼特征，只是说法不同，其实是一回事）。

在解决 ML 问题时，目标类和实例通常是作为问题定义的一部分事先给出的。它们就是我所称的**原始数据**（raw data）的一部分。这种原始数据通常来自于数据收集过程，有时候是通过运行中系统上的数据采集钩子获取的，而目标类可以从系统中或者通过人工标注（有合适的指导规则和交叉标注协议）获得。特征本身并不是特别清晰，为了将原始数据转换为特征，需要在**数据流水线**（data pipeline）上执行一个**特征化**（featurization）过程（见 1.5.2 节）来提取特征。这个过程通常伴随着**数据清洗**（data cleaning）和数据增强。

将原始数据与特征区分开可以明确地做出建模决策，这需要选择和组装特征集。如果原始数据是表格形式的，那么每一行都可以作为一个实例，将每一列作为一个特征可能是一种不错的做法。不过，需要紧密联系我们要解决的具体问题，才能确定将哪些列作为特征，以及要在这些列上进行何种预处理（比如聚类）以获得特征。通过探索性数据分析（见 1.4.1 节）和特征化（见 1.5.2 节）可以更好地做出这些决策。因此，出于为 ML 算法进行问题建模的目的，可以将特征定义为能从原始数据计算得出的任意值。本章关于领域建模的那一节（见 1.5.1 节）会讨论什么才是好的特征以及如何得到好的特征。

原始数据与特征之间的区别非常重要，决定了成功 FE 背后的决策类型。本书第二部分将研究一些示例，其原始数据包括有几十万个节点的图、有数百万单词的文本和有几亿像素的卫星图像，其中的特征包括某个给定的国家或地区中各个城市的平均人口，或者单词“congestion”是否出现在某一段文本中。

有了这些定义，就可以定义 FE 了。这个名词对于不同人来说有细微的差异，我还没发现一个现有定义能表达本书中 FE 的含义。因此，我自己给出了一个定义，它可能与其他从业者的理解有所不同。

> 特征工程是一种表示问题域以使其适合应用学习技术的过程。这个过程包括对特征的初始发现，基于领域知识对特征的逐步改进，以及观测某种给定 ML 算法在特定训练数据上的性能表现。

FE 的核心是一种表示问题，也就是说，它是一种调整数据的表示方式以改进 ML 算法效果的过程。FE 要使用领域知识，也会使用与 ML 方法本身相关的知识。FE 非常困难、昂贵，并且需要花费大量时间。

FE 有多种名称，比如**数据整理**（data munging）和**数据处理**（data wrangling），有时候也是特征选择（这个名称显然有局限性，正如 4.1 节中讨论的那样）的同义词。

Jason Brownlee 认为：

> （特征工程）是一种艺术，就像工程是一种艺术、编程是一种艺术、医学是一种艺术一样。它有定义良好的过程，条理分明、可以证明、可以理解。

我赞成另外一些作者的观点，即认为 FE 是一些过程的总称，这些过程包括特征生成（从原始数据产生特征）、特征转换（形成当前特征）、特征选择（找出最重要的特征）、特征分析（理解特征的行为）、特征评价（确定特征的重要性）和自动化特征工程方法（在没有人工干预的情况下执行 FE）。请注意，在很多情况下，"特征工程"这个名词只用来表示以上某一种活动。

特征工程的例子包括特征归一化（见 2.1 节）、计算直方图（见 2.3.1 节）、使用当前特征计算新特征（见 3.1 节）、补充缺失特征（见 3.2 节）、选择相关特征（见 4.1 节）、将特征投影到较低维度中（见 4.3 节）以及本书讨论的其他技术。

业内有种普遍的共识，就是应该在 FE 中加入领域知识。因此，本书用一半篇幅介绍有具体领域背景的 FE，在这些领域中，FE 被认为是学习的一种关键成分。例如，发现某种特征值在一个阈值之后是没有用处的（见 6.4 节），或者计算均值以表示数据的循环本质（见 7.3 节），或者将以相同字母开头的单词分为一组（见 8.5.2 节）。甚至自定义信号处理（见 9.8 节）也是使用领域知识为 ML 算法修改特征表示方式的一个例子。

Yoshua Bengio 认为：

> 好的输入特征是 ML 取得成功的基本条件。在产业化的 ML 中，特征工程所占的工作量接近 90%。

这种说法也可以在特征形成的水平上得到验证，正如 1.5.1 节中所讨论的。例如，如果你认为电子邮件使用人像照作为主题照片会有更高的转化率（即会促成更多销售），就可以创建一个二元特征，记录主题照片是否是人像照（如何计算这种特征是另外一个问题，你或许需要一个独立的 ML 系统来实现）。你自己（如果你是领域专家）或者通过**咨询领域专家**可以提供与需求相关的信息，来扩展现有的原始数据。例如，如果有理由认为一个数据中心的电力消耗可能与服务器中断相关，就可以要求开始记录电力消耗的测量值，并将其用于学习。作为 FE 流程的一部分，原始数据应该被转换为特征，以强调它们与目标类之间的联系（例如，在一个健康评估任务中，将体重转换为 BMI）。

Andrew Ng 认为：

> 总结出特征是非常困难的，需要花费大量时间，而且需要专业知识。“应用机器学习”基本上就是特征工程。

FE 对要使用的 ML 算法非常敏感，因为某种类型的特征（如分类特征）在某种算法（如决策树）中的效果要远远好于在另外一种算法（如 SVM）中的效果。通常，我们希望更好的特征会改进任意 ML 算法的效果，但特定操作往往只在特定算法上更有效。只要有可能，我会尽力在本书中说明这一点。

进行 FE 通常是出于被动响应：原始数据到特征的初始转换（特征化）没有达到预期效果或者效果还不足以投入实际生产应用。在这个阶段，经常要做的一项工作是**模型海选**（model shopping），这只是我的一种说法，还有人称之为**数据捕捞**（data dredging）或者**在算法领域的随机游走**。也就是说，不用思考太多，只要可用，就先把各种 ML 软件包都试验一下。一般来说，如果 ML 模型具有相似的决策边界，那么它们之间的差别就不会太显著，在多次重复上述过程之后，最后选定的算法几乎肯定是过拟合的（即使进行了交叉验证来避免模型的过拟合，模型选择决策与训练数据也联系得过于紧密）。根据我的经验，精心选择的 FE 过程可以凸显原始数据中的不少价值，有时甚至可以对数据进行扩展（例如，按照 IP 添加地理位置）。

Pedro Domingos 认为：

> 一些机器学习项目成功了，还有一些失败了，是什么造成了这种差别呢？显然，最重要的一个因素就是它们使用的特征。

实施 FE 的另一个原因是为了让特征更容易被人理解，从而得到可以解释的模型。在模型不是用来预测而是用来推断时，就是这种情况。

还有两个更加抽象的原因。第一，正如 Ursula Franklin 博士在 1989 年的 CBC Massey Lectures 中所说，“工具通常会重新定义问题”。FE 的着眼点在于当前领域中的问题解决过程。ML 是不能独立存在的。第二，如果有了合适的工具箱，就会让你的自信心“爆棚”。斯蒂芬·金在他的纪实作品《写作这回事》中，就指出了这一点：

> 建立你自己的工具箱……然后，工作就不会再困难和令人沮丧，你会迫不及待地使用正确的工具立刻投入工作。

最后，很多类型的原始数据需要先进行大量的 FE 工作，然后才能被 ML 使用。第二部分中的领域都属于这种情况，有特别多属性的原始数据也是如此。

我引用 Dima Korolev 关于过度工程（over-engineering）的一段话，作为本节的结尾：

> 在特征工程阶段，最有成果的一段时间就是在白板上设计的时候。确定特征工程正确实施的最好方式就是对数据提出正确的问题。

1.2 模型评价

在介绍 ML 和 FE 周期之前，我们先花点时间看一下如何评价训练所得模型的性能。有人说，在正确的方向上爬行，胜过在错误的方向上奔跑，ML 也是如此。如何评价训练得到的模型，对模型选择和可以执行的 FE 类型有非常大的影响。在确定模型的评价方式时，如果只根据 ML 工具箱中的哪种度量方式容易使用来选择，那将是一个巨大的错误，特别是因为很多工具箱允许你加入自己的度量方式。

下面首先简要地讨论一下对模型的度量，很多书中有相关内容，然后介绍交叉验证与模型评价的关系（见 1.2.2 节）以及与过拟合相关的问题（见 1.2.3 节），最后讨论维数灾难。

1.2.1 度量

作为问题定义的一部分，应该使用何种度量方式评价算法训练结果，是值得花费一些时间进行思考的重要问题。度量方式与所训练模型的基本用途是紧密联系在一起的。不是所有误差都对你的应用有同样的影响。不同的度量方式会对特定误差进行不同的惩罚。熟悉各种度量方式可以帮助你选择任务所需的正确度量方式。我们先从分类问题的度量方式开始，然后讨论回归问题的度量方式。

理解误差和度量的一种非常好的方式是使用**列联表**（contingency table，也称为交叉分类表），在预测二元分类时，列联表的形式如图 1-1 所示。

		实际值	
		+	−
预测值	+	真阳性	假阳性
	−	假阴性	真阴性

图 1-1 预测二元分类的列联表

一般来说，最好能分辨**假阳性**（第一类错误，即系统预测出不存在的东西）和**假阴性**（第二类错误，即系统没有识别出它本应识别的东西）。某些具体应用相对而言更能容忍某一类错误，而更不能容忍另一类错误。例如，当对数据进行预筛选时，可以容忍第一类错误；与之相对，确定商店行窃者的应用几乎不能容忍第一类错误。

仅测量分类器输出正确结果的次数（**准确率**，即真阳性加上真阴性再除以总数）通常是不够的，因为背景类别会使很多重要问题发生严重的偏差（此时真阴性会主导计算结果）。如果在 95%的时间内不会发生异常，那么断言异常永远不会发生只有 5%的错误率，但这根本不是一个有用的分类器。

第一类错误和第二类错误通常用比值来表示，例如，用真阳性数量除以所有标记实例的数量。这种度量有很多名称，包括**精确度**（precision）和 PPV（阳性预测值）：

$$\text{精确度} = \frac{|\text{正确标记的数量}|}{|\text{标记的数量}|} = \frac{tp}{tp + fp}$$

你也可以关注假阴性，这种度量方式称为**召回率**（recall）、TPR（真阳性率）或敏感度（sensitivity）：

$$\text{召回率} = \frac{|\text{正确标记的数量}|}{|\text{应该标记的数量}|} = \frac{tp}{tp + fn}$$

这种度量方式会告诉你系统是否丢失了很多标记。

还有其他度量方式，比如 NPV（阴性预测值）和 TNR（真阴性率）。如果你想把精确度和召回率综合为一种度量，可以使用它们的加权平均，称为 **F_β 指标**，其中 β 表示更注重精确度还是召回率：

$$F_\beta = (1 + \beta^2) \cdot \frac{P \cdot R}{\beta^2 P + R}$$

将 β 设置为 1，这个指标就变成了 F_1，或简写为 F，表示同样注重精确度和召回率（$2^{PR}/P + R$）。另一种综合精确度和召回率的常用度量方式是 **ROC 曲线下面积**（AUC-ROC）。通过变化模型的敏感度参数，可以得到一条召回率相对于假阳性率（1-TNR）的曲线，这种方式度量的就是该曲线下的面积。

请注意，使用 F_2 还是使用 F_1 会显著改变模型评价的结果。如果你对任务一无所知，可以使用 F_1；随着你对任务越来越了解，就可以使用更好的度量方式（甚至可以设计新的度量方式）。例如，在回答 TREC 竞赛的问题时，组织者分发的脚本会根据问题结果计算 36 种度量方式。仅关注一种度量方式通常是高层决策者更喜欢的方式，但作为熟悉 ML 算法和源数据的从业者，你更应该使用各种不同的度量方式，以更好地理解训练所得模型的行为。最后，我建议建立一个完整的误差分析过程（见 1.4.2 节）。

在有多个评价者、多条评价意见时，可以使用评分者间信度的度量方式，比如 Fleiss kappa 系数，它测量的是由于偶然因素能够达到的一致性，其分子测量的是实际观测到的由于偶然因素达到的一致性。

对于回归问题，误差可以用差来测量，但这样负的误差会和正的误差抵消，所以有必要取误差的绝对值。不过，绝对值不是连续可导的，所以我们通常使用误差的平方，即均方误差（MSE）。为了让度量与原始信号有同样的单位，你可以求出均方误差的平方根，得到 RMSE。还有一些不太常用的误差度量方式，例如，你可以不使用平方，转而使用另一种指数，或者使用负的误差代替正的误差。请注意，如果直接使用误差作为 ML 算法（例如，训练一个神经网络）优化过程的一部分，那么连续可导的要求就是非常重要的。你还可以在执行算法时使用一种度量，在评价结果时使用另一种度量，并看一下它们是否与基本目的（**效用度量**）相符合。

最后，上面讨论的度量方式都使用均值，都试图总结出模型行为最有代表性的方面，但无法体现结果中的**方差**（variance）。这个话题在 ML 中已经得到了非常深入的研究，就是**偏差**（bias：学习了错误的事情；由于模型局限性而产生的误差）与**方差**（variance：学习了分散的点；由于有限的数据抽样以及不同样本生成的不同模型而产生的误差）的均衡问题。

1.2.2 交叉验证

交叉验证（cross-validation）是一种在评价模型时通过降低因分配给模型检验的数据而造成的损失来处理小数据集的技术。一般来说，这是因为长久以来有一种思想，认为检验数据被“浪费”了，因为它们不能用来估计模型参数。然而，保留一部分数据以搞清楚训练出来的 ML 模型在实际生产中的效果到底如何，显然比这些数据对模型产生的边际影响更有价值：如果增加 20% 的数据会使模型有非常大的改变，那么模型就是不稳定的，而且实际上不会有什么好的效果。通常，一个更简单、参数更少、在现有数据上表现得更加稳定的模型会更加符合你的需要。

而且，将模型作为一个大型解决方案中的一部分，与在检验数据上运行模型所得到的效果是密切相关的。对模型在未知数据上的运行效果有良好的了解，你就可以利用模型本身之外的业务逻辑解决模型的许多不足之处。你是想要一个虽然 RMSE 低 5%但模糊晦涩、无法理解的模型，还是一个误差表达清楚、检验合格且能被潜在用户接受并顺畅交流的模型呢？（当然，如果你不清楚两个模型的效果如何，可以选择 RMSE 更低的那个，但我会对模型的行为做进一步的研究。）使用检验数据来获取这种更加全面、深刻理解的过程称为误差分析，我们将在 1.4.2 节中进行讨论。

交叉验证的基本原理是将训练数据随机地分成 N 折，然后让系统进行 N 次训练和检验：对于每一折数据，都使用其余 $N-1$ 折数据训练一个模型，然后用这个模型在这一折数据上预测标记或值。在具体的领域中，注意要在划分数据时让每一折数据都包含数据的完整表示，然后在实例集合中（而不是所有实例中）随机划分。举例来说，如果在多份用户日志上进行训练，那么同一用户的记录就应该在同一折中，否则评价结果不能代表实际生产中的行为。还要注意的是，所有标签都应该出现在训练集中。

在这个过程的末尾，可以在标记好的完整数据集上计算出评价指标（微评价），也可以计算出每一折上评价指标的均值（宏评价）。我个人更倾向于微评价，因为它不依赖于折的数量，但宏评价的方差能非常好地估计模型在现有数据上的稳定性。

折外估计

交叉验证有一个特别好的用途，就是根据目标变量使用分折数据计算特征转换估计，本书介绍的很多技术是有这种需要的，包括第 6 章中的案例研究。如果不使用交叉验证，这种估计就会造成所谓的**目标泄露**（target leak），即构建出糟糕的特征，其中会有因 ML 算法错误而造成的目标类。这种目标泄露通常是有害的。当实现调用模型的生产代码时，在发现目标泄露之前，要对那些好得令人难以置信的评价结果进行充分的调查研究。（“什么，我需要损耗率来计算这个特征？我不知道损耗率，所以才要调用你的模型！”）这种根据目标变量使用分折数据来估计特征转换的技术称为**折外**（out-of-fold）**估计**，使用得非常普遍，以至于有个专门的简写 OOF。在使用数量较多的折时要非常小心，要使估计足够稳定。6.4 节中给出了一个例子。

1.2.3 过拟合

过拟合是 ML 领域中一个被研究得非常深入的主题，当前的一般 ML 图书对此都有详细的介绍。对于 FE 来说，过拟合也是一个非常重要的问题。在进行 ML 时，我们要对现有数据拟合一个模型，这种拟合是以泛化为目的的，也就是外推。如果模型与原始训练样本过于接近，无法泛化，就出现了过拟合。这就是在训练监督学习模型时总要使用一个独立测试集的原因。在训练集上进行评价会得到一个过于乐观的结果，不能代表模型在新数据上的行为。

现在，训练数据和测试数据都是总体数据的一个**样本**，而我们计划在总体数据上使用模型。有时候，通过一系列训练和评价步骤，我们可以获得一些对完整样本的深刻理解。ML 过程中如果出现了过拟合，原因可能不仅仅是在训练数据上进行检验，还可能更加棘手，比如选择了次优的模型、模型参数或者特征（本书的重点），虽然它们恰好在样本上表现得更好，但当被应用在实际的总体数据上时，效果就会很差。

举个例子，假设你想预测一种药物是否会产生某种不良反应以及患者是否应该停止用药。训练数据是在冬季收集的，其中的一个问题是患者是否时常感到口渴。这个问题被认为是一个非常有用的特征。你会发现，在夏季的几个月中，这个特征表现为阳性的频率要高得多。在实际应用中，这就产生了很多假阳性。这样我们就可以得出结论，模型特征对于测试集是过拟合的。

在各种技术水平的从业者之间，我曾经听说过这样一种误解：与使用一个保留集相比，交叉验证更不容易产生过拟合。事情显然不是这样的。如果你重复不断地“盘问”数据，那么结果就会越来越适合样本而不是总体数据。统计学已对这个问题进行了非常透彻的研究，并提出了像 Bonferroni 修正这样的技术。Bonferroni 修正大致来说就是，如果使用同样的数据来回答 N 个问题，那么统计显著性阈值就必须大大降低，差不多要除以 N（这使得拒绝零假设变得更难，因此需要更多额外的证据来达到显著性）。对于 FE，我还没有看到类似的规则，但因为我在下一节中提倡只使用一次保留集，这就要看个人的选择了。

1.2.4 维数灾难

在设计特征集时，必须特别小心以避免**维数灾难**（curse of dimensionality）。高维空间的主要问题是所有数据都变得非常接近，即使仅仅是偶然的。如果多数维度上都是同样的值，那么其他少量维度上有意义的差别就会被淹没，这时就会出现上面所说的情形。而且，数据中的维度越多，需要的训练数据就越多（一条经验法则是，每个维度上至少要有 5 个训练实例）。

1.3 周期

给定一种 ML 算法以及一些已经识别出的特征，就可以根据训练数据估计出算法参数，然后在**未知数据**上评价。本书的目的就是提供一些工具，让你在一个流程上进行几个周期的迭代，以找出更好的特征，这个流程就称为**特征演化**（feature evolution）。如果测试集被多次使用，就会导致过拟合（下一节会详细讨论），也就是说，会找出一个次优模型，该模型在测试集上表现良好，但在应用到真实的新数据上时，效果就会变差（如果部署到生产环境，会产生不良后果）。为了避免这个问题，最重要的是在特征演化过程中使用一个测试集，并留出足够多的测试数据进行最后的评价。这种数据应该是新的、保留的数据；如果你正在研究一个能持续生成标记数据的过程，那么新生成的数据也可以。

1.3.1 ML 周期

要建立一个能根据当前可用信息调整自己行为的计算机系统，通常需要将该任务进一步划分为几种类型的子问题。至今为止，最常见的 ML 问题就是功能外推。在这种情况下，外推就是先给定某种功能的一些已知点，然后预测该功能在另一个不同的点集合上会有何种表现。这就是分类器的**监督学习**（supervised learning），将在下一节进行讨论。

尽管监督学习是最常见的问题与技术，但我们在 ML 中还会遇到很多其他问题（见表 1-1）：如无监督学习（unsupervised learning，目标是在未标注数据中发现结构）、强化学习（reinforcement learning，使用延迟反馈在数据中猜测标注）、主动学习（active learning，选择哪个数据将在随后标注）以及半监督学习（semi-supervised learning，混合了标注数据和未标注数据），不一而足。这些问题和技术多数是在由特征向量组成的对现实的表示上进行操作的，本书中介绍的技术对这种表示非常有帮助。

表 1-1 ML 类型

学习类型		目标	示例/优点
监督学习		功能外推	根据网站访问者的行为，确定如果提供优惠券，他们是否会购买
无监督学习		在未标注数据中发现结构	对网站上不同的典型用户行为进行分组，以创建用于营销的用户画像
其他	强化学习	从过去的成功和错误中进行学习	游戏 AI
	主动学习	选择将在下一步标注的数据	与监督学习相比，标注的工作量更小
	半监督学习	混合已标注数据和未标注数据	需要的标注更少

监督 ML 算法的核心包括一个要进行学习的问题表示，一个要最小化或最大化的目标函数，以及一种在潜在表示空间中引导搜索的优化方法。例如，在一棵决策树中，问题表示是要建立的树，目标函数是一个度量，表示树将训练数据划分为同质集合的好坏程度，而优化方法可以用来选择能改进较差子集合的特征分割。最近有一种将这三种成分进行显式化表示的趋势，是由像 TensorFlow 这样的 NN 框架引领的。

下面的 ML 周期（见图 1-2）不仅遵循了领域中的共识，而且扩展了原始数据与特征化之间的关系。这个周期开始于在原始数据(1)上的探索性数据分析（EDA，图中的标号是(2)），我们将在 1.4.1 节中讨论这个话题。根据对数据的理解(3)，你可以更加明智地选择(4)一个 ML 模型(5)。在这一阶段，还需要确定模型评价的度量方式(6)。有了模型之后，你可以继续对原始数据进行特征化(7)以生成特征(8)，原始数据随后可以划分(9)为训练集(10)、开发集(11)和测试集(12)。训练集与测试集应该是完全分离的，因为我们想知道模型预测新数据的能力。测试集至少占数据的

10%，还有人建议要达到 30%。[①]然后，在训练集上训练模型(13)。开发集（如果有）用来进行超参数搜索(14)，这个步骤依赖于具体模型。超参数搜索得到的最优模型在测试集（保留数据）上进行评价(16)。这个周期最后得到的就是一个训练模型(15)和一个可信的评价结果(17)。请注意，保留数据只能进行一次模型测试。不要进行所谓的“训练数据重复使用”，要么干脆不重复使用，要么进行重复交叉验证。如果想执行算法参数（或者特征，见下一节）不同的多个周期，就应该使用不同（新）的保留集。你也可以使用一个独立的评价集合（“开发测试集”），并在执行最终评价之前，承认结果在这个集合上会出现过拟合。这就是我提倡的完整的 FE 周期，将在下一节进行讨论。

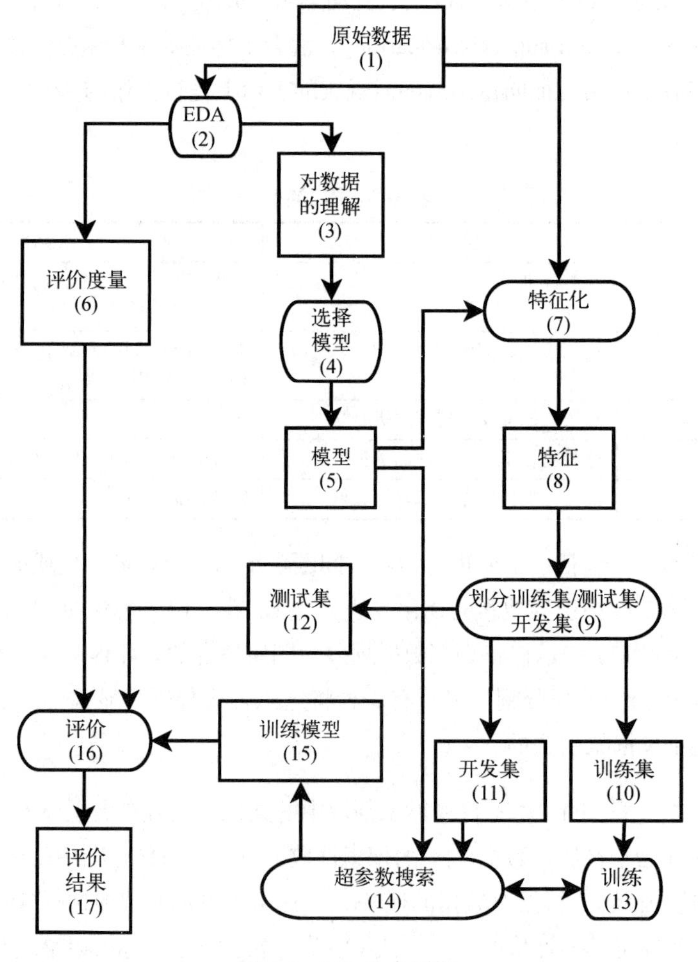

图 1-2 ML 生命周期

① 特别大的数据集可以是例外，只使用训练数据的 1%即可，只要它有很小的方差。

从原始数据到特征的转换以及用于模型评价的不同实验、数据集等组成了模型的框架。我们必须用文档仔细地记录这个过程，比如使用一个日志簿或实验室笔记本。如果不这样做，对于那种经历了很长改进过程的问题来说，往往不记得使用什么数据或过程才得到了一个在实际环境中也表现良好的训练模型。在训练模型时，牺牲一些执行迭代的速度，换取完整且详细的文档记录，是一种非常常见的做法。我们应该更加重视**可重现**的模型建立过程，而不是模型性能上的些许提升。

1.3.2 特征工程周期

在算法 1-1 中，我提出了 FE 周期这个概念，其中的重点在于理解特征能够做什么和不能做什么，以及在保留数据（由算法 1-1 的第一行生成）上对特征进行**最终评价**。这个最终评价集合也称为**确认集**。如果不能持续产生新的标注数据，那么可以使用这种方法作为一种折中方案。如果有新数据（或者可以通过一个**数据发布计划**来分批次地安排测试数据），那么就可以完整地执行整个周期循环，在新数据上的每次评价都等价于完整评价。在我提出的这个框架中，训练数据在多次周期循环中被复用（算法 1-1 中的第二行），因此有过拟合的风险。在每次循环中，可以使用一个固定的开发集，也可以使用新数据并将其划分为一个训练集和一个开发集（一个自助抽样）。交叉验证也是一种选择，但由此带来的额外运行时间可能会让你得不偿失，并使得误差分析变得更加复杂。当然，最终决策取决于你。

FE 是一个迭代过程，其中定义了一组特征，并在这些特征上面进行实验、评价和优化。作为这个过程的一部分，我们使用训练数据并基于实验结果建立一些假设来对特征集做出改变。为了使这个过程获得成功，我们需要一个未知的数据流，否则实验生成的假设会带来程序性过拟合，也就是说，特征表示的变化只对作为 FE 周期一部分的数据分析有帮助，而对一般情形没有作用。

如果没有足够的数据，你可以使用一种不同的划分方法。当 FE 过程结束时，你应该在头脑中建立起对数据、问题和 ML 模型的特征行为的理解。

在重复 ML 实验时，你应该有一个开发测试集，即在模型开发阶段使用的独立于训练集的测试集。这种测试集也要独立于最终的测试集，这有助于避免程序性过拟合。最终的测试集更能说明模型的泛化能力。这种做法在一般情况下非常好，在进行大规模的 FE 时则是必需的，因为这时 FE 产生过拟合的机会大大提高了。

FE 周期不同于 ML 周期，关键区别在于周期中执行的过程类型：(1) 识别好的特征并对其进行扩展；(2) 识别冗余/无意义的特征并丢弃它们。此外，在进行 FE 时不一定要运行完整的 ML

周期，有时候，测量出特征和目标类之间的关联性就足够了，也就是说，你可以考虑为每个特征建立一个列联表并探究数据中的模式。

最终，我相信误差分析是 FE 中的主导力量。FE 的关键是增加对每个特征的理解。例如，重新进行一次 EDA，但是只针对一个特征或者只针对一个特征与目标变量。FE 的最终目标是对原始数据进行更好的刻画。

FE 过程的最终输出是一个能从数据生成特征的数据流水线（或者是两个，如果你没有新数据流的话）。这种流水线可以是你自己开发的代码，也可以是形式化的特征处理程序，比如 scikit-learn 中提供的程序。

尽管很多快速迭代可以降低对领域知识的需求，但如果你具有领域知识，或者身边有这样的人，就应该将领域知识（例如，知道“白垩纪后期”这个类别也属于“白垩纪”类别）结合进 FE 过程。

如果在执行 FE 过程时没有新的测试数据流，那么我建议创建两个特征集：一个是优化过的集合（有更大的过拟合风险），另一个是保留集合（效果可能更差）。在最后的评价过程中，分别对这两个集合进行评价（算法 1-1 中的第 5 行和第 6 行）。如果优化集合的效果并不显著好于保留集合，那么就使用保留集合（算法 1-1 中的第 7 行）。

算法 1-1 FE 生命周期。循环中的 ML 周期见图 1-2

Require: raw_data

Ensure: featurizer, model

1: $raw\_data_{final\_eval}, raw\_data_{feat\_eng}$ = final_eval_split(raw_data)

2: **while** not good results **do**

3:     $featurizer_C, model_C, featurizer_O, model_O$ = ML_cycle($raw\_data_{feat\_eng}$)

4: **end while**

5: $results_O$ = evaluate($model_O, featurizer_O(raw\_data_{final\_eval})$)

6: $results_C$ = evaluate($model_C, featurizer_C(raw\_data_{final\_eval})$)

7: **if** $results_O > results_C + \delta$ **then return** $featurizer_O, model_O$

8: **else return** $featurizer_C, model_C$

9: **end if**

1.4 分析

上节提出的 FE 过程严重依赖于下面要讨论的两类分析。探索性数据分析（见 1.4.1 节）有助于理解原始数据、设计特征以及选择合适的 ML 算法和度量。误差分析（见 1.4.2 节）的目标是了解特征集的优势和缺点，以便进行深入研究并改善。请注意，这两项任务中都会有一定的分析偏差，在进行同样的分析时，其他研究者可能会得到不同的结果。

1.4.1 探索性数据分析

EDA 是指对原始数据的探索性分析。即使没有领域知识，也可以分析原始数据并从中获得关于数据行为的深刻理解，特别是当其与目标变量相关的时候。与很多其他作者一样，我也发现 EDA 是成功进行 FE 的一个必要因素。如果你想确认自己"有足够丰富的数据用来提取有意义的特征"，那么一个非常好的起点就是分析原始数据中各个列能取的各种各样的值。像均值、中位数、众数、极值（最大值和最小值）、方差、标准差、四分位数这样的描述性统计以及像箱线图这样的数据可视化形式在这一阶段是非常有用的。可变性非常小的列往往没有什么解释能力，忽略它们会更好，除非可变性与目标类的某些值高度相关。所以，绘制出目标变量和各个不同列之间的相关性是一种非常好的做法。还可以尝试分析一下现在关于数据集本质的结论会如何随着数据的不同子抽样而变化，尤其是按照时间或类型分割的样本。你还可以通过标准随机性测试来检查某些看上去随机的域是否真的随机。同样，随机数据也没有什么解释能力，可以抛弃。在这一阶段，还可以找出异常值并进行讨论（见 2.4 节）。类似地，你也可以处理缺失值，不过需要一个完整的特征化过程才能找到处理它们的原则化方法。

然后，你可以研究两列之间或者一列和目标类之间的关系，散点图可以帮助你用图形化的方式将这种关系表示出来。另一种方式是使用摘要表格（又称数据透视表），在其中使用一个分类列对另一个列的值进行分段。表格的每个单元格中都是摘要统计量，统计的是第二列中落入第一个分类列的类别值之间的值。如果只有计数数据，那就是一个简单的列联表，但也可以使用其他摘要统计量（均值、标准差等）。最后，你可以计算出任意两列之间相关性的度量，既可以使用相关系数，也可以使用 4.1.1 节中提供的任意度量方式。

如果你具有领域知识，或者身边有这样的人，那么很适合在此时对领域做出尽量明确的假设，并且验证该假设在现有的数据上是否成立。你希望数据值符合正态（或任何其他已知的）分布吗？可以做出这种假设并检验其是否成立。例如，可以使用直方图（见 2.3.1 节）或计算一些有代表性的统计量，比如偏度等（见 2.3 节）。你不会希望将模型建立在最终不成立的假设上。在整个 FE 过程中，你需要形成一种不断探索的思维方式，并对任何有疑问之处进行深入研究。如果根据领域知识，某个特定的列本应有一种特定的行为方式，但实际上没有，就不要在没有进行深入调查的情况下放过这一事实。你应该找出数据提取错误或抽样过程中隐藏的偏差，也可能是错误的领域假设，而且这种假设比数据列的影响更大。这也是进行数据清洗的一个好时机，例如使用箱线图检查数据值是否使用了同一单位。

常用的 EDA 工具当然包括像 Excel 这样的电子表格软件，还有 Jupyter Notebook 和 OpenRefine。OpenRefine 就是之前的 GoogleRefine，它除了可以找出相似的名称、对数值型数据进行分箱和数学变换之外，还有很多其他功能。你可以按照 Pyle 在 *Data Preparation for Data Mining* 第 11 章中介绍的方法进行数据总结，计算出重要的统计量，还可以使用多种方法同时对多个变量的观测进行可视化：基于数据相似性（聚类）、基于浅数据组合（关联规则）和基于更深的数据组合（决策树）。

在第二部分的第 6 章至第 9 章中，所有案例研究都是以 EDA 过程开始的。例如，在第 7 章中，我们将会看到一张使用不同版本的特征生成的特征热图，如图 1-3 所示。图中按照年份将特征排列起来，揭示出数据中隐藏的故事。黑白方格表示缺失值，特征值聚集成 6 个类别，用不同的灰度表示。这张图可以让你看出特征的值是如何随着时间演化的。参见 7.1 节以获取更多详细信息。

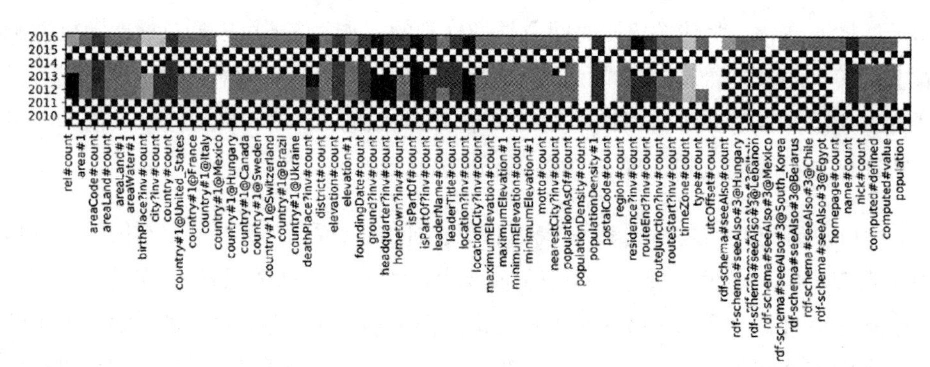

图 1-3　使用特征热图展示的历史特征可视化结果（片段）。黑白方格为缺失值，不同灰度表示不同的分位数

1.4.2　误差分析

在进行**误差分析**（error analysis）时，前面对探索可疑数据行为的讨论就可以派上用场了。我们可以使用聚合指标进行多种分析，但我认为这些指标还是用于评价的，就像在 1.2.1 节中讨论的那样。对我来说，误差分析就是一项具体任务，不是泛泛之谈。要把精力集中在几个出于重要原因而引起你关注的案例上，深入研究其中的问题并一直进行下去，并不断取得进展，尽力对

误差产生的原因做出合理的解释。当然，对 ML 系统内部的理解非常有用，还需要使用合适的工具，比如 TensorBoard 中的机制。一般来说，为了进行合理的误差分析，需要对 ML 算法进行具体的扩展，以生成足够的元数据来支持深入研究。要研究样本数据，而不只是那几个聚合指标，并且要时刻保持怀疑态度，这是进行“负责任的数据分析”的两个基本要求。

例如，在第 6 章的第一个特征化示例中，有几个对总体误差贡献很多的城市。对于每个“问题”城市，6.3 节通过一个特征消除过程找出了对误差贡献最多的特征，如表 1-2 所示。根据这种分析，结论就是要降低计数特征的影响，细节请参见第 6 章。

表 1-2 消融实验：每次去掉一个特征，使用 5%的样本重新训练。下面列出了贡献最高的特征

城 市	性能提高	去掉的特征
Dublin	0.85 到 0.6 (29.41%)	city?inv#count
Mexico_City	–0.53 到 –0.92 (–73.81%)	seeAlso#3@List_of_tallest_buildings
Edinburgh	0.17 到 –0.19 (212.89%)	leaderTitle#count
Algiers	–1.0 到 –1.2 (–15.33%)	name#count
Prague	–1.3 到 –1.7 (–30.56%)	seeAlso#count
Milan	–0.84 到 –1.1 (–30.81%)	seeAlso#count
Amsterdam	–0.74 到 –0.96 (–29.86%)	homepage#count
Lisbon	–0.6 到 –0.88 (–46.54%)	seeAlso#3@Belarus
Tabriz	–0.75 到 –1.2 (–57.17%)	seeAlso#count
Nicosia	0.3 到 –0.028 (109.40%)	country#count
总 体	–4.5 到 –6.3 (–40.69%)	seeAlso#count

根据成功的误差分析，你会发现对于模型来说，某些特征简直成事不足败事有余（因此需确定是否要使用一个特征选择过程，见 4.1 节）；还有一些特征是确实有用的，这时就应该使用 3.1 节中讨论的特征向下钻取技术，进一步放大其中的信号。实践证明，单特征可视化技术也是有用的。

你虽然可以使用特殊示例生成假设来提高性能，但应该根据它们对整个数据集的潜在影响决定是否使用，否则，你优化的可能就是很少使用的代码。根据阿姆达尔定律，占用时间最多的代码是最应该优化的。同样，对性能影响最大的误差也是最应该先解决的。

在对误差进行深入研究时，即使是前期的特征，也可以使用列联表（见 1.2.1 节），并记住自己为该问题和领域选择的度量方式：如果第一类错误更重要，就要对其进行重点研究。

还要注意软件中的错误。因为 ML 算法自身存在误差，所以对 ML 系统的调试非常困难。不要轻视那些有悖于直觉的数据行为，因为这可能表示软件有缺陷。相比于 ML 建模问题，软件缺陷特别容易解决。

误差分析的另一种有用方法是使用随机数据和随机模型。如果你训练出的模型是有意义的，那么其性能就应该超过随机模型。如果一个特征是有意义的，那么其实际数据的价值就应该超过随机值。最后一种方法可以帮助你发现数据中的错误，当你把注意力集中在模型误差上时，很难发现数据中的错误。

1.5 其他过程

在本章最后，我要介绍两个高度相关的过程，以此来结束对 FE 的讨论。第一个过程是领域建模，在本书中，这个过程关于如何从原始数据中得到第一个特征集。第二个过程是特征化（见 1.5.2 节），它对特征进行改善和向下钻取。

1.5.1 领域建模

将领域建模和特征化分开讨论是为了更好地区别 FE 中的抽象部分和实操部分。将领域原始数据表示为特征绝对是一种创造性的工作，这与数学和软件工程中其他领域的建模非常相似。在通常意义的建模与设计中，决策与近似非常重要，因此这种过程有一种固有的缺陷。我们先讨论一下更加抽象的概念，然后在下一节中介绍更加实际的操作以及如何进行后续的特征化，即已经识别出某些特征之后的特征化工作。Max Kanter 与其在 Featuretools 系统中的同事们认为：

> 将原始数据转换为特征通常是最需要人类参与的过程，因为它是由直觉驱动的。

我们先看看如何归纳特征，然后讨论如何得到好的特征，并列举一些具有成功特征化传统的领域。归纳特征的过程称为**特征形成**（feature ideation），这个过程一般与头脑风暴、设计、创造力和编程联系紧密，因此在头脑风暴中得到的建议对其非常有益。特征形成没有固定的套路，只有一般性的指导原则和建议。一种常见方法是将所有与目标类有联系的东西都作为特征（主要是原始数据和其中的方差），这样就会造成**特征爆炸**（feature explosion）。这种方法在实际工作中通常不实用，除非原始数据的维数很低（5 或 6 个属性）。更好的方法是从你认为有预测价值的特征开始，但不要受限于现有的原始数据。

还有一种非常好的方法，那就是思考一下你（作为人类）用来做出成功预测的信息类型。这种“思考特征”可以产生大量好想法，让你从原始数据中扩展出新的特征。当然，你不用重新发明轮子，而是可以通过已发表的论文、博文和源代码，在他人工作的基础上进行研究。一些线上 ML 竞赛站点（比如 Kaggle）上的事后分析文章非常有价值。虽然使用已有工作中的特征通常需要一些修改工作，但这样做可以让你避免一些试错过程。不要局限于原始数据中已经存在的属性，完全可以根据已有属性计算出新的特征（见 3.1 节）。

这一阶段的常见问题是没有请教领域专家，不知道他们认为这个问题和领域中的好特征是什么。这时候，专家系统中的传统知识获取技术就可以派上用场了。

最后，如果你要精简出一个特征集，就应该后退一步，寻找能够研究问题空间中其他部分的稀有新特征。本书的案例研究提供了这种方法的一个例子：在使用结构化数据建立一个基准之后，就开始研究每个城市的文字描述。第 9 章给出了另一个例子，我们从色彩直方图转移到了表示图像中角的数量的局部纹理（见 9.6 节）。如果你选择的 ML 模型是基于集成学习的，比如随机森林，那么这样做就非常有效果。

在得到特征之后，下一个问题就是：**怎样才是一个好的特征**？在这些潜在特征中，哪一个是应该在第一次**特征化**中使用的？尽管可能对预测有作用的任何信息都可以作为特征，但好的特征应该具备以下三种性质。

(1) **有价值**：描述人类能够理解的某种信息。在进行推断以及寻求可解释的模型时，这个性质尤其重要，富有成效的误差分析同样需要这一性质。
(2) **可使用**：应适用于尽可能多的实例，否则就会遇到缺失数据的问题（见 3.2 节）。
(3) **有判别能力**：可以将实例划分到不同的目标类别中，或者与目标值相关。总的来说，你应该尽力找出可使用、易于建模并与预测目标相关的对象特性。

Peter Norvig 认为：

> 好的特征能使简单模型的性能超过复杂模型。

还有，特征应该尽量简单，并且彼此之间尽量不相关，因为更好的特征通常意味着更简单的模型。应该提取多少特征也是一个开放性问题，好的特征向量可以使 ML 模型非常有效。理论上，要想获得同样的误差 ε，特征数量 f 越大，ML 模型需要的数据就越多，数量级大概是 $O\left(\frac{1}{\varepsilon^f}\right)$。

在这一阶段，你可以使用统计中的相关性检验（如 t 检验，在特征值和目标值之间建立一个关联表）来检查你精心挑选出来的特征。一般情况下，4.1.1 节中介绍的很多特征效用指标都可以使用。如果需要，你可以在进行几轮 FE 之后重新审视一下特征形成过程，加入更多特征。Brink、Richards 和 Fetherolf 建议在开始时使用预测能力最强的特征，如果效果很好，就在此时结束；否则，就尝试特征爆炸，如果还是没有起到作用，就通过特征选择（见 4.1 节）对扩展出来的特征进行修剪。

现在某些领域已经有了标准的表示方法。对于新领域，研究现有的特征表示会获得一些思路和指导。有标准表示方法的领域包括图像、信号、时间序列、生物数据、文本数据、预后与健康管理、语音识别、商务分析和生物医学。本书第二部分涉及了 7 种领域。

最后，就特征形式而言，你应该确定相关的变量都是连续的，这样就可以在需要的时候使用多个水平的信息（也就是说，你可以将特征分段）。这对 ML 没有影响，但有助于对特征向量进行更好的可视化，并避免一些软件错误。

1.5.2 特征构建

在本章描述的过程中，最后一个步骤就是实际运行代码（特征化程序）从原始数据生成特征向量。特征化程序依赖于具体的算法，可以根据原始数据改变特征的类型。这个过程可以很简单，比如从数据库中选择一些列，但在多轮 FE 之后，它可以变得非常复杂。对于这个问题，有一些软件解决方案（我曾经提供过几个方案），但在写作本书时，这些方案都还没有得到广泛使用。

在学术社区中有一种趋势，就是将特征化表示为数据仓库中的 ETL（抽取、转换和加载）操作、SQL 存储过程或者某种用户自定义函数，作为对可计算特征进行标准化的框架。这似乎是一种非常好的想法，因为特征化本质上就是一种数据操作。DB 社区对数据操作的研究有很长的历史，并且取得了丰硕的成果。某些像 OOF 估计一样的复杂操作在未来有望成为 DB 中的标准操作。

下面讨论一种具体的特征化操作——特征模板。它通常在特征化的前期进行，就其重要性而言，完全值得专门使用一节来介绍。

1. 特征类型

1.1 节中定义的特征就是某种类型的值，可以在 ML 算法中使用。我们将讨论以下几种类型的特征，它们可以在很多应用广泛的算法中使用：二元特征、分类特征、离散特征、连续特征和复合特征。表 1-3 给出了每种特征类型的例子。在下面的讨论以及全书中，我们使用 x_i 表示特征向量 $\bar{x}$ 中的一个特征，y 表示目标类或目标值。

二元特征。这是最简单的特征，只能在两个值中任取其一：真或假、出席或缺席、1 或 0、−1 或 1、A 或 B。二元特征又称为**指示特征**。有些 ML 模型（如最大熵算法的一些实现，还有某些 SVM 模型）只能使用二元特征，很多 ML 模型（如 SVM 和逻辑回归）只能预测二元的目标变量。

分类特征。这种特征可以取多个值，这些值称为**类别**、**分类值**或**水平**，是预先确定好的。一般来说，不同类别之间没有顺序关系。这些类别通常有在领域内有意义的名称。类别的数量一般不会很多。你可以使用整本英语词典作为一个分类特征（比如，其中有 2 万个类别），但这种类别表示对模型一般没有好处。

离散特征。这种特征的值可以映射为整数（或整数的一个子集）。因为整数是有顺序的，所以离散特征也是有顺序的。如果分类特征的值比较多，将其表示为离散特征似乎不错（实际工作中也经常这么做）；但如果分类特征没有顺序，这样就会给模型造成一种错觉，认为特征是有顺序的。比如，把 Visa 排在 MasterCard 后面有什么意义吗？它们与 American Express 又应该如何排列？

连续特征。这种特征的值可以映射为实数（或者实数的一个非离散子集），比和百分比是这种特征的特殊子类型。由于数字计算机的物理限制，所有连续值实际上都是离散的，是用特定编码中的一组位值来表示的。尽管这似乎是一个理论上的问题，但对于传感器数据来说，浮点数内部实现中的表示精度却是一个关键问题。你必须注意避免极端情况：一种是下溢出，即所有值都被映射为 0；另一种是上溢出，即所有值都被映射为可能的最大值。

表 1-3 特征类型与示例

类型	描述/注释	示例
二元特征	在两个值中取一个/ 最简单的特征	顾客是否有留言 涡轮是否有噪声 学生是否在规定时间内交卷 这个人喜欢猫吗 这个牌照在交管局数据库中能匹配到吗
分类特征	在多个值中取一个/ 类别是事先确定好的	汽车的颜色 汽车的品牌 信用卡类别 卧室数量（是一个数） 床垫类型（即床垫面积）
离散特征	可以映射为整数/ 顺序很重要	吃过的比萨数量，使用加油站的次数，去年涡轮的保养次数，上周的步数（与行走距离不同，行走距离是一个连续特征），家庭人数
连续特征	可以映射为实数/ 表示精度的问题	发动机温度，经度，纬度，发言时间，图像中心的颜色强度，行走距离，碟片中心的温度（由红外照相机测量）
复合特征	记录、列表、集合/ 有挑战性	日期（年、月、日。请注意，它可以表示为距离一个固定日期的天数），产品名称（可以包括品牌、型号、颜色、规格和变体），位置（经度、纬度），投诉（一个字符序列），去过的国家（一个类别集合）

回忆一下，浮点数通常使用 IEEE 754 格式来表示，该格式使用科学记数法。例如，56 332.53 表示为 $5.633\,253 \times 10^4$。科学记数法的实际表示包括一个符号位、一个小数和一个指数。单精度数使用 8 位指数和 23 位小数，双精度数使用 11 位指数和 52 位小数。因为使用小数和指数，所以不是所有实数都能用同样的精度表示出来。这些问题在**数值分析**课程中有详细的研究。

复合特征。一些 ML 算法可以处理复合特征，这种特征可以称为数据库中的非正规形式：记录、集合和列表。很多系统需要对这种特征进行分解，3.3 节将介绍几种简单的分解技术，5.1 节则会介绍一些高级技术。

2. 特征模板

特征模板就是能将原始数据同时转换为多个（简单）特征的小程序。特征模板有两个目标：第一，以更加适合 ML 模型的方式准备数据；第二，在特征中加入能体现问题本质的领域知识。第 3 章中介绍的很多特征扩展技术涉及特征模板。

举一个简单的例子，我们看一下原始数据中的日期属性。特征模板可以将这个属性转换为三个离散特征（年、月、日）。如果月份本身是有意义的，那么这种转换就可以使 ML 模型更容易获取这种信息。如果初始日期属性是以距离某个固定日期的天数来表示的，模型就必须自己学习所有月份信息。这就需要大量训练数据，而且很难扩展。

再看一个更加复杂的例子，即 keywords4bytecodes 项目，它的目标是根据编译后的字节码来预测 Java 方法的名称。在这个任务中，我们可以先添加“方法中有 iadd 操作”的特征，但这么做太烦琐了，需要大量人力。相反，我们可以使用特征模板从数据中提取特征。如果选取一个特定的指令（如 `getfield org.jpc.emulator.f.i`）并生成三个特征：指令（`getfield`）、指令+操作数（`getfield org.jpc.emulator.f.i`）以及指令+缩略操作数（`getfield org.jpc.emulator`），就可以得到一个非常大的特征集，作为第一次实验。如果需要，就进一步使用 FE 来将这个集合缩减到可管理的规模。

1.6 讨论

尽管本书非常注重实用性，我还是要专门用一段文字说说自己对于 ML 和 FE 未来的看法。在很多算法中，可以使用更多 RAM 来对算法进行加速，这就是以空间换时间。与此类似，我认为 FE 也可以在领域知识和训练数据之间做某种权衡。领域知识需要应用在机器学习中吗？如果人类对算法的干预过多，就很难将这种方式作为人工智能的发展方向（至少我是这么认为的）。AI 非常有趣的一点就是，它在很多方面定义了计算机科学的边界。在 20 世纪 50 年代，AI 的主要应用是搜索，如何在树中找到一个节点被认为是一个 AI 问题。但现在已经没有人会把搜索与 AI 放在一起讨论了。举个类似的例子，通过 FE，使用大量领域知识的实用非参数统计建模方法很快就会被人们所接受，作为很多实际问题的解决方法。在很多实际问题（比如医学研究中的问题）中，无法收集太多数据，或者把数据浪费在了那些没有足够信息的模型上。这些技术能否称为 ML 还有待观察。这就是我对这个问题的看法，下面继续讨论本书中介绍的技术。

针对第二部分的案例研究，我想先说明几个问题，这些问题是从这五章中的工作总结出来的。首先，FE 并不总能提高 ML 过程的性能。在进行 FE 时，非常容易进入死胡同并走回头路，在整个案例研究中我会尽量给出这种情况的例子。要避免我在处理这些数据集时遇到的死胡同和回头路非常简单，但这样做可能会让你对 FE 过程缺乏实际的理解。**虽然某种技术在一个具体的问题上没有发挥作用，但这并不妨碍你在自己的问题中尝试这种技术。本书介绍的每种技术都是非常有价值的，都在某个领域中取得过长期的成功。**

其次，FE 与 ML 算法优化是紧密联系在一起的，这里所说的 ML 优化包括算法选择和超参数调整。为了介绍更多 FE 技术，案例研究中没有对 ML 算法优化这一话题进行更深入的讨论，在很多 ML 应用图书中，这一话题已经得到了非常充分的讨论。案例研究会简略地介绍与 FE 相关的超参数调优细节。进行超参数调优不仅是为了获得更好的 ML 结果，还可以改变 FE 过程的发展方向，因为它能改变 ML 模型的误差。如果 ML 结果改变了，就需要重新进行误差分析。**因此，当 ML 算法和它的超参数能确定得到一个局部最优值时，就到了需要对 FE 进行误差分析的关键点。**无法事先确定一种技术优于其他技术，这通常被称为“没有免费的午餐”定律。

下面讨论最后一个话题：FE 过程的“人机协作”本质和实验的周转时间。在以发表论文或科研开发为目的而对生产系统进行实验时，可以花费一周时间来运行超参数搜索，或者使用有数百个 CPU 的计算机集群来加速这个过程。在本书中，我把每个案例研究的运行时间都控制在一天左右，最多不超过两天。每章中的特征化次数都是给定的，这就限制了超参数探索的时间。对于实验时间，还有一个更加深层次的问题，就是实验者的精神专注时间。[①]如果实验时间是以分为单位的，那么你可以等待、观察结果，再进行下一步。如果实验时间更长，那么你就可能进行任务切换，在 ML 模型训练和调优的过程中去做一些别的事情。实验的时间越长，你的思维和想法就越难重新回到当前的 FE 过程。

---

① 这个讨论来自我在 2015 年与 David Gondek 博士的一场争论。他对我当时的一个想法有不同意见，我则进行了反驳。经过一段时间，我改变了自己的看法。谢谢你，David。

幸好，很多 FE 任务可以建立在之前的工作之上。正如 10.1 节中提到的，在 FE 中完全可以复用以前的计算结果。Anderson 和 Cafarella 建立的系统就是近期这个方向上的成果之一，该系统使用 DB 技术来检测训练集中被特定 FE 操作改变的部分，然后只在这些值上更新训练过的 ML 模型。这要求 ML 模型是可更新的，而且不适合像降维这种对训练数据做大量修改的技术。不过，它仍然是该领域中一个激动人心的成果。

我想用以下建议结束本节：从更简单的想法开始。就 FE 来说，这意味着可以不进行任何 FE 过程。如果你的问题与可以用 DL 成功解决的问题类似，而且数据集的规模也相当，那就从 DL 开始。如果你没有足够的训练数据，但可以采用预训练模型，也可以试一试 DL。如果 DL 失败了，或者你认为它不适用于你的问题和数据量，可以试一试 AutoML 框架，比如 Featuretools（见 5.4.1 节）。在这个阶段，你可以启动 FE，也许是在 DL 预训练特征提取器中或在 AutoML 的特征上使用。同时，不要忘了咨询领域专家，他们可以帮你节省大量的时间和训练数据。祝好运，希望收到你们在特征工程方面的成功经验！

1.7 扩展学习

普通的 ML 图书不会深入介绍 FE。幸运的是，有很多以 FE 为主要内容的书在不断出版，下面介绍其中的一些。一本较早的书是 Alice Zheng 的《精通特征工程》[①]，这本书提出了特征选择的一种数学形式，很好地向大众解释了非常复杂的数学概念。合著者扩展了这本书，增加了更多的介绍性章节，非常适合进行数据科学训练（这本书重点介绍线性方法）。如果你没有线性代数背景，那么我强烈建议你看一看该书的附录部分，里面的内容非常精彩，而且是从 FE 的角度编写的。此外，关于 PCA 的那一章也是非常棒的资源。书中其他内容则重点介绍线性方法，非常直观易懂。不过要注意的是，有些内容只适用于线性方法，初学者可能会忽视这一点。在阅读该书时，对其中的假设要非常注意，并反复确认。

Dong 和 Liu 编写的 *Feature Engineering for Machine Learning and Data Analytics* 比本书厚得多，包括 14 章，由近 40 名不同的作者写成。它用独立章节对常用数据类型的特征化进行了介绍（类似于本书第二部分中的案例研究，但重点在于特征化），还对三个热门领域（社交机器人检测、软件分析和从 Twitter API 中提取特征）中的三个案例进行了研究（没有源代码）。有些章节是介绍性的，其他章节则是最新研究领域中的高级话题。本书引用了一些相关的章节。对于真心想学习 FE 的读者，我建议仔细地读一下这本书。

---

① 此书中文版已由人民邮电出版社出版，详见 ituring.cn/book/2050。——编者注

对于ML工作流和其中的实际问题，我推荐的是 Drew Conway 和 John Myles White 的《机器学习：实用案例解析》，Owen、Anil、Dunning 和 Friedman 的《Mahout 实战》[1]，以及 Brink、Richards 和 Fetherolf 的《实用机器学习》。我尤其欣赏最后一本，并在本书中进行了多次引用。对于专门进行案例研究的书，可以看看 Kelleher、Mac Namee 和 D'arcy 的 *Fundamentals of Machine Learning for Predictive Data Analytics: Algorithms, Worked Examples, and Case Studies*。

关于 EDA，我推荐 Schutt 和 O'Neil 的《数据科学实战》[2]，该书包括很多领域中的 EDA，每一章都讨论了很多问题。对从业者的系列采访对领域中的所有人都非常有价值，不管是初学者还是专家。

最后，在 ML 竞赛的 KDD Cup 系列中，有很多关于实际 ML 项目的白皮书，它们是非常宝贵的资源。

---

① 此书中文版已由人民邮电出版社出版，详见 ituring.cn/book/862。——编者注

② 此书中文版已由人民邮电出版社出版，详见 ituring.cn/book/1193。——编者注

第 2 章

特征组合：归一化、离散化和异常值

本章讨论**从整体上**对特征集进行处理的特征工程（FE）技术，也就是说，根据全体实例与特征之间的关系来替换或增强特征。FE 中一直存在一个问题，那就是如何利用数据背景信息来为特征提供更多的值。本章使用整个数据集作为数据背景，中心问题是如何总体考虑全部特征。请注意，人类在面对不熟悉的数据时，通常会通过所有实例来观察一个特定特征值的行为，从而估计它的影响。这个值与其他值有何区别？它有代表性吗？它是非常小，还是非常大？这里介绍的技术就是要将这种直觉集成到机器学习（ML）过程中。

最常用的方法是对特征值进行**缩放**和**归一化**（见 2.1 节）：找到最大值和最小值，并对特征值进行修改，使其落在一个给定的区间内（如[0, 1]或[−1, 1]）。我们期望将可观测、有意义的可变性表现出来，不被不同特征行为之间的差别所淹没。请注意，像“归一化”和“标准化”这样的名称是非常含糊不清的，对于不同的社区或人群有不同的含义。例如，BMI（体重指数）的计算被一些使用者认为是“标准化”的，但对于本书而言，它不是一种归一化技术（但还是一个很好的可计算特征）。在有疑问的时候，就看一下你要使用的精确公式吧。

2.2 节讨论了另一种 FE 技术，称为**离散化**（discretization），它会动态地找到一些阈值来将连续特征分割为区间或类别。例如，将所有−23℃到 10℃的温度都放到一个箱里（可称为“冷”），而将所有 27℃到 43℃的温度放到另一个箱里（称为“热”），等等。这样，就对 ML 传递了一个信号，−9℃和 7℃之间的差别对于你的任务和领域来说是无关紧要的。

2.3 节讨论**描述性特征**，即使用精简的摘要统计量。这种特征的优点是，总是可以计算出来（没有缺失值），而且可以生成密集的特征向量。我们会在 2.3.1 节中使用计数表（直方图），在 2.3.2 节中使用像最大值、最小值和平均数这样的常用描述性特征。直方图是一种可以在计算机视觉中使用的工具。在自然语言处理中，文本长度经常是一种信息量很大的特征。

在多个实例之间观察特征值时，有些值会与其他值有显著的不同，这就是异常值（outlier）

（见 2.4 节）。本章最后是一些高级话题，包括使用特征的微分作为特征，以及从随机森林中推导出特征。

请注意，本章介绍的很多技术（不是全部）可以被划分到“基于模型的 FE”类别中，也就是说，在 FE 过程结束之后，特征器中会包含训练出的模型和参数。为了在新数据上使用训练好的 ML 模型，你需要保留特征器模型并把它与训练好的 ML 模型一起使用。

2.1　归一化特征

孤立特征很难彼此比较。当某些 ML 算法在这些特征上执行简单的数学操作时，会假定它们的值是可以比较的，而另外一些算法则试图使用简单的方法来使它们可以比较。这意味着如果两个特征（如以千米为单位的飞行距离和以千克为单位的乘客重量）的维度差别非常大，ML 算法就会要求训练数据对这两个特征进行相应的缩放。我们可以通过各种形式的特征归一化来减轻这种不必要的负担，但是要记住，修改特征可能造成信息丢失。信息对于任务是否重要，取决于你对问题和领域的理解，所以在进行决策时，也要加入领域知识。尽管如此，有时候未归一化的值也可能是很重要的，在这种情况下，就应该把原始特征保留下来作为一个独立的特征。总之，特征归一化技术会丢失信息，如果丢失的信息对于算法很重要，就会使预测更加糟糕。

最简单的方法是对特征进行缩放，使得所有特征值都具有同样的数量级，并集中在 0 附近。不过，按照均值和标准差进行的特征归一化也非常有价值，这样特征就有了单位方差（**标准化**）。还有一些依照范数进行归一化的其他方法，比如 L_2 范数。我们也会介绍一些标准化和去相关性技术（见 2.1.1 节），还有平滑（见 2.1.2 节）和特征加权技术（见 2.1.3 节）。

特征归一化是降低特征值可变性的一种非常好的方法，可以减少**干扰性的数据变动**，让我们把精力集中在那些包含了能反映目标类的信号的可变性上。归一化还可以确保特征值在训练过程中落在一个特定范围内。例如，将特征转换为 0 和 1（或−1 和 1）之间的浮点数。支持向量机（SVM）和神经网络（NN）都需要将输入数据缩放到一个特定区间内，归一化对它们而言是非常重要的。此外，很多 ML 算法是尺度不变的（比如决策树），而另外一些算法（如逻辑回归）则要求 0 均值和单位方差，如果和正则化一起使用的话。在处理稀疏数据集时必须特别小心，由于存在大量 0 值，本章介绍的一些技术（如中心化）会将 0 值转换为非 0 值，从而生成密集向量，使很多 ML 算法变得低效。

通常，我们所说的归一化是面向训练集中所有实例的。对子集的归一化会在 5.2 节中作为**实例工程问题**来讨论。在训练集上计算出归一化参数之后，就可以在运行时应用了（也可以用于测试集）。在训练集上计算出的参数应该是固定不变的，它在测试集上可能会生成要求范围之外的结果（如大于 1.0 的值）。很多人想在测试集上重新计算参数，但这样做会使算法在实际生产中得到错误的结果。在 SVM 中，对测试集独立归一化被认为是新手最常见的错误之一。可以对归一化的特征进行切片，使其符合选定区间（使用最大值或最小值）。

缩放。最简单的归一化方式就是从总体中找出最大值和最小值，然后从每个值中减去最小值，再除以极差（最大值减最小值）：

$$x'_f = \frac{x_f - \min_{\hat{x}_f \in \text{trainset}}(\hat{x}_f)}{\max_{\hat{x}_f \in \text{trainset}}(\hat{x}_f) - \min_{\hat{x}_f \in \text{trainset}}(\hat{x}_f)}$$

这样就会将所有值缩放到(0, 1)区间。举个例子，对于特征值{5, 10, 2, 17, 6}，最大值是 17，最小值是 2，极差是 17 − 2 = 15。缩放之后的值就是{(5 − 2)/15, (10 − 2)/15, (2 − 2)/15, (17 − 2)/15, (6 − 2)/15} = {0.2, 0.53, 0, 1, 0.27}。

6.3 节中的支持向量回归使用了这种缩放方法。这种方法的问题是，异常值会将特征值集中到一个狭窄的区间中，所以建议在缩放之前进行异常值的筛选（见 2.4 节）。当然，你也可以使用稍后介绍的标准化方法。

有时候，像 $\log(1 + x)$[①]和 Box-Cox 变换这样的挤压函数也称为非线性缩放，3.1 节将介绍这种函数和其他可计算特征。尽管这些函数会挤压值的分布，但在进行挤压时，它们并不使用整个分布，这是本章讨论的重点。

中心化。在缩放之后，我们还经常对特征值加上或减去一个数值，以保证某个固定值（如 0）是特征值的“中心”。根据数据和问题的性质，这个中心可以是算术平均值、中位数、质量中心，等等。根据 ML 算法的本质，一个合理的新中心可以是 0、1 或 e。通常，对数据进行中心化是将它们与 ML 参数空间中的点吸引子对齐：如果原点是 ML 参数的默认开始点，那么 0 就是数据中最有代表性的值。经过缩放并向（缩放后的）均值进行了中心化的值称为**均值归一化值**（mean normalized value）。

对于上面的例子，因为缩放后的均值是 0.4，所以均值归一化值是{−0.2, 0.13, −0.4, 0.6, −0.13}。6.2 节的末尾会给出一个更全面的例子。

缩放到单位长度。这是一种可以同时应用到多个特征的归一化方法。给定一个范数定义，将特征除以范数来计算结果：

---

① 只要是对数函数都有挤压作用，所以这里没有标明底数。——译者注

$$\vec{x}' = \frac{\vec{x}}{\|\vec{x}\|} = \left\langle \frac{x_1}{\|\vec{x}\|}, \cdots, \frac{x_n}{\|\vec{x}\|} \right\rangle$$

举例来说，给定一个特征向量$\langle 2, 1, 3\rangle$，它的欧氏均值是$\sqrt{14}$，所以，缩放到单位长度的特征向量就是$\left\langle 2/\sqrt{14}, 1/\sqrt{14}, 3/\sqrt{14}\right\rangle$。使用的范数类型要依特征类型而定，通常使用欧氏距离或L_2范数，直方图有时候使用 L_1 范数（也称为曼哈顿距离）。4.2 节将详细介绍范数，作为一种正则化技术。

2.1.1 标准化和去相关性

下面讨论将整个数据集作为一个矩阵而进行的操作。对于这种转换，你需要估计训练数据的**协方差矩阵**（covariance matrix）。如果将训练数据看作一个有 n 个实例和 m 个特征的 $n \times m$ 矩阵 $\boldsymbol{M}$，要对其进行中心化使得列的均值是 0，可以计算出协方差矩阵 $\boldsymbol{C} = \boldsymbol{M}^{\mathrm{T}}\boldsymbol{M}/n$。我们可以把这个矩阵分解为特征向量 $\boldsymbol{E}$ 和对角线上为特征值的矩阵 $\boldsymbol{D}$，使得 $\boldsymbol{C} = \boldsymbol{EDE}^{\mathrm{T}}$。这称为对矩阵 $\boldsymbol{M}$ 的主成分分析（PCA）**分解**。

标准化。这个过程转换的特征具有 0 均值和单位方差。这对 SVM、逻辑回归和 NN 都特别有用，以至于忘记对数据进行归一化被认为是最常见的错误之一。

给定特征均值 $\bar{x}_f$ 和标准差 σ_f，标准化特征定义如下：

$$x'_f = \frac{x_f - \bar{x}_f}{\sigma_f}$$

如果分母中是方差而不是标准差，那么这种归一化就称为方差缩放（不要与 ANN 初始化技术混淆）。请注意，有些数据不适合标准化，比如经度和纬度数据。

去相关性。对于从传感器数据获得的信号，经常会有一些虚假信息，比如以往数据的一些重复（或者声音数据中的回声）。去相关性就是一种消除虚假信息的技术。如果根据你对领域的理解，数据之间的关系不应该是线性的，那么就可以认为实例或特征之间的线性影响是由获取方法带来的虚假信息（例如，一个扬声器的声音被另一个扬声器的话筒所捕获，见 4.3.6 节中对 ICA 的讨论）。去相关性的通常做法是相对于当前数据对以往数据打个折扣，这是一种线性滤波器。在 7.6 节的时间戳数据案例研究中，我们会看到这种过程的一个例子。请注意，有些 ML 算法和技术（比如 5.3 节中的 ANN 丢弃技术）需要一些冗余数据才能正确执行。

马氏距离（Mahalanobis distance）。这是一种与去相关性有关的概念，使用协方差矩阵 $\boldsymbol{C}$

的逆矩阵来缩放数据：

$$\text{Distance}_{\text{Mahalanobis}}(\vec{x}, \vec{y}) = \sqrt{(\vec{x}-\vec{y})^{\mathrm{T}} \boldsymbol{C}^{-1} (\vec{x}-\vec{y})}$$

如果对实例进行了去相关性操作，那么 $\boldsymbol{C}$ 就是单位矩阵，这个距离等价于欧氏距离。你可以对实例进行去相关性操作，也可以在通常使用欧氏距离的地方使用马氏距离。在这个距离的图形化表示中，你可以直观地看出协方差将数据向更高协方差的方向拉扯。使用协方差矩阵的逆矩阵，就可以修正这种拉扯。

白化与 ZCA（zero-phase component analysis）。标准化将数据改变为具有单位方差，去相关性则消除了变量之间的相关性。能否同时达到这两种效果呢？这样的过程称为**白化**（whitening），它将数据转换为白噪声。球面化转换是白化的另一个名称，尽管它其实是一种线性转换。白化操作也会破坏数据中的线性关系，只有确信领域中的信号是通过非线性表示的，你才能使用白化操作；否则，在完全随机的数据上进行训练是没有意义的。

本节开始的时候讨论了 PCA 分解，那么 PCA 白化的公式就是 $W_{\mathrm{PCA}} = \boldsymbol{D}^{-1/2}\boldsymbol{E}^{\mathrm{T}}$。数学知识比较枯燥，不过用 W_{PCA} 乘以 $\boldsymbol{M}$ 可以得到一个矩阵，该矩阵的相关性矩阵是一个对角阵（互相关性为 0）。因为白化转换的性质在旋转的时候是不变的，所以有无穷种转换，其中有许多种转换具有独特的性质。这意味着与正交矩阵 $\boldsymbol{R}$ 的乘积 $W = \boldsymbol{R}W_{\mathrm{PCA}}$ 也是一种等价的白化操作。在这些转换中，**ZCA**（也称为马氏转换）使用特征向量矩阵 $\boldsymbol{E}$ 作为 $\boldsymbol{R}$，则：

$$W_{\mathrm{ZCA}} = \boldsymbol{E}W_{\mathrm{PCA}} = \boldsymbol{E}\boldsymbol{D}^{-1/2}\boldsymbol{E}^{\mathrm{T}} = \boldsymbol{C}^{-1/2}$$

ZCA 的一个性质是，可以得到与原始数据最为接近的转换数据。在计算机视觉中，这是一个非常大的优势，因为转换后的图像与原图像非常相似。例如，图 2-1 是对图 9-3 的重现，它给出了一些卫星图片的白化版本，第 9 章中有详细的介绍。不过，很多 ML 算法可以从任意的白化转换中受益。对于这些算法，基于 PCA 的白化是一个常见的选择，因为大多数统计程序包可以提供 PCA。

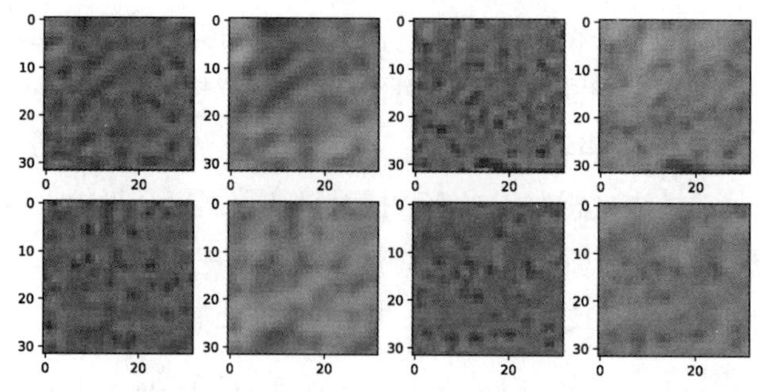

图 2-1 4 个定居点的 ZCA 白化结果，右侧图片是左侧图片的白化版本

2.1.2 平滑

如果特征存在没有相互联系的误差，就会很麻烦，因为特定误差会将特征观测值与真实值之间的差异变得非常大，以至于无法在 ML 算法中使用。为了让观测值接近于真实值，可以将其与实例附近的其他特征值比较一下，并移动观测值，使它向附近的其他特征值靠近。直觉就是，独立的误差加起来后会彼此抵消，真实的信号从而就会显现。这个过程就称为**平滑**（smoothing）。Jeff Leek 在他的数据组织著作 *The Elements of Data Analytic Style* 中将其描述为“统计学中最古老的思想之一”。

什么是“实例附近”呢？在最简单的情况下，如果实例包含时间或位置信息，就使用在时间或空间上与该实例临近的实例来进行平滑。Jeff Leek 将其概述为“**如果有能在空间或时间上测量的数据，就可以进行平滑**”。

否则，你可以认为特征是一个缺失值，再使用 3.2 节中的各种技术计算出一个估算值，然后使用这些估算值的均值作为该特征的当前值。

概率平滑

在处理稀疏事件时，训练数据是一种不完美抽样，它丢失了很多实际发生的特征值组合。这时就要使用一种特殊类型的归一化。在这种情况下，应该对观测值的价值打一个折扣，将计数（概率质量）留给那些未观测到的事件（特征值组合）。这种平滑应该在基于概率方法的 ML 算法中使用，因为保留的概率质量需要包含在算法的输入中。平滑方法在样本水平上处理未知的特征值，而 3.2 节将介绍填充法，它处理的是在训练数据中显式标记出的缺失值。

平滑最常用于处理的是，一个特征值从来没有与目标类的一个特殊值一起出现过。如果不进行平滑，像朴素贝叶斯这样的算法就不会生成任何结果，因为它的核心乘法操作总会得到一个值为 0 的联合概率。

不过，有多少未知事件呢？如何在它们之间分配概率质量呢？如果可以，你可以依据自己对事件本质的理解（领域知识）。举例来说，如果事件是单词对，已知构成单词对的单词出现的概率，就可以估计出现未知单词对的概率。

简单平滑。有多种不同的平滑技术得到了广泛使用，包括拉格朗日平滑（认为每个新的未知事件都出现了至少一次）、ELE 平滑（对所有计数加上 0.5）和 Add-Tiny 平滑（对所有计数加上一个非常小的数值）。这些简单平滑技术虽不复杂，但在自然语言处理（NLP）中，拉格朗日平滑的效果总是好于 Add-Tiny 平滑，从理论上看也应如此。

简单古德－图灵平滑。简单平滑技术的问题是过高地估计了保留的概率质量，这就使得最终系统过于保守，因为未知数据中的不确定性而对观测数据没有足够的信任。古德–图灵平滑是一种更加复杂的技术，它为观测数据拟合了一条频率或频数曲线，然后使用这条曲线来估计未知事件。如果一个概率分布可以表示成如下形式，就认为它具有 Zipfian 性质：

$$p(f)=\alpha f^{-1-\frac{1}{s}}$$

其中的 α 和 s 是定义该分布的两个参数。这种分布解释了很多有意义的事件，比如单词的分布。如果你确信自己的概率分布具有 Zipfian 性质，就可以有更多依据来确定要保留的概率质量。

2.1.3　特征加权

对于最后一种特征归一化技术，我们讨论在所有实例中对特征进行加权。权重是计算出来的，并可以调整。这种技术的基本方法是为不同特征添加一个先验的统计概率。如果这个先验概率是根据丰富的领域知识计算出来的，那么它的作用会非常显著，不要指望 ML 算法能根据现有数据重构这些概率。因此，如果你觉得某些特征能提供更多信息，就可以给它们乘上一个数值，给予其更高的权重。也可以在某些 ML 算法中直接使用一个特征加权向量。

特征加权可以为简单的 ML 模型添加某种元学习能力（例如，调高与目标类别高度相关的特征的权重）。我发现与和 FE 的关联相比，这种技术和 ML 算法的关联更大。理想的特征加权所带来的知识应该比训练数据中存在的知识更多。你在进行特征加权时，依据的应该不只是训练数据，还包括领域知识。

1. 逆文档频率加权

在 NLP 领域，使用最多的一种特征加权方式称为 TF-IDF——在文本的词袋表示（一种单词直方图，见 2.3.1 节中的讨论）中，特征（单词计数）按照单词在一个大文档集合中出现的频率进行缩放。用来计算 IDF 分数的集合可以超过现有训练数据好几个数量级，由此提供一些一般性知识，告诉我们哪些单词因为出现得过于频繁而变得毫无信息量。

该加权方式分为很多种，常用的一种方式是：

$$\mathrm{idf}(t)=\log_{\mathrm{e}}\left(\frac{N}{n_t+1}\right)$$

其中 N 是语料库中的文档总数，n_t 是有单词 t 出现的文档数量（不考虑 t 出现在每个文档中的次数）。

在特征化时，如果单词 t 在原始数据（文本）中出现了 freq(t)次，就设定特征 x_f（f 为特征向量中与 t 相关的特征索引）为 x_f= freq(t) × idf(t)，其中 idf(t)为使用上面公式计算出的结果。举个例子，单词“the”是非常常见的，因此 n_{the} 的值非常大，idf(the)的值就非常小。与之相比，单词“scheme”非常罕见，它的 IDF 权重就比较高。请注意，要使用 TF-IDF 直接作为文本相似度指标，就需要对较长的文档进行惩罚。在第 8 章的文本数据案例研究中，我们使用 IDF 分数为一个特定城市的维基页面中的所有单词组合出嵌入表示，作为计算该城市人口数量的额外特征。

2. 摄像机标定

在计算机视觉领域，一种常用的加权模式是摄像机标定。光学元件和传感器表现出的可变性通常是可以预测的，可以通过捕获标定图像的数据来测量。在获取了标定数据之后，就可以把标定数据转换为一种特征加权模式。举个例子，某个摄像机会在左上角产生更亮的像素。如果这些更亮的像素是图像中其他区域中某个类别的强烈信号，ML 算法就会被迷惑。通过降低左上角像素的亮度，就可以消除这种影响。

2.2 离散化和分箱

训练数据中的实例及其特征就是现实中事件和实体的模型。特征始终是现实的一种简化，这种简化经常会对 ML 提出挑战。但是，进行更进一步的简化表示是有意义的，这就是**特征离散化**（feature discretization），即减少特征的可能取值数量，通常从一个实数减少到一个离散的数量，比如整数。离散化也是**数量化**（quantizing）的同义词，二者只在字面上有区别。离散化最常见的形式是将连续特征转换为（有序的）类别特征，其他形式还包括将实数值特征转换为整数值特征，或者在一个类别特征中减少类别的数量（合并类别）。

所有离散化都会产生**离散化误差**，但可以让某些 ML 模型得到更少的参数，从而放大训练数据中的信号并提高泛化效果。不过，如果你选择的 ML 模型不能直接接纳类别特征，而你又使用了独热编码，参数的数量可能还会增加。对于误差分析和对系统行为的理解，离散化也非常有用处，比如建立汇总表。它还可以降低实际数量上的差异，一个特征中较低的分位数可以与另一个特征中较低的分位数进行比较。

这种操作可以只在特征值上进行，脱离目标类别，称为**无监督离散化**；也可以作用在目标类上（**监督离散化**）。离散化通常需要找到一些用来划分数据的阈值（单变量），你也可以同时对多个特征进行离散化（多变量）。

离散化的基本思想是找到一些较好的数据边界，使得两个边界之间的特征值数量有一个合理的分布。如果认为特征值的差异在空间的密集部分应该比在稀疏部分更重要，就应该使用离散化。年龄就是一个非常好的例子，人在 5 岁时一年内的差别就比在 85 岁时一年内的差别重要得多。在离散化中，相似的实例应该离散化为同一个值。例如，剔除同一个人的多个别名。离散化的积极作用已经广为人知：

> 通过将连续特征离散化，很多机器学习（ML）算法生成了更好的模型。

2.2.1 无监督离散化

如果想不参考其他数据而降低一个数值集合的分辨率，就需要找出其基本结构。这意味着我们需要知道数值是聚集在某个中心质点周围，还是按照某种距离均匀地分布在空间中。无监督学习的目标就是找出这种结构。在讨论一般性的聚类技术之前，我们先来看看一种简单而又应用广泛的技术，这就是分箱。请注意，无监督离散化通常容易受到异常值（见 2.4 节）的影响。此外，无监督离散化技术会丢失分类信息，因为它会将目标类中很多不同的值合并成同一个离散特征值。

1. 分箱

分箱是一种简单的离散化技术，目标是将观测到的特征值按大小或长度分割成相等的几段。它在统计学中的历史非常悠久，也称为离散分箱或者分桶。分箱的最初目标是降低观测误差，方法是使用观测值所在的一小段区间（箱）中的代表值（通常是中心值）来替换观测值。区间是可以选择的，每个区间应该有同样的大小或同样数量的观测值（分位数）。换种说法就是，箱的大小是可以选择的，可以把整个实数集合分割成整数个大小相同的区间（舍入）。

在第 6 章的案例研究中，目标变量使用等频区间法进行了分箱（见 6.3 节）。对于 50 000 个城市，人口数量的范围为从 1000 到 24 300 000，我们使用对数标度将其划分为 32 个箱。第一个箱的边界是(1000, 1126)，最后一个箱的边界是(264 716, 24 300 000)。分箱带来的离散化误差一共是 3 亿（平均每个城市 6.5%）。

等区间宽度。这种分箱方法使用的是数据极差，将极差分割成 k 个相等的区域。这种方法对异常值非常敏感，如果有多个异常值，要么在分箱之前去掉它们，要么就不要使用它们。这是最简单的一种分箱方法，但如果你对数据有更好的了解，可以使用更好的方法。

等频率区间。在这种方法中，你有 m 个实例，要将其分割到 m/k 个值之间（可能重复）。如果数据密度在不同区域中有不同的水平，那么这种方法很有帮助。在等区间宽度分箱由于数据点的聚集而造成多个空箱时，这种方法就非常适合。它需要先对数据进行排序（包括重复值），再找出第 m/k 个位置上的边界值。也可以用迭代的方式使用中位数来划分数据，第 6 章将讨论这种方法。

舍入。将实数完全转换为整数有一种简单而直接的方法，就是先将实数乘以一个数值，然后在某种进制中将其舍入为一个整数（或直接去掉小数部分）。例如，给定特征值{0.7, 0.9, 1.05, 0.25}和一个乘数 3，然后在十进制中向下取整，就可以得到离散特征{2, 2, 3, 0}。所使用的乘数和进制应该根据领域知识来选择。如果不使用领域知识，无监督学习可以提供某些帮助。这时应该使用聚类方法，稍后就将讨论这种方法。

缩尾（阈值处理）。对有序特征值进行二值化或合并的一种简单方法是对其使用一个阈值。小于这个阈值的值就被转换为一个值为 false 的指示特征，否则特征值是 true。阈值可以在极差（最大值减去最小值）的中间进行选择，可以是均值、中位数，或能使目标类别均匀分布的其他值（这种方法的一种监督变体）。对于某些只能操作二值特征的 ML 算法来说，缩尾方法非常重要，比如最大熵的某种实现，或某种 SVM 方法。通过合适的阈值，它可以放大数据中的信号。

其他技术。最大边际熵方法可以调整边界，所以能降低每个区间上的熵（这是前面讨论过的等频分箱方法的一种变体）。如果数据中不同值的数量比较少，就可以通过确切的数值进行分箱（如观测值“27”变为“观测类别 27”），再使用分箱结果作为类别。分箱还可以用于已有的类别值，主要用来合并类别。在 3.1 节中，我们将以可计算特征为背景来讨论这个话题。

2. 聚类

上面讨论的几种简单技术可以显著地缩减特征空间，使基于分类特征的 ML 算法可以在连续型数据上使用。要捕获输入特征的内在分布，还有更好的方法：在特征上应用无监督学习。一种常用技术是使用 k 均值聚类（下面就将讨论），并使用簇（Cluster-ID）的数量作为特征类别（所以，如果使用 $k=20$ 进行聚类，就会得到一个有 20 个类别的特征）。也可以使用到每个簇的距离（或到最前面几个簇的距离，得到稀疏变量）作为一个独立特征。例如，第 7 章使用这种方法来建立特征热图（如图 7-3 所示，图 2-2 是对它的重现）。每个特征的特征值被分成 6 个簇，用不同的灰度水平表示。特征热图可以用来比较同一实例的不同历史版本，或在不同实例之间进行比较。参见 7.1 节获取完整的示例。

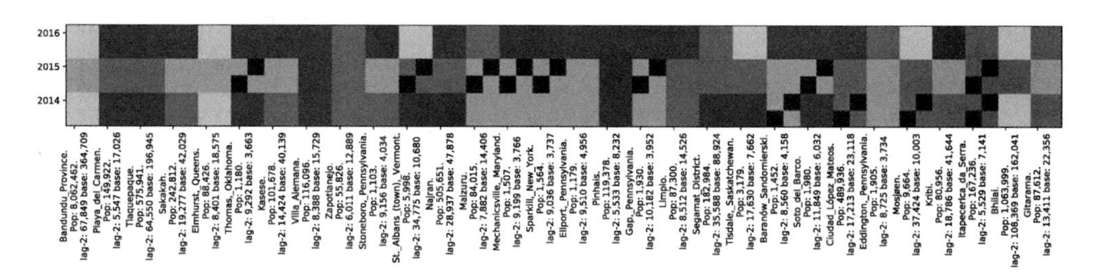

图 2-2 使用特征热图展示的历史特征可视化结果。不同的灰度水平表示不同的特征簇

*k*均值算法基于合成实例的概念：每个簇都由一个中心点表示，而中心点是一个虚构的实例（合成实例）。*k*均值并不计算簇中所有实例之间的距离，只计算它们到中心点的距离。它的参数包括：目标簇的数量 *k*（*k* 可以通过其他方法进行估计，如 Canopy 聚类），一个距离函数，以及一个根据实际实例集合计算合成实例的程序。

k 均值在开始时先随机选择 *k* 个实例作为初始的中心点（也可以使用其他初始化技术，如 *k*-means++）。在每次迭代中，都对每个实例进行重新分类，让它属于中心点距离实例更近的簇。然后，根据分配给该簇的实例，对每个簇计算一个新的中心点。

这种算法是**期望最大化**（EM）的一个例子。EM 是一种统计估计方法，在这种方法中，算法在估计步骤和建模步骤之间切换。这在一定情况下可以保证算法收敛，尽管收敛得非常慢。简单来讲，就是不断执行这两个步骤，直至收敛：在一个步骤中，修改模型（实例与簇之间的分配关系），估计它的参数（中心点）；在另一个步骤中，修改参数并估计模型。

2.2.2 监督离散化

监督离散化技术在 1990 年到 2010 年之间获得了大量关注，最主要的原因可能是由内存瓶颈而导致的对缩减参数空间的需求。人们为这种离散化问题提出了多种解决方案，可以按照多个方面和维度来进行归纳。这里将介绍三种算法，它们在实践中非常重要，也比较容易理解和实现，还能代表很多有同样中心思想的算法。这三种算法是 ChiMerge、MDLP 和 CAIM。它们处理的都是单精度数值型特征，在其已排序的独特值上进行操作。

使用监督离散化会增加一些复杂性，那它的好处是什么呢？用 Albert Bietti 的话来说：

> 除非你对特征的常见取值拥有丰富的知识和准确的直觉，否则手工挑选特征或等宽区间可能得不到好的结果。

需要注意的是，如果你对离散化使用了目标类别，就需要找到保留数据集的边界，而保留数据集将不能在随后的训练中复用。复用带有离散化特征的训练数据会导致微弱的目标泄露：ML 算法会被误导，过于相信离散化特征。

给定要分割为区间的候选区域，离散化就是一个搜索问题，其中每种算法都是由一条规则和一种方法定义的：规则确定一次分割的效果有多好，而方法则用来探索分区空间。

自适应量化器。下面要讨论的 MDLP 和 CAIM 都属于自顶向下的**自适应量化器**算法族。在这种量化器中，已观测特征值先被排序，然后从一个与全部极差相同的区间开始，以迭代方式分割区间。在这个算法族中，每种算法都使用不同的规则来选择区间的分割位置以及是否继续进行分割。待分割区域（分割点）就是观测值或者它的一个“明智”子集。它们都是渐进式算法，优点是不需要事先确定区间数量。在计算开销最大的版本中（由此得名），你可以在每个分区上训练一个完整的分类器，然后选择分类效果最好的那个分割点。

1. ChiMerge

ChiMerge 离散化是一种自底向上的方法。它在初始时认为每个特征观测值都是一个独立的区间。在算法的每个步骤中，都会对每个区间上的目标类别值进行 χ^2 统计检验（会在 4.1.1 节的特征选择内容中介绍），再根据检验结果将某个区间与它的邻近区间合并。如果 χ^2 检验不能拒绝零假设，也就是说不能认为两个集合在统计上是独立的，就将一个区间与它的邻近区间合并。这种方法非常简单，具有统计依据，还可以同时应用在多个特征上，并能进行联合离散化和特征选择。

2. MDLP

这种方法是由 Fayyad 和 Irani 提出的，使用目标类别的熵来选择最优的分区切割点。区间 S 的熵定义如下：

$$\tilde{H}(S) = -\sum_{i=1}^{k} \frac{\#(C_S = i)}{|S|} \log \frac{\#(C_S = i)}{|S|}$$ ①

其中 k 是目标类别能取的分类值的数量，$\#(C_S = i)$是 S 中目标类别等于 i 的实例的数量。对于一个给定的切割点，我们可以定义切割熵为在该切割点上分割出的两个区间的熵的加权平均（按照区间大小进行加权）。如果在一个切割点上的分割是有意义的，那么余下的区间应该具有更加同质化的类别（这样更加适合进行学习，也使特征更具信息量）。MDLP 使用分割熵作为度量方式，为不同的切割点打分。

为了提高算法速度，其作者证明了一个定理，说明只有**类别边界点**才需要被考虑作为切割点。类别边界点是一个特征值，目标类别值在它的相邻部分发生变化。类别边界点的数量一般远远少于特征观测值的总数。算法使用最小描述长度（minimum description length，MDL）作为停止规则，如果未分割类标签的描述（以位为单位）比分割后得到的两个区间中的标签描述更短，就停止分割。

---

① 此处的对数函数起压缩和平滑的作用，底数可以是 2、e 或 10，视具体情况而定。——译者注

这种算法看上去与决策树非常类似，但生成的离散化结果不同：决策树是局部方法，而这里讨论的离散化技术是一种全局方法。局部方法会受“数据碎片”的影响，可能会分割出不必要的区间，无法生成最优结果。事实证明，全局方法可以帮助决策树，在功能上优于决策树的嵌入式离散化。

3. CAIM

CAIM 算法使用特征区间和目标类别之间的互信息，其作者宣称，这种算法生成的区间非常少。CAIM 力图使特征和目标类别之间互依赖的损失最小，使用的是当前区间（从一个覆盖了观测值全部范围的单区间开始）与目标类不同类别之间的混淆矩阵（在原始论文中称为“量子矩阵”，见图 2-3）。根据混淆矩阵，可以通过检查一个类别在给定区间（$\max_r$）内的最大计数推导出 CAIM 分数：

$$\text{CAIM}(D) = \frac{\sum_{r=1}^{n} \frac{\max_r^2}{M_{\circ r}}}{n}$$

其中离散化步骤 D 将特征分割成 n 个区间，$\max_r$ 是量子矩阵第 r 列中的最大值。作者的期望是“CAIM 的值越大，类别标签与离散区间之间的互依赖性就越强”。

类别	区间					类别总数
	$[d_0, d_1]$	…	$(d_{r-1}, d_r]$	…	$(d_{n-1}, d_n]$	
C_1	q_{11}	…	q_{1r}	…	q_{1n}	$M_{1\circ}$
⋮	⋮	…	⋮	…	⋮	⋮
C_i	q_{i1}	…	q_{ir}	…	q_{in}	$M_{i\circ}$
⋮	⋮	…	⋮	…	⋮	⋮
C_S	q_{S1}	…	q_{Sr}	…	q_{Sn}	$M_{S\circ}$
区间总数	$M_{\circ 1}$	…	$M_{\circ r}$	…	$M_{\circ n}$	M

图 2-3 CAIM 量子矩阵，改编自 Kurganur 等人的“CAIM Discretization Algorithm”。这是一个特征与目标类之间的混淆矩阵，特征被分割为 n 个区间，目标类有 S 个类别

在每次迭代中，都选择有最高 CAIM 分数的分割点。如果没有区间能生成比已有 CAIM 更高的分数（在 k 个步骤之后，其中 k 是目标类别可以取值的数量），算法就停止。在对 30 种离散化方法进行评价之后，Garcia 和他的同事们总结道：

> CAIM 是最简单的离散化方法之一，本次研究同样证明了它的有效性。

2.3 描述性特征

ML 有时候不需要实际数据，只需要一个简洁的统计摘要：知道了数据分布形状的一般特性，问题就解决了。这种统计摘要一般称为**描述性统计量**。下面讨论一种最常用的描述性特征，即直方图，然后在 2.3.2 节中介绍其他几种描述性特征。当实例中包含大量相似、低信息量的特征时，比如像素或传感器数据，这种方法尤其重要。

密集特征值与稀疏特征值。使用描述性特征的优点是可以生成可靠、密集的特征。例如，如果一条用户评论使用了与训练集中不同的语言，那么文本长度特征依然是有效的，但是对于某些特定单词的指示特征就很可能都是 0。不过，对于那些面向稀疏特征向量操作而设计的算法（如 SVM）来说，密集特征向量会严重影响算法的速度。

在赢得了 KDD Cup 竞赛的作品中（见 1.7 节），Yu 等人将使用不同方法的两种系统结合起来：一种使用二值化和离散化，生成了一个非常稀疏的特征集；另一种使用简单的描述性统计量，生成了一个密集特征集。他们的结果证明了密集方法的价值。

2.3.1 直方图

获得对特征的总体理解还有另一种方法，就是使用**直方图**（histogram）来总结它们的行为。直方图是对一个特征集中值的分布的一种简单表示，广泛用于图像处理领域。直方图可以将特征值转换为频率值，它使用分箱来定义每个频率列，以此来处理连续型数据。初始特征向量就会有多个同样类型的特征。直方图特征向量中的每个箱都有一个特征，值等于初始特征向量落入该箱中特征的数量。

这是处理图像时的通用技术。第 9 章使用直方图进行图像分类，图 2-4 是对图 9-1 的重现，它说明了不同图像可以有相似的直方图（图中的 Frias 和 Brande），这可以帮助我们减少领域中的干扰性变动。9.5 节中给出了完整的例子。如果你有大量相关的而且除了相关部分之外都相同的特征，那么可以不（或者除了）使用特征本身，而是（还）使用一个具体特征值出现在这个大特征集中的次数。对于一个 300 × 300 的黑白图像，你可以将整个图像表示为两个特征：白色像素的数量和黑色像素的数量（最简单的直方图）。这样就可以把特征数量从 90 000 减少到 2，而且包含足够的信息来解决大量不同分类问题（如出门还是不出门）。如果你用 30 种可辨别灰度（5 位）来表示每个像素，它们可以解释 566 250 字节的输入向量，那么一个直方图就可以包含 30 个条目，每个条目（17 位）的最大值是 90 000，一共是 64 字节。如果直方图能解决这个问题，那么特征数量就几乎减少为了 1/90 000。

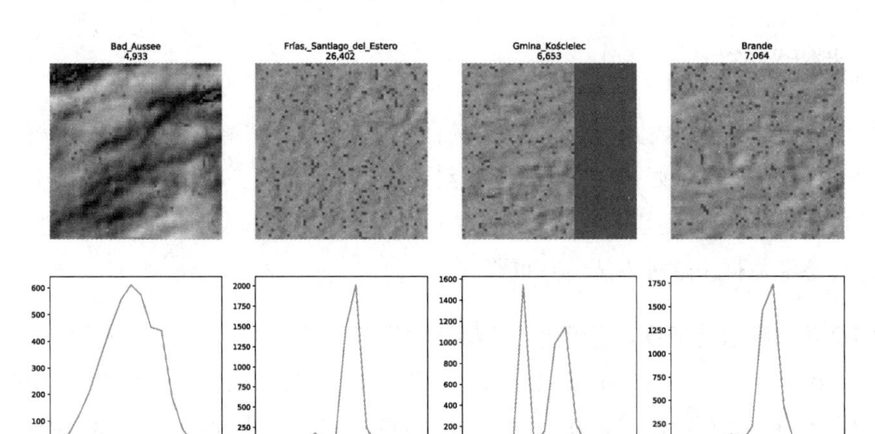

图 2-4 4 张随机的卫星图像及其直方图。直方图表明，Bad Aussee 在阿尔卑斯山附近，Gmina Kościelec 商业区挨着一个小池塘，另外两个地方相对平坦

还需要注意的是，如果有足够的训练数据，很多 ML 算法会学习出一个决策函数，在算法内部计算出直方图或它的一个近似。如果你确信直方图与你要解决的问题相关，就可以让 ML 算法免除这种不必要的负担。

词袋。本书的主旨就是介绍应用在不同领域的技术并提取出其中的精要，希望你们能将其应用在自己的新领域内。基于这个原因，尽管直方图通常用于计算机视觉，我们还必须一提 NLP 中的一种常用表示，即词袋（bag of words，BoW），这是一种单词直方图。在这种表示方法中，一段文本被表示为一个固定长度的向量并提供给 ML 算法，该向量的长度等于在训练时观测到的词汇表的长度。特征的值表示特定单词出现在文本中的次数，这段文本就相当于一个实例。第 8 章使用词袋表示法，下面这个句子：

> Its population was 8,361,447 at the 2010 census whom 1,977,253 in the built-up (or "metro") area made of Zhanggong and Nankang, and Ganxian largely being urbanized.

就可以表示为如下记号（token）计数，供 ML 算法使用：

> [‘its’: 1, ‘population’: 1, ‘was’: 1, ‘TOKNUMSEG31’:1, ‘at’:1, ‘the’:2, ‘TOKNUMSEG6’:1, ‘census’:1, ‘whom’:1, ‘TOKNUMSEG31’:1, ‘in’:1, ‘built’:1, ‘up’:1, ‘or’:1, ‘metro’:1, ‘area’:1, ‘made’:1, ‘of’:1, ‘zhanggong’:1, ‘and’:2, ‘ nankang’:1, ‘ganxian’:1, ‘largely’:1, ‘being’:1, ‘urbanized’:1, . . . rest 0]

8.4 节会给出完整的例子。

2.3.2 其他描述性特征

你可以认为直方图是一种特殊形式的数据摘要。数据摘要还有更多形式，包括最大值、最小值、均值、中位数、众数、方差、长度和总和。

其他描述性特征可以通过假设一种特征值的分布而得到。然后，对于原始数据中具体实例的值，你可以计算出它们与假设分布有多接近。最常用的分布就是正态分布，但也可能是其他分布（包括泊松分布、双峰分布以及带有“肥尾”的分布）。如果假设数据服从正态分布，那么标准差就可以捕获数据中已知信息的百分比，因为它可以测量数据集距离均值的分散程度。还有很多与正态分布相关的度量方式，下面介绍偏度和峰度。

偏度。这个统计量测量的是分布中不对称的程度：

$$s=\frac{\sqrt{N(N-1)}}{N-2}\frac{\sum_{i=1}^{N}(Y_i-\bar{Y})^3/N}{\sigma^3}$$

这个特征的用法与直方图特征很相似，如果原始数据中有大量相似的值，就可以把它们的偏度作为一个特征。在具有高偏度的分布中，大量元素集中在均值的某一侧。

峰度。这个统计量测量的是与正态分布相比数据是否有重尾分布：

$$k=\frac{\sum_{i=1}^{N}(Y_i-\bar{Y})^4/N}{\sigma^4}-3$$

在人工数据中，重尾分布非常普遍。如果错误地使用正态分布对其建模，就会产生大量异常值。我们将在 2.4 节讨论异常值。这种特征的用法与偏度非常相似。

四分位数与百分位数。这些数值是对分布的一种摘要表示。它们表示的是一些边界，一定数量的数据点落在这些边界之间，将数据分割成数量相等的几段。$Q2$ 就是均值，$(Q1, Q2)$和$(Q2, Q3)$、$(-\infty, Q1)$和$(Q4, +\infty)$具有同样数量的元素。百分位数的定义与四分位数基本一样，只是将数据分割为 100 段。

NLP 中的文本长度。不是所有领域和问题都使用描述性特征这一名称。在 NLP 中，一种非常普遍（也非常成功）的特征是文本长度，它可以正确预测多种类别。例如，顾客高兴还是不高兴。不高兴的顾客往往会留下更长的评论，使用大量细节描写来说明他们不高兴的原因。请注意，如果没有词汇表之外的单词存在，那么文本长度就是词袋（单词直方图）的 L_1 范数；否则，文本长度中就包含更多信息。

其他描述性特征。一般来说，你可以计算出实例（如像素）中所有相似特征之间的 KL 散度（见 4.3.7 节），以及根据全部实例推导出的全概率分布。这种特征会告诉 ML，与训练过程中已知的数据相比，特征“可能”是什么样子的。

2.4 处理异常值

Chris Chatfield 在著作 *The Analysis of Time Series* 中指出：

> 对异常值的处理是一个复杂的问题，其中常识和理论一样重要。

对异常值的处理可能是 FE 中最需要丰富领域知识的任务。如果你对异常值的来龙去脉非常了解，可以根据领域中的专业知识保证它们是一种无效的观测，就完全可以删除它们。实际上，异常值处理的关键问题就是将错误值与极端值区分开来。在分析一个特征的取值时，我们会经常发现一些值（或值的一个小集合）明显游离于其他值之外。一种很自然的做法是删除这些值，要么删除这些特征值，要么干脆丢弃整个实例。因为异常值的数量很少，所以 ML 如果将注意力集中在更加“正常”的实例上，效果可能更好。然而，Dorian Pyle 在著作 *Data Preparation for Data Mining* 中用实例进行了说明，在保险业中，多数索赔的数额很小，只有少数索赔的数额非常大，删除这些数额非常大的索赔要求显然会使一个保险模型彻底变得无效。

这并不是说发现数据中存在大量异常值毫无价值，本节最后将简要地介绍异常值检测。但是，如果发现了异常值，就不得不使用对异常值具有稳健性的 ML 算法。举例来说，协方差矩阵的估计对于异常值特别敏感，均值也是这样（对于均值的情况，如果有很多异常值，就可以用中位数来代替均值）。

举一些异常值的例子。在处理传感器数据时，有些设备在接通电源或切换到数据采集系统时，会产生一个较大的信号峰值。根据领域知识，你会知道有些值是不可能的（如一个患者的年龄是 999）。其他例子包括：有职员输入了一个错误条目、信用卡欺诈、未授权访问、发动机上的故障检测、卫星图像的新特征，以及癫痫检测。

根据我的个人观点，异常值可以使识别潜在的数据错误更加容易，不过你要做些额外工作来确定它是否真的是一个错误。即使是已经说过很多次，我还是要强调一下：除非有明确的证据说明异常值是错误观测，否则不要丢弃它们。Darrell Huff 在著作《统计数据会说谎：让你远离数字陷阱》中指出，即使在正态分布数据中，遇到“可疑的极端值”也是很正常的。随意地丢弃异常值会让你得到错误的分布均值和标准差。你要丢弃的异常值很可能是最具信息量的实例之一。

如果你确定了某个特征值就是异常值，就可以丢弃它，并将其看作**缺失值**。3.2 节将介绍处理缺失值的填充技术。应该把异常值放在测试集中，除非你有一种完全自动的方法来对异常值进行识别、删除和填充，否则不能对 ML 模型在生产中的表现进行正确的评价。

异常值检测

异常值检测又称为新奇检测、异常检测、噪声检测、偏差检测或例外挖掘，用于在已完整收集的数据集或新到达的数据中识别异常值。定义异常值是一项非常困难的任务，Bannet 和 Lewis 将异常值定义为：

> 异常值是看起来与数据集合中的其他值不太一致的观测结果（或观测结果子集）。

识别异常值要比删除它们更重要，因为如果数据中有很多异常值，就表示这可能是一种非正态的“肥尾”分布。你收到的异常值还可能是一种削波数据或失真数据（即所谓的**删失数据**，censored data）。你可以在异常值上训练一个独立模型，因为它们有时候会表现出一种所谓的**王者效应**（king effect），即分布中的前几个代表与其余实例在行为上截然不同。

对于 FE，我们可以使用异常值检测在训练数据上学习一个模型，再使用这个模型找出不正常的实例及其特征值。一般来说，异常值检测技术可以是监督的，也可以是无监督的。在 FE 中，花费额外精力来标注异常值是不太可行的，所以我们重点关注无监督技术。主要的技术包括聚类、密度估计和单类别 SVM。在进行无监督异常值检测时，可以使用诊断技术和调节技术：诊断技术用于找出异常值，调节技术用来使 ML 模型在存在异常值时具有稳健性。

无监督判别技术使用一个相似度函数和聚类方法。这些技术将到最近中心点的距离定义为**异常分数**（outlier score）。无监督参数技术只对正常类别进行建模，如果新数据从模型生成的概率非常小，就认为它是异常的。使用 k 均值方法有助于区分稀疏性和孤立性（稀疏是指一个簇中所有点之间的距离都很远，而孤立则是指只有一个单独的点距离其他点很远）。稀疏区域中的点不是异常值，而孤立点则是。像 BIRCH 和 DB-SCAN 这样的大规模聚类技术显式地处理异常值，它们虽然也可以使用，但不能提供异常的程度。Japkowicz 和同事们提出了一种基于自动编码器（见 5.4.2 节）的有趣方法。因为自动编码器在文本数据上的表现往往不太好，所以它们的重建误差可以被作为一种异常分数。同样，决策树中被修剪的节点也可以用来作为异常探测器。此外，因为基于核函数的方法可以估计分布的密度，所以也可以通过找出低密度区域来检测异常值。极值理论直接对异常值进行建模，将其作为一种特殊分布，并使用 EM 来估计它的参数，包括阈值。如果数据中有空间和时间成分，就可以使用特殊的异常值检测技术。

最后，人类数据中的异常值检测可能会暗示一些伦理上的问题，在进行决策时，需要考虑这些因素。

2.5　高级技术

后续章节中讨论的很多技术还要考虑特征在组合时的行为，尤其是在降维的时候（见 4.3 节）；以及某些可计算特征，特别是靶值率编码（见 3.1 节）。我会在讨论其他相关技术（如特征选择）时对其进行介绍。

这里要介绍另外两种技术：delta 特征，以及使用随机森林的叶子作为特征。

delta 特征。又称为基于相关性的特征，它们需要建立一个模型来模拟整个特征的行为，并由这个模型产生一个新特征，用来表示在特定实例中观测到的初始特征与模型模拟出的特征有多大差异。

最简单的一种情形就是先计算出均值，再将与均值的差异作为特征（聪明的读者会发现，这与特征中心化的结果是一样的，中心化就是要使特征的均值为 0）。更有趣的是，你可以用该特征值的概率来代替特征。举例来说，每个特征值都可以使用特征值分布的百分位数来代替（这个特征值是前 10%最容易出现的值吗？还是前 25%？等等）。在 7.1 节中，你将看到一个这样的例子。

一个类似的概念是 **z 分数**（*z*-score），即特征值与均值之间的标准差数量：

$$z = \frac{f - \bar{f}}{\sigma}$$

与其他复杂的 FE 技术一样，delta 特征会得到一个复杂的特征生成器，在实际部署中需要和训练出的 ML 模型一起使用。也就是说，需要使用从训练数据中得到的均值、直方图等在测试数据上计算出 delta 特征，并与 ML 模型一起使用。

随机森林特征推理。Vens 和 Costa 提出了一种激动人心的方法，可以从特征的组合集中受益，那就是先训练一个随机森林模型，再使用随机森林生成的不同路径作为特征：

> 从直观上看，与被分在两个遥远叶子里的实例相比，被分在两个邻近叶子里的实例会有更多相似的特征。

新的特征向量是一串二值特征的连接，这些二值特征来自训练出的随机森林中的每棵树。对于决策树中的每个内部节点，都会生成一个二值特征，表示该实例是否满足内部节点上的条件。我们需要注意，不同的树是如何混合在一起并组合出不同特征的，以及随机森林是如何归一化、处理异常值并为我们自动生成描述性特征的。从某种程度上说，这种方法封装了本章介绍的所有技术，甚至更多技术。如果你使用多棵树训练随机森林，就可以得到一个扩展了的特征集。你也可以训练几棵浅树，得到一个缩小了的特征集。还可以将原始特征与这些树特征组合起来。

2.6 扩展学习

本章所介绍的技术通常被认为属于数据准备流水线的一部分。关于这个主题，Dorian Pyle 的 *Data Preparation for Data Mining* 和 Jeff Leek 的 *The Elements of Data Analytic Style* 都是常用的参考书，可以为我们提供很好的参考。同样，Hadley Wickham 的文章“Tidy Data”也非常有价值。至于可用的分箱和异常值检测工具，你可以研究一下 OpenRefine（以前称为 GoogleRefine）。

离散化是一个已经被研究得非常透彻的主题。我在本章中引用了 4 篇综述，每一篇都值得好好研究。我发现 Dougherty 及其同事的综述最为通俗易懂。

最后，有很多书是关于异常值检测的，其中 Charu Aggarawal 的 *Outlier Analysis* 是一个非常好的资源。至于这方面的近期综述，可以参考 Hodge 和 Austin 的调查。

第 3 章

特征扩展：可计算特征、填充与核技巧

糟糕的领域建模会导致模型被添加过多的特征，尽管如此，研究如何从现有特征生成新的特征还是非常有价值的。我们可以使用特征选择技术（下一章会介绍）去除多余的特征。如果我们知道基本的机器学习（ML）模型不能在特征上做某种操作（例如，如果 ML 是简单的线性模型，就不能将特征相乘），那么这种方法尤其有用。如果我们确信将长度和宽度相乘之后，会比长度和宽度这两个特征中的任何一个都能更好地预测目标类别，就应该添加一个包含这种计算结果的新特征。这就是**可计算特征**（computable feature，见 3.1 节）背后的思想。正如我们提到的，是否需要这种特征或它能否使最初的两个特征变得多余，都需通过特征选择来确定。我们将在下一章讨论特征选择技术。

另一种类型的特征扩展是为数据中缺失的值计算一个最好的近似，这称为**特征填充**（feature imputation，见 3.2 节）。造成这些缺失值的原因可能是领域中的结构性限制，也可能是测量错误。量化缺失值对 ML 模型的影响也是非常重要的。

如果原始数据的一列中包含多个信息项，就可以进行最简单直接的特征扩展。这就是**复杂特征分解**（decomposing complex feature，见 3.3 节）的研究主题，这种研究与数据分析社区的持续努力是分不开的，他们一直致力于基于数据含义来对分析工具和分析过程进行标准化。有时候，这种分解就像字符串拆分一样简单，但对于真正复杂的字段（比如时间和地点），你需要做出很多决策，这就需要使用你对领域的理解以及要使用的 ML 算法作为指引了。

本章最后借用了一种来自支持向量机（SVM）的思想，即**核技巧**（见 3.4 节）：通过将实例投影到一个更高的维度上，在多数情况下，一个简单的分类器（如有间隔的线性分类器）可以解决在更低维度上非常复杂的问题。从业者还发现有一些投影形式可以直接使用，不需要使用核技巧。

总而言之，如果你充分相信特征扩展的好处，那么就应该使用任何可以扩展特征的技术。只要有少量特征，潜在的特征组合空间就可以呈爆炸式增长。使用暴力穷举的方式把这些组合都尝试一下是最简单的方法，但不太可行。这是一个非常热门的研究主题，我们将在 5.4 节中讨论。

3.1 可计算特征

扩展特征的简单方法就是对它们进行操作，也就是说，使用已有特征作为输入进行一种计算，然后将计算结果作为新的特征。这种小型程序集成了与问题相关的领域知识和数据集，有时候也被称作"交互变量"或"工程化特征"。举例来说，如果你确信两个特征相乘（如高度乘以宽度）所得的结果能比任何一个单独特征更好地预测目标类别，就可以添加一个新的特征，使其包含这种操作的结果。如果两个特征相乘不是 ML 算法（如朴素贝叶斯）所使用的表示方法的一部分，那么这样做会有很大的好处。实际上，可计算特征更适合线性模型（如逻辑回归），因为这些模型不能很好地处理特征之间的交互作用；但是不太适合复杂模型，比如神经网络，因为这些模型可以更好地为交互作用建模。这并不是说神经网络模型不能利用可计算特征，正如我们将在 5.4.1 节中看到的那样。举例来说，在使用神经网络（NN）进行学习时，相比于用一个变量除以另一个变量所得的函数，使用这两个变量的差进行学习的误差要小得多（误差均值分别约为 27 和 0.4，见表 3-1）。

表 3-1　可计算特征示例。节选自 Jeff Heaton 的论文，并使用他公开的算法运行。误差列与学习的复杂度有关，这些函数都可以在神经网络中使用

名　称	表 达 式	误　差			
		标准差	最小值	均值	最大值
差	$x_1 - x_2$	0.788	0.013	0.410	0.814
对数	$\log_e x$	0.721	0.052	0.517	0.779
多项式	$2 + 4x_1x_2 + 5x_1^2x_2^2$	0.810	0.299	0.770	1.142
幂	x^2	0.001	0.298	0.299	0.300
比值	x_1 / x_2	0.044	27.432	27.471	27.485
差的比值	$(x_1 - x_2) / (x_3 - x_4)$	0.120	22.980	23.009	23.117
多项式比值	$1 / (5x_1^2x_2^2 + 4x_1x_2 + 2)$	0.092	0.076	0.150	0.203
平方根	$\sqrt{x}$	0.231	0.012	0.107	0.233

这种特征与特征模板的概念联系得非常紧密，其中特征模板在 1.5.2 节中进行了介绍。我之所以选择在第 1 章中讨论特征模板，是因为它可以应用在 ML 流程的不同环节中，而且与可计算

特征的基本原理不同：特征模板是将原始数据转换为特征数据的技术。它的重点是对特征的过度生成，而且需要 ML 算法容忍这种过度生成。特征模板应用在 ML 流程的开始阶段，用来处理没有按照能被 ML 技术直接应用的方式进行结构化的原始数据。而我们接下来讨论的可计算特征需要更多的处理方式和对领域的理解，它在 ML 流程中的应用稍晚一些，作为特征工程（FE）在数据上进行向下钻取时的一个环节。请注意，特征的含义可能会因为不断完善而改变。

下面将讨论单特征转换、特征的算术组合和对表示数据的坐标系所做的各种概念变化。这些讨论都是**特征向下钻取**（feature drill-down）的具体例子，这个概念的意思就是，如果你有一个似乎有效的特征，就应该考虑它的各种变体。如果特征是二值的，就可以根据它与目标类别之间的关联将其转换为概率（靶值率编码）；如果特征是分类型的，就可以考虑减少类别的数量（添加一个“其他”类别）；如果特征是离散的，就可以对其进行阈值化，或者分成多个箱（类别）；如果特征是连续的，就可以对其进行离散化，或者应用一个挤压函数（将在后面介绍）。

单特征转换。在一个特征上进行操作是特征向下钻取的最简单方法。通常采用的操作（称为操作符面板）包括 e^x、$\log_e x$、x^2、x^3、$\tanh x$、$\sqrt{x}$ 和一个 sigmoid 操作（后面会介绍）。除非你使用的是自动化 FE 方法（见 5.4 节），否则在选定操作的背后应该有某种直觉支撑。举例来说，在保健领域，体重太重或太轻的人都会引起异常值问题，所以你应该计算平方根。如果有比例特征，就应该取对数。第 6 章会给出一个使用对数函数来抑制特征的例子，它根据 6.3 节中的误差分析得出了需要这种转换的结论。有些单特征转换在使用核函数时，需要较强的数学背景，本章最后将讨论这个问题。

sigmoid 操作使用的是一族挤压函数，这些函数都是 s 形的，比如 $\frac{1}{1+e^{-x}}$。它们可以保持函数值域中间部分的可变性，而减少值域两端的可变性。

还有一些常用的挤压函数，其中很流行的一个就是 Box-Cox 变换。给定 λ，如果 $\lambda \neq 0$，那么该变换就定义为 $y_t = \frac{x_t^\lambda - 1}{\lambda}$；如果 $\lambda = 0$，该变换就是 $\log_e x_t$。λ 的值可以通过试错法或最大似然法近似得到。请注意，对数和平方根函数是 Box-Cox 变换的特殊情况。如果你确信值的分布有一个长尾，而且想合并长尾中的值以加强信号，那么这种变换就非常适合。缩放和归一化（见 2.1 节）也可以被看作单特征转换。其他的特征转换包括打击率（体育领域）、EBITDA（税息折旧及摊销前利润，财务领域）和党派形象（政治领域）。如果有些数据值是负的，而你又需要在其上应用某个不支持负值的函数，就可以对其进行转换，以保证所有值都大于 0。2.1 节讨论的将稀疏特征向量转换为密集向量也是一种特征转换。

如果想看某种转换是否有用，一种快速方法就是判断转换后特征与目标类别之间的相关性是否强于初始特征与目标类别之间的相关性。如果不这么做，也可以使用 4.1 节要介绍的特征选择技术。

特征/目标转换。有些特征转换，比如对特征取对数，在与目标类别（如果是数值型的）同时应用时的效果更好。一般来说，你可以将任意可逆函数应用在目标类别上，这可以将目标空间转换得更适于学习。6.3 节的案例研究会给出这种方法的一个例子。

算术组合。如果某种特征组合在问题领域内有意义，就可以把它显式地添加进来。例如，如果有长度和宽度这两个特征，那么面积（长度乘以宽度）就有同样的作用。添加这种组合需要一定的直觉，添加所有算术组合会是一个错误。举例来说，当数值的数量级差别很大的时候，你就应该重点关注比值。因为特征组合的空间非常大，所以应该使用尽可能多的领域知识来进行指导，比如特征空间中的层次信息。特征的算术组合也称为“多项式特征”。某些特征组合很难被不同的 ML 算法学习使用，见图 3-1。在第 6 章中，我们会训练一个系统，用来预测一个城市的人口数量。误差分析表明，特征“city area”（城市面积）和“population density”（人口密度）很有价值。因为一个城市的人口数量等于城市面积乘以人口密度，所以这种知识产生了一个非常好的可计算特征，它在四分之一的实例中是可用的，详细信息参见 6.4 节。

分类特征“US State”（美国各州）
这个特征有50个类别

$f_{\text{state}} \in \text{CA, NY, WA}, \ldots \}$

独热编码
为每个州分配一个独立特征，一共
有50个特征：$f_{\text{CA}}, f_{\text{NY}}, f_{\text{WA}}, \cdots$

$$f_{\text{state}} = \text{CA} \iff \langle f_{\text{CA}}, f_{\text{NY}}, f_{\text{WA}}, \ldots, f_{\text{FL}} \rangle = \langle 1, 0, 0, \ldots, 0 \rangle$$
$$f_{\text{state}} = \text{NY} \iff \langle f_{\text{CA}}, f_{\text{NY}}, f_{\text{WA}}, \ldots, f_{\text{FL}} \rangle = \langle 0, 1, 0, \ldots, 0 \rangle$$

图 3-1 独热编码示例

缩尾（阈值化）。上一章讨论了一种对有序特征进行合并或二值化的简单方法，即对有序特征应用一个阈值。2.2 节介绍的所有技术都可以用来计算阈值。一种相关方法是使用特征与阈值的差或比作为特征，而不是对特征进行二值化。10.3 节会给出一个用 0 作为阈值的例子。

笛卡儿积。如果两个特征总是同时出现（如楼层和房间号），那么使用这两个特征的笛卡儿积作为一个单独特征可以加强信号，供 ML 算法使用。请注意，这是分解一个复杂特征（见 3.3 节）的逆操作。这样可以显式地告诉 ML 算法，这些特征应该被同时考虑，从而加强信号。如果笛卡儿积的某些部分在现实中不可能出现，这么做也是有好处的。例如，如果在 10 层以上没有房间号 3 或 4，不使用笛卡儿积的话，ML 模型就需要分配参数来处理这种情况。

改变坐标系。另一种对 ML 算法有益的转换是改变坐标系，比如从笛卡儿坐标系改变为极坐标系（维基百科中有一个常用坐标系转换列表“List of common coordinate transformations”）。如果你确信两个点之间的角度是有意义的，那么笛卡儿坐标系就不太合适了，更好的做法是将 x 和 y 用半径 r 和角度 θ 表示出来：

$$r = \sqrt{x^2 + y^2} \qquad \theta = \mathrm{atan2}(y, x)$$

对于颜色特征，如果你认为亮度是有意义的，而使用红、绿、蓝的值表示亮度并不方便，那么可以从 RGB（红、绿、蓝）转换为 HSV（色调、饱和度、亮度）。如果不进行这种转换，ML 算法就只能捕获部分信号（例如，如果有很多红色图片，那么红值就会很高），在泛化时就会失败。你可以在 10.1 节中看到一个这样的例子。

独热编码。在处理分类特征时，如果使用的 ML 算法难以表示分类特征，就会丢失一些规律性。同样，有些 ML 算法会将分类特征表示为数值，这就会产生一种错误的暗示，让人以为它们是有序的。独热编码是一种转换分类特征的方法，它将 n 个可能取值转换为 n 个指示特征，并且在一个特定时刻只有其中一个特征的值为真。这种编码在神经网络中使用得非常普遍，尤其是在 softmax 层（也称为哑变量或一基数表示法）。图 3-1 就给出了一个例子。有些算法必须使用独热编码，不过这种转换对所有算法都有帮助，大致原因就是，如果某个值更具影响力，那么这种表示方法可以让学习算法更容易发现并使用这种信息。通过允许多个指示特征的值同时为真，它也是一种对集合的标准表示方法，5.1.1 节会讨论这个问题。在 6.3 节的案例研究中，我们将给出一个使用独热编码表示分类特征的例子。

靶值率编码。从某种程度上看，二值化特征是一个非常“钝”的特征，它要么是 100%，要么是 0%。为了使特征更有信息量，你可以计算出它与目标类别一致的比例。例如，假设在 80% 的时间内二值化特征为真，而二值化目标类别也为真。再加上在 30%的时间内二值化特征为假，而二值化目标类别为真。那么，我们就不使用值为真或假的原始特征，而是在特征为真时设它的值为 0.8，否则就是 0.3。如果有多个目标类别，你可以为每个类别计算一个靶值率。图 3-2 给出了一个例子。最好使用训练集中的一个独立集合来估计这些靶值率，否则 ML 算法会过于相信这种特征（即出现过拟合）。

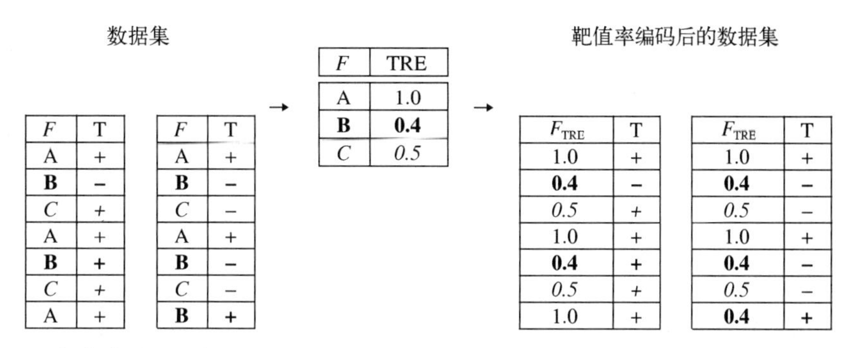

F	T
A	+
B	−
C	+
A	+
B	**+**
C	+
A	+

F	T
A	+
B	−
C	−
A	+
B	−
C	−
B	**+**

F	TRE
A	1.0
B	**0.4**
C	*0.5*

F_{TRE}	T
1.0	+
0.4	−
0.5	+
1.0	+
0.4	**+**
0.5	+
1.0	+

F_{TRE}	T
1.0	+
0.4	−
0.5	−
1.0	+
0.4	−
0.5	−
0.4	**+**

图 3-2 靶值率编码示例（为了适应图片大小，数据集被分成了两个表格）。分类特征 *F* 有三个类别{A, B, C}。类别 A 总是与目标类别“+”同时出现，所以它的靶值率编码是 1.0（100%）。这个例子是过拟合的，靶值率应该在折外数据上计算

这种对分类特征或二值化特征进行扩展并使其更加有效的思想有多种变体，其中有些非常复杂。另一种方法是完全不管目标变量，只是将每个类别表示为它的频率计数。某个类别是罕见的还是频繁的，要比这个类别本身更有信息量。如果目标变量不是分类型的，就可以为每个可能的类别估计出目标变量的均值，再使用这个均值作为新特征的值。也可以估计出类别比值来代替均值。同样，这也需要在训练数据之外的保留数据上进行（在进行交叉验证时，保留数据通常称为折外数据，见 1.3.2 节）。这种方法也称为分类编码、修正首次尝试率（correct first attempt rate，CFAR）、修正发射率、留一编码或分箱计数。

这种方法的有趣之处在于，它如何合并那些在预测目标类别时无法分辨的类别。这些经过特征工程处理的特征具有远远强于原始特征的信号，尤其是在类别数目非常大的时候。

这种过程可以应用在任何变量上，但更适合分类变量。我们有一种强烈的直觉：它可以使分类变量成为一个非常好的预测变量。不过，特征重要性分析（下一章将讨论）表明，事实并非总是如此。第 6 章会给出一个经过充分研究的例子，其中的目标变量是城市人口数量。对于国家相关的类别，使用靶值率编码类似于将类别值转换为该国的平均城市人口，参见 6.4 节以获取详细信息。

合并类别。对于有多个类别的分类特征，不是所有类别都是必需的，丢弃它们还可能会放大数据中的信号。合并后的类别可以作为一个“其他”类别。一般来说，你应该合并那些不频繁的类别，或者没有表现出较高修正发射率的类别。例如，如果一个颜色分类特征有 10 个可能的值，其中 3 个值（红、绿、蓝）的出现时间超过了 20%，其他值很少出现，那么将这 10 个值合并为 4 个（红、绿、蓝和其他）就可能加强信号。带有合并类别的特征可以替换原始特征，也可以和原始特征一起使用，参见 6.3 节中的例子。

使用外部数据扩展特征。很多时候，我们需要添加一些独立数据源中的外部数据，这等同于添加常识。举例来说，如果问题涉及地理数据，比如预测目标是一段旅途的燃料消耗，那么添加到主要城市的距离就是很有必要的。这种方法是非常有领域依赖性的。需要注意的一个重要方面是，你可以使用当前训练数据之外的数据。10.2 节会给出一个例子。当这种扩展发生在实例层面时，也就是说当需要创建新的实例时，这就变成了一个实例工程问题，5.2 节会讨论这个问题。

集成方法作为可计算特征。ML 中的集成方法就是训练多种 ML 模型并把它们组合成一个最终模型。从理论上说，将一个简单的集成模型当作工程化特征是可行的：使用数据的一个子集和它的预测结果训练一个可计算特征模型，再将其作为新特征使用。在这个理论框架下，你可以将可计算特征模型看作一个学习了可计算特征的模型，这与 5.4.1 节讨论的监督自动特征工程是一致的。这种思想非常有成效。作为一种从原始数据获得更丰富表示的方法，深度学习（DL）是符合这个原则的。

聚合特征。3.3 节介绍的转轴操作不是唯一能完成特征聚合的技术，其他特征聚合技术包括计数操作、条件计数操作（`count-if`）以及常用的任意数据库聚合操作和电子表格操作。

高级技术。本书的其他章节还将介绍能用于可计算特征的另外一些高级技术，包括变量的去相关、数据白化，以及使用随机森林中的树作为特征（见 2.1 节和 2.5 节），还有将缺失数据作为 0 值进行处理（见 3.2 节）。

领域特定的可计算特征。在 NLP 中，我们经常使用能描述词语“形状”的特征：

- 是否都是大写字母或小写字母；
- 是否包含数字；
- 是否包含重音符号。

这种方法也可以用于其他领域中的特征。

3.2 填充

在训练数据中，有些实例的某个特征值可能是未知的，原因可能是在获取数据时的手工操作问题，也可能是不同数据源合并的问题，还可能是特征提取器内部的缺陷。有些 ML 程序库（如 Weka）显式地将缺失值表示出来，有些程序库（如 scikit-learn）则不这么做，这些问题都是我们需要注意的。

大多数训练数据是研究总体的不完全抽样结果，这种不完全性可以表现为数据收集过程中明显的信息缺失，而传感器故障、数据库模式改变或者数据在存储和转移过程中的损失都可以造成信息缺失。本节要处理的是训练数据中的显式缺失值。对抽样过程中隐式缺失值的处理是另外一个问题，需要量化和修改观测值，使其能够容纳当前抽样过程之外的数据。这种概率分布的平滑过程是一种特殊形式的数据归一化，需要同时考虑所有特征，2.1.2 节已经讨论了这个问题。

有多种策略可以处理缺失值，有些简单（如给那些条目分配一个固定的值），有些复杂（如训练一个新的分类器，专门处理缺失值）。每种技术都有自己的优点和缺点，以及适用场景。不过，如果对这个问题放任不管，认为默认使用的 ML 工具箱会非常合理地处理缺失数据，绝对不是一种好的做法。首先，正如我们提到过的，尽管有些工具箱会显式地将缺失数据表示出来（如 Weka），但有些则不会（如 scikit-learn）。如果缺失数据与 0 值（或者是空值，或者是第一个类别）混在一起，而缺失数据的量又比较大，就会严重损害你的结果。因此，在处理缺失值时，合理的第一个步骤就是识别出特征值的数量和类型。

在这一阶段，还可以识别出结构化的缺失值（如怀孕的男性患者数量），你可以无视或者丢弃这些值。结构化的缺失值也称为删失值，需要不同的处理技术。一种更糟糕的情况是，你需要训练两个模型：一个使用带有所有特征的数据，另一个使用带有某种缺失值的数据。这样，你需要知道数据为什么会缺失。此时，你可以使用多种方法来修正缺失值，我将按照复杂程度和实施的难度来介绍这些方法。

丢弃有缺失数据的实例。如果你的训练集足够大，而且只有少量实例有缺失数据，那么也可以丢弃这些实例。一般情况下，这么做是非常危险的，因为有缺失值的实例往往表示数据收集过程中的某种特殊现象（如早期数据）。不过缺失值的数量或许可以表明，出现额外错误的风险不值得我们为了填充缺失值而付出更多努力。

缺失数据指示特征。处理缺失值的首选方法就是将存在缺失值这一事实明确地通知 ML 算法。这样，每个特征都要有一个指示变量来表明它是否存在缺失值，从而扩展了特征向量。只要原始数据中有缺失值，这些指示特征的值就为真，与是否使用默认（填充）值代替缺失值无关。6.4 节会给出一个例子。

正如前面提到过的，有时候数据缺失这一事实本身就是个强烈的信号，甚至强于原始特征。例如，如果有一个 time-spent-reading-extended-product-description 特征，那么这个特征中的缺失值就表示访客没有阅读详细的产品介绍。这一事实对捕获最终购买决策的目标类别来说，可能是一个更加强烈的预测根据。

填充分类数据。如果需要填充的是分类特征，就可以添加一个“缺失”类别来扩展特征。这种填充方法（以及后面讨论的填充方法）最好与缺失数据指示特征同时使用。

填充时间戳数据。如果缺失值是由传感器故障造成的，那么这种缺失值很容易填充，使用与这个实例在时间上最接近的那个传感器值即可。不过要使用一个时间阈值进行判断，以免填充时间过于久远的值。如果没有领域知识可以用来确定这个阈值，那么可以根据对该特征随着时间变动的数据分析来计算得到。本节最后介绍 ML 定制方法，其中有一些更加复杂、使用了时间序列的方法。第 7 章会深入研究时间数据的填充方法，并比较两种方法：一种方法使用的是滑动窗口均值，另一种方法使用的是带有指数衰减记忆的移动平均数。就该案例研究中的数据而言，指数衰减方法更胜一筹。7.2.1 节会给出这个研究充分的例子。

使用典型值进行替换。如果你没有某个值的任何有关信息，那么当这个值缺失时，就不应该用一个能被 ML 算法选择出来作为强烈信号的值来填充它。对于这种缺失数据，你可以让 ML 算法尽可能地忽略这个特征。要完成这个任务，应该用均值（如果有多个异常值，就使用中位数）或最常见的值（众数）来替换它，使其尽量平淡无奇。这种方法尽管非常简单，但仍然远远好于让这个值为 0，就像很多 ML 工具箱中那样。同样，如果数据中有很多自然产生的 0，你应该仔细地研究一下，看看这些 0 能否构成一个独立的现象。例如，添加一个表示这个值是否为 0 的指示特征。

检查数据填充能否误导 ML 算法的一种方法是，先在去掉缺失值的数据上训练一个模型，再在填充后的数据上训练一个模型，然后看看这两个模型的行为是否存在很大差别。因为填充数据在统计上更容易区分，所以它很可能会被 ML 算法看作一种结论性的强烈信号。有时候，在填充机制中加入一些噪声会有更好的效果。

为数据填充训练一个独立的 ML 模型。在其余（已观测）特征上训练一个分类器或回归器来预测缺失值是目前最可靠的一种缺失数据填充方法。请注意，选择典型值就是这种方法的一种特殊情况（即使用一个没有任何特征的线性分类器）。*k*-NN 算法是一种可靠的选择和相对较快的操作，它还可以提供一种强烈的直觉：在与当前实例相似的实例中，存在该特征的某种定义。这个过程不需要在折外数据（见 1.3.2 节）上完成，因为目标类别不是其中的一部分（也不应该是）。不管使用哪种技术，都不要忘了包含缺失数据指示特征。毕竟，这是在实例中观测该特征得到的唯一可靠信息。在第 10 章的案例研究中，我们使用偏好预测算法来填充一个有几百万条缺失数据的训练集，详细信息参见 10.3 节。

嵌入式填充。有些 ML 算法可以直接处理有缺失值的特征向量。要特别一提的是，Breiman

等人提出的 CART 树可以在树的每个节点上训练一个替代分裂节点。这些替代节点使用不同的特征进行分裂，在由算法最初选定的特征缺失的情况下作为备选方案。随机森林的 OpenCV 实现中提供了这种功能。最后，当解决非负矩阵分解问题（将在 4.3.6 节中讨论）时，还可以在优化层次上忽略缺失值。

3.3 复杂特征分解

与数据库中的列不同，ML 算法希望特征的值处在一个较低的水平上。在很多时候，原始数据的字段包含很多聚合信息，例如通过连接得到的信息。本节将讨论分解这种特征的方法。虽然这种思想看上去简单直接，但令人惊讶的是，在何种粒度水平上进行分解需要依问题领域与要使用的 ML 算法而定。最简单的一种情况是，要分解的字段就是两个数据值连接而成的字符串。然后，我们会讨论日期和时间（最常见的情况），并继续研究数据整理这个问题，这是为了对数据含义的表示方法和表示工具进行标准化所做的一种持续努力。

字符串拆分。有时候，为了方便手工输入数据，我们会将多种信息合成一个多字符特征。例如，可以把年龄和性别连在一起，形成一个包含多个数字和一个字母的特征值，如 32m 或 56f。一个简单的字符串拆分操作（可能会用到正则表达式）就足以扩展这些特征值。要注意这些数据中的输入错误（如将 56f 输入为 56w）。有时候，发现这些合并在一起并且能够拆分的信息是建模的关键，如著名的“泰坦尼克号”生还者数据集中对 cabin 特征的使用（例如，C123 中的 C 表示 C 等舱，这种舱位级别对生还可能性是一个非常好的预测变量）。

日期和时间。迄今为止，最常见的复合数据值就是日期和时间。尽管我们有足够的数据来学习从 1970 年 1 月 1 日开始到某个日期有多少秒以及有多少个周末，但这种数据有时无法获得，而且会使分类器的泛化能力非常差。更好的方法是使用时间戳特征，再将其扩展为日期、星期几等多个特征。这时候，问题相关的粒度水平问题就出现了。是将日期表示为星期几、一年中的一天，还是一年中的一周，需要根据你对问题的直觉而定。在 2.2 节中，关于离散化的讨论与对时间的处理也密切相关：使用小时、分钟还是刻钟，都是有效的离散化选项。如果从时间戳数据开始向下钻取，就会遇到周期问题，需要将时间戳转换为某个周期中的某个位置，第 7 章中的案例研究会讨论这种问题。10.2 节会给出一个将日期时间字符串扩展为独立特征的简单例子，这是地理信息系统（GIS）领域中一个得到非常充分研究的例子。

在填充时间数据时需要多加小心，因为当时间戳越过零点时，就不能使用简单的平均数来表示它了。最后，如果数据中有国际化问题，还要注意时区的影响。如果想将所有时间和日期转换到一个固定的时区，不要忘了将时区保留为一个独立特征，因为它本身就是一种非常宝贵的信息。

对于南北半球的相反季节也是这样。如果春季是一个有意义的特征，那么在面对澳大利亚的用户时就要确保这一特征明显可用并经过了正确的计算。即使在同一地点，夏时制的切换也会造成问题。

位置。与日期类似，位置也是一个复杂特征值，可以分解为多个值。不管位置是用字符串表示的（如 Boston, MA），还是用一对 GPS 坐标表示的（经度、纬度），都可以把它们分解为不同精度，如城市、省（州）、国家和地区，等等。10.2 节会介绍一个使用 GIS 地理数据的案例研究。

转轴及其逆操作。另一种分解复杂特征的技术是转轴操作，即按照一个给定的特征（通常是分类特征）对多个实例进行分组。在这个操作之后，给定特征的不同值成为新的特征（如果特征值出现在多个行中，还可以进行聚合操作，比如求平均数）。图 3-3 给出了一个例子。这种操作实际上不是对特征进行分解，而是创建出更多特征。我们得到的数据经常是转轴操作的结果，这时进行一次逆操作（称为溶解、反堆叠或逆转轴）对 ML 算法是有益的。它的功能就是将训练数据中的行转换成一种聚合形式，成为一个与变量大小相同的更大元组。

原始数据

ID	Activity	Target
1	read	n
1	save	n
1	search	y
2	save	n
2	read	n
3	save	n
4	search	n
5	read	y
5	search	y

→

转轴之后的数据

ID	Read?	Save?	Search?	Target
1	y	y	y	y
2	y	y	n	n
3	n	y	n	n
4	n	n	y	n
5	y	n	y	y

图 3-3 转轴操作示例。原始数据中每行都是一项活动，在会话 ID 上进行转轴，然后生成了一些二值特征，表示该活动是否出现在会话中。在这个例子中，转轴操作中的目标类别是原始数据中目标类别的逻辑或操作，是一种聚合特征

数据回溯。在很多时候，复杂特征中的聚合数据是无法直接得到的，这就需要回到最初的数据源。这里的关键是不要局限于现有的数据，而要使用我们认为有用的所有数据源。一般而言，我们应该尽量取得与其原始形式最为接近的数据，并在操作数据时编写完备的文档，以确保能够重现数据处理过程。在执行逆转轴操作时，如果你发现聚合值（如所有行的平均数）中存在一个特别的值，就是遇到了这种情况。在图 3-3 中，如果你得到了第二张表格，就会想知道在哪个活动之后目标变量变为了真。例如，对于值为 1 的会话 ID，目标变量在 search 活动之后变为了真。因为第二张表中对会话的聚合操作是逻辑或，所以无法得知这种信息，必须查看并研究第一张表才能知道这种信息。

数据整理。复杂特征的分解与数据整理的目标是一致的，其中数据整理的定义是“将数据集的含义映射到其结构的一种标准方式”。

这其实是使用统计术语表示的 Codd 关系代数第三范式。整理数据集的目的是通过数据集的结构布局来表示其含义：

- 每个特征都应该在一列中；
- 每个实例都应该在一行中；
- 每种特征都应该只在一个表中；
- 如果特征存在于多个表中，就应该有一列将它们链接起来。

因为表格是为了让人类理解或是为了方便数据输入而建立的，所以数据经常是以一种非常糟糕的格式存在的，因此就经常需要对数据进行转换，以便后续进一步的处理（即进行数据整理过程）。我们还应该注意一些常见的数据问题，比如列标题中包含数据值、行和列中都有变量，或一个表中有多个观测。

3.4 核操作特征扩展

核方法在一个高维隐式特征空间上进行操作。低维空间上的复杂问题有可能可以使用高维空间上的一种简单表示（例如超平面）来解决。图 3-4 给出了图形化的直观解释，其中的数据表示为两种特征 a 和 b，它们之间有一个复杂（即非线性）的决策边界（椭圆）。如果将原始特征向量转换为三个特征 $f_1=a$、$f_2=b$ 和 $f_3=c$，那么决策边界就变成了一个超平面，成了一个线性边界。我们不是显示地将高维空间表示出来，而是使用**核技巧**（kernel trick）在高维空间中向量的内积上进行操作。正式地说，低维空间 $\bar{x}$ 中特征向量 $\mathcal{X}$ 上的核变换是一个函数：

$$K:\mathcal{X}\times\mathcal{X}\to\mathbb{R}$$

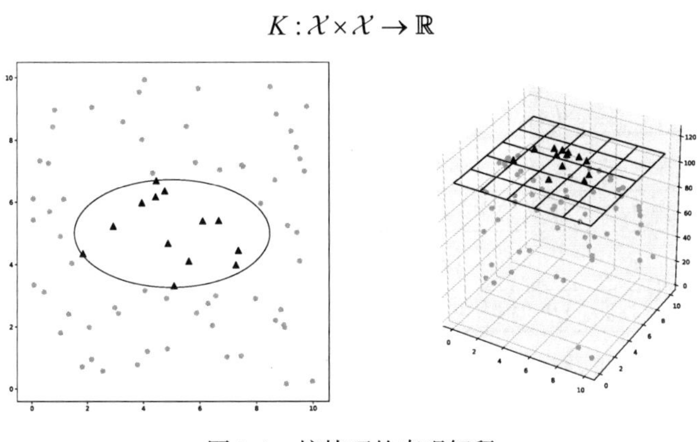

图 3-4 核技巧的直观解释

核技巧就是将 K 表示为另一个空间 $\mathcal{V}$ 上的内积：

$$K(\vec{x}, \vec{x}') = \langle \varphi(\vec{x}), \varphi(\vec{x}') \rangle$$

其中 $\varphi: \mathcal{X} \to \mathcal{V}$ 是“特征映射”函数，也是本节的重点。

核定义了高维空间实例之间的一种距离，主要应用在 SVM 方法中，也可以用于其他方法，比如核感知机、岭回归和高斯过程。

使用核方法可以让你既享受高维空间的好处，又不用付出与之相关的额外计算成本，因为内积上的操作要比高维空间上的操作廉价得多。本节从另外一个角度来看这个问题，明确地研究到高维空间的映射，因为它可以应用在当前工作的特征子集上。回到图 3-4，如果你只有 a 和 b 两个特征，就可以使用一种带有多项式核（下面将介绍）的 SVM 方法，在不需要其他维度的情况下解决这个 ML 问题。如果 a 和 b 是多个特征中的两个，那么使用 a^2、b^2 和 ab 替换它们就可能帮助你选择出能更好地解决这个问题的 ML 模型。这种转换让你可以向 ML 算法中加入两个特征背后与结构相关的知识。你可以利用核变换的背景知识，不必局限于能使用核变换的 ML 算法（如 SVM）上。

核方法已经出现了几十年，有一些成熟的核变换，人们已经清楚地知道何时使用它们。研究一下核变换所隐含的维度扩展可以帮助你实现新的目标特征扩展。尽管本节与本书其余部分相比需要更多数学知识，你也无须对其中的细节过于担心，只要使用表 3-2 中给出的特征扩展方法即可，除非你想亲自计算另外的特征扩展方式。

表 3-2 显式特征映射

<table>
<tr><th>核</th><th>参 数</th><th>维 度</th><th>特征映射尺度</th></tr>
<tr><td rowspan="2">多项式</td><td>$c, d = 2$</td><td>2</td><td>6</td></tr>
<tr><td colspan="3">$\langle c, \sqrt{2c}x_1, \sqrt{2c}x_2, \sqrt{2c}x_1x_2, x_1^2, x_2^2 \rangle$</td></tr>
<tr><td rowspan="2">多项式</td><td>$c = 2, d = 2$</td><td>3</td><td>10</td></tr>
<tr><td colspan="3">$\langle c, \sqrt{2c}x_1, \sqrt{2c}x_2, \sqrt{2c}x_3, \sqrt{2}x_1x_2, \sqrt{2}x_1x_3, \sqrt{2}x_2x_3, x_1^2, x_2^2, x_3^2 \rangle$</td></tr>
<tr><td rowspan="2">多项式</td><td>$c, d = 3$</td><td>2</td><td>10</td></tr>
<tr><td colspan="3">$\langle c^{3/2}, \sqrt{3}x_1^2x_2, \sqrt{3}x_1x_2^2, \sqrt{3c}x_1^2, \sqrt{3c}x_2^2, c\sqrt{3}x_1, c\sqrt{3}x_2, x_1^3, x_2^3 \rangle$</td></tr>
<tr><td rowspan="2">径向基函数</td><td>$\gamma = 1/2\sigma^2 > 0$（约为 3）</td><td>1</td><td>3</td></tr>
<tr><td colspan="3">$\langle \exp(-\gamma x_1^2), \sqrt{2\gamma}\exp(-\gamma x_1^2)x_1, \gamma\sqrt{2}\exp(-\gamma x_1^2)x_1^2 \rangle$</td></tr>
<tr><td>径向基函数</td><td>$\gamma = 1/2\sigma^2 > 0$（约为 3）</td><td>2</td><td>6</td></tr>
<tr><td colspan="4">$\langle \exp(-\gamma(x_1^2 + y_1^2)), \sqrt{2\gamma}\exp(-\gamma(x_1^2 + y_1^2))x_1, \sqrt{2\gamma}\exp(-\gamma(x_1^2 + y_1^2))x_2, \gamma\sqrt{2}\exp(-\gamma x_1^2)x_1^2,$
$\gamma\sqrt{2}\exp(-\gamma x_1^2)x_2^2, 2\gamma\exp(-\gamma(x_1^2 + y_1^2))x_1x_2 \rangle$</td></tr>
</table>

如果不考虑特征的可解释性，就可以使用最新的技术从核变换生成一些随机特征。特别地，Rahimi 和 Retch 证明了从对核函数的傅里叶分解中随机选择正弦波是对该函数一个有效、基于特征的近似。

核方法的基础是一项重大理论成果，称为 Mercer 定理，即对于任意定义了对象间一种度量方式（对称且半正定）的函数 K，都存在一个 φ，使得 K 可以用 φ 的内积来表示。

相关文献提出了多种核，包括线性核、多项式核、Fisher 核、径向基函数（RBF）核、图核、字符串核等，它们的应用非常广泛。我们将讨论两种最常用的核的特征映射（在本章中就是特征扩展）：多项式核与 RBF 核。在表 3-2 中，我给出了一些可以直接使用的明确公式和一个通用公式。特征映射的通用形式在数学上过于复杂，超出了本书的难度。

选择一个核。随着核函数在 SVM 中的广泛应用，经过多年实践之后，人们逐渐就某种核函数应该应用在哪些特定问题中形成了一些共识。例如，如果希望问题的解是平滑的，就应该选择 RBF 核；如果需要解释特征的协方差，那么使用多项式核会更好。

多项式核。给定多项式的次数（一个整数 d）和截距（一个实数 c），多项式核的定义如下：

$$K_{\text{poly}}(\vec{x}, \vec{y}) = (\vec{x}^{\mathrm{T}} \vec{y} + c)^d$$

特征映射是一个函数 φ_{poly}，使得：

$$K_{\text{poly}}(\vec{x}, \vec{y}) = \left\langle \varphi_{\text{poly}}(\vec{x}),\ \varphi_{\text{poly}}(\vec{y}) \right\rangle = (x_1 y_1 + \cdots + x_n y_n + c)^d$$

这个核需要数据进行标准化（见 2.1 节）。在 $d = 2$ 的二维情况下，它的特征映射如下：

$$\varphi_{\text{poly}_2}(x_1, x_2) = (c,\ \sqrt{2c}x_1,\ \sqrt{2c}x_2,\ x_1^2,\ \sqrt{2}x_1 x_2,\ x_2^2)$$

它从两个特征扩展到了 6 个特征。你可以验证一下，$(x_1y_1 + x_2y_2 + c)^2$ 等于 $[\varphi_{\text{poly}_2}(x_1, x_2), \varphi_{\text{poly}_2}(y_1, y_2)]$。举例来说，向量积中 $\varphi_{\text{poly}_2}(x_1, x_2)$ 第四个分量与 $\varphi_{\text{poly}_2}(y_1, y_2)$ 第四个分量的乘积就是 $x_1^2y_1^2$ 项。第一个特征（c）可以丢弃，因为它是一个不必要的偏差项，如果需要，ML 算法本身就可以建立它。你应该试验一下这种方法，如果有两个特征，可以像上面那样将它们扩展为 5 个特征。下面讨论一般情况，这种情况更复杂一些。表 3-2 给出了另外两个示例，$d = 2$ 时使用三个特征，以及 $d = 3$ 时使用两个特征。

对于一般情况，特征映射可以使用多项式定理（二项式定理在多项式上的扩展）来计算，指数 d 可加分解的总数量是 $n + 1$ 个整数。

RBF 核。也称为高斯核，它的定义如下：

$$K_{\mathrm{rbf}}(\vec{x}, \vec{y}) = \exp(-\gamma \|\vec{x} - \vec{y}\|^2)$$

它的范围是 0（指数为负无穷）到 1（$\vec{x} = \vec{y}$）。一般来说，γ 定义为 $\frac{1}{2\sigma^2}$，σ 是一个主可调参数：如果 σ 太大，核就会变成线性的；如果 σ 太小，就会过拟合。特征映射可以通过对 e^x 的泰勒级数分解得到：

$$\exp(x) = \sum_{i=0}^{\infty} \frac{x^i}{i!}$$

这种特征映射有无限大的维度，需要做一个近似。对于单特征的简单情形，它的形式如下：

$$\varphi_{\mathrm{rbf}_1}(x)|_i = \exp(-\gamma x^2)\sqrt{\frac{(2\gamma)^{i-1}}{(i-1)!}}x^{(i-1)}$$

对于一个给定的特征，你可以使用上面的公式和一个合适的 γ 值，用 $i = 1, 2, 3, 4$ 计算出三四个特征，这样可以得到与 i 值数量相同的特征。表 3-2 中有针对两个维度、近似到前两项的公式。请注意初始特征不同指数上的复杂权重，即 $\exp(-\gamma x^2)\sqrt{\cdots}$。在一般情况下，可以使用以下观测值进行计算：

$$\exp(-\gamma \|\vec{x} - \vec{y}\|^2) = \exp(-\gamma \|\vec{x}\|^2)\exp(-\gamma \|\vec{y}\|^2)\exp(2\gamma \langle \vec{x}, \vec{y} \rangle)$$

前两个因子并没有同时包含 $\vec{x}$ 和 $\vec{y}$，所以很容易分离。第三个因子可以用 e^x 在 0 附近的泰勒级数近似得到。

3.5 扩展学习

可计算特征在网络上吸引了大量讨论者，因此最好的资源不在传统的教科书中，而在网络论坛里，比如 Quora 或一些专业博客。缺失值的填充在医学领域有长时间的研究，主要的方法和讨论也源于这个领域。

核变换是近年来备受关注的一个话题，对它的研究现在还非常活跃。本章中的讨论与通常的 SVM 方法有很大不同，因为我强调的是其中隐含的特征映射，不过你还是应该看一看 Scholkopf 和 Smola 的书 *Learning with Kernels*，它详尽讨论了包含核变换的学习方法。目前，从由数据定义的 K 找出一个 φ 是一个激动人心的热点研究主题，它可以通过数据驱动的特征扩展来扩展特征映射。最后，自动 FE 可以处理多种可计算特征，并将这种处理作为其搜索过程的一部分。因为它们的操作符模板是明确定义的，所以可以提供一些新的思路（见 5.4.1 节）。多数生成特征对人类来说是难以理解的，不过在这种情况下可以使用模式推导技术。

本章没有讨论原始数据的自动化扩展，因为这种技术非常依赖于原始数据本身（也因此依赖于具体领域），不过 8.9.1 节中的文本数据案例研究会涉及这个主题。

第 4 章

特征缩减：特征选择、降维和嵌入

特征工程（FE）的中心任务是获得更少的特征，因为无效特征会产生不必要的参数，使 ML 模型变得臃肿。太多参数反而不好，要么无法生成最优的结果（因为很容易产生过拟合），要么需要大量的训练数据。要完成特征缩减，可以显式地丢弃一些特征（**特征选择**，见 4.1 节），也可以将稀疏的特征向量映射到较低、更密集的维度上（**降维**，见 4.3 节）。4.2 节还会介绍一些算法是如何在内部计算时执行特征选择的（**嵌入式特征选择**或正则化），你可以在自己的数据上试验一下这种嵌入式方法，也可以通过正则化惩罚来修改你的 ML 算法。一些嵌入式特征选择算法还可以通过模型对特征重要性进行评分。

需要使用多少特征？数据能够降低多少个维度？这些问题通常可以用一个网格搜索过程来解决，该过程可以作为超参数搜索的一个组成部分。如果不使用网格搜索，就需要对这些问题的答案进行保守的估计，就像在第 8 章的案例研究中所做的那样。

由于 ML 问题的糟糕建模非常多，文献中对 FE 的大量讨论集中在特征选择方面，以至于特征选择成了 FE 的同义词。特征选择是 FE 的一部分，这是没有问题的，但 FE 绝不仅限于特征选择。我在本书中介绍了 FE 的各个方面，包括第 2 章中的归一化技术，还有第 3 章中的特征扩展技术，它们对从业者都是有益的，希望这样能让人理解 FE 这个名词的更多意义。

特征选择是 FE 中的焦点问题，背后的原因可能是其对误差分析的固有价值。一些技术（如使用包装方法的特征消融技术，见 4.1.1 节）被用作特征向下钻取的开始步骤，因此这些技术的作用已经超出了特征选择的范围。在第 6 章的案例研究（见 6.3 节）中，我会举例说明这种用途。此外，特征选择有助于建立可理解、需要进行误差分析的模型，因为这种可理解的模型对于误差分析是有益的。不过，我仍然觉得，认为 FE 就是特征选择会误导用户，影响他们对 FE 的整体理解。

4.1 特征选择

我们经常通过从数据库或其他结构化数据源中导出的实例来解决 ML 问题。这些实例通常包含无用的列（即与问题目标无关），比如国家 ID 或其他无用的 ID，等等。丢弃这种无用特征的过程就是**特征选择**，它对增强信号以使其超过噪声的意义非常大，因为 ML 算法只有在对大量数据进行分类排序之后才会知道这些列是无用的。更糟糕的是，有些算法（比如朴素贝叶斯）会使用全部特征，不管它们有用还是无用。在这种情况下，对特征进行预筛选的作用就非常大了。同样，有时候某些特征不一定是无关的，其实是冗余的（如以千克为单位的重量和以磅为单位的重量）。冗余特征不必要地增加了 ML 优化器对参数进行搜索的空间，尽管它们有助于建立稳健的模型。

通过特征选择，不一定能得到一个更加准确的模型，但能得到一个更容易被人理解、更易于解释的模型，毕竟人类天生就难以处理多于 12 个变量的模型。对于像生物信息学这种每个患者就有几百万个特征的领域，可解释性尤其重要。

以上两个目标（提高准确率和增强可解释性）是特征选择的传统目标。近年来，随着大数据的发展，我注意到人们在特征选择中越来越感兴趣的是，如何减少存储和运行模型所需的**内存占用**，如何进一步减少原始数据的存储空间，以及如何减少训练和预测的**运行时间**。为了实现可解释性与减少内存占用这两个目标，从业者可以接受分类器准确率的适度降低。我赞同 Guyon 和 Elisseeff 的观点，即特征选择是一种机会，“重点在于构建和选择一个特征子集，用于建立更好的分类器”。找出所有的相关特征并不那么重要，因为有很多冗余特征有助于建立更加稳健的模型。

在我个人看来，我们使用特征选择的主要目标是减少内存占用和减少算法训练时间。因此，我从来没有通过特征选择获得过性能的提升，而且这种情况并不罕见。不过，模型性能获得提升的例子也非常多，如 Brink 等人就给出了一个区分真实星系和虚假星系的例子：通过特征选择，可以将模型性能提高 5%。第二部分的案例研究会对特征选择进行演示，特别是在图数据（见 6.3 节）和文本数据（见 8.4.1 节）中。

常用的特征选择方法有三种：筛选、包装和嵌入。不过，我决定将特征选择作为一种在不同特征子集上的搜索过程来介绍，并将这个问题分为两个部分：一部分是对特征子集进行评价的度量方式（见 4.1.1 节），另一部分是搜索过程（见 4.1.2 节）。我会对嵌入式方法进行单独介绍（见 4.2 节），它是执行特征选择的 ML 方法，属于其内部机制。是否应该在你的解决方案中使用特征选择？如果你觉得特征过多，那么显然值得一试，因为特征选择是 ML 工具箱中最常见的 FE 技术之一。除了能删除用处不大的特征，4.1.1 节将要讨论的特征度量还是一种非常好的工具，可以通过它更好地理解特征，无论你是否考虑丢弃它们。

我引用 Saurav Kaushik 一篇博客文章中的一句话来结束本节，这篇文章谈的是他对在线竞争的分析：

> 随着时间的推移，我发现在多数情况下，有两件事可以把成功者与其他人区分开来：特征创建和特征选择。

4.1.1 度量

既然可以将特征选择理解为对良好特征或特征子集的搜索，那么问题就是如何自动地认定一个特征或特征子集有多好。你可以用一个考虑了目标类别的数值来捕获这种拟合优度。你可以单独考虑特征，使用下面要讨论的特征效用度量，也可以考虑特征之间的交互作用。度量方式包含的信息越多，结果就越精确，所以你还应该考虑要使用的 ML 算法（包装方法，见本节最后），或仅考虑可用的数据。

定义了度量方式之后，你就可以执行一个全搜索过程。通过排序可以直接进行这个过程，并得到一个合适的特征子集。不过，还有很多更加复杂的搜索策略。

下面将要讨论的简单特征效用度量的计算速度非常快，因为它不考虑特征之间的交互作用。一般情况下，需要多个特征联合操作来预测一个类别。下面讨论的一些简单度量可以作为一种启发式方法，来指导搜索过程。

1. 特征效用度量

下面讨论单特征的效用度量。这种度量方式仅作用于一个特征及其值的分布，以及目标类别。它们独立于其他特征和使用的 ML 算法。尽管这种度量方式有局限性，但结果不容易出现过拟合。由于特征选择过程的严厉本质（请记住，它会**丢掉信息**），这种特性总是我们所希望的。这些度量方式都可以用于分类特征（有些需要在映射为连续数据后才能使用），有些还可以用于连续的特征和目标变量。我会尽量说明每个度量方式的用途。不同的度量方式是建立在不同的数据假设上的，你应该使用哪种度量方式呢？在给出度量方式之后，我会提供一些这方面的思考。

我们用$\{(f_i, t_i)\}$来表示一对特征与目标变量的组合。在下面的讨论中，我会给出大多数度量方式的公式，如果你需要自己实现这些度量方式，可以使用它们作为参考（一般来说，你的工具箱中都有实现），但更重要的作用是，这些公式可以清楚地说明所需的计算过程，有助于我们确定在何时使用何种度量方式。还有，各种工具箱对同一种技术的命名可能有些不一致，如果有疑问，可以对照公式检查一下它们的代码。在对实现的讨论中，我假设所有特征都是二值的，这样在数学上简单一些。同样，假设目标类别也是二值的，这样解释起来简单一些。你可以直接使用有多个类别的度量方式。如果度量方式可以用于数值型特征，我会特别说明。

有了这些假设之后，我们就可以使用**混淆表**（confusion table）了，它由真阳性（O_{11}）、假阳性（O_{12}）、假阴性（O_{21}）和真阴性（O_{22}）的观测数量组成。所有观测的总和等于在其上执行特征选择过程的数据集大小。为了保持名称上的一致，我们用$O_{\circ\circ}$表示观测总和。对于下面要讨论的一些度量方式，我们应该区分一下特征阳性（$O_{1\circ}=O_{11}+O_{12}$）、特征阴性（$O_{2\circ}=O_{21}+O_{22}$）、目标阳性（$O_{\circ 1}=O_{11}+O_{21}$）和目标阴性（$O_{\circ 2}=O_{12}+O_{22}$）计数。这些都是观测的计数（所以用 observation 的首字母 O 表示变量名称），不同的度量方式会使用这些计数来估计各种概率，并将它们组合成度量的值。

下面看一些特征效用度量，它们不但出现在学术文献中，在实际中也有应用。后文中会介绍另外两个单特征度量：Fisher 准则（即单特征 Fisher 评分）和极大似然估计（即单特征分类器）。我们从基于计数的简单度量开始。

TPR、FPR。一个特征对于目标类别可以生成真阳性与假阳性，TPR 与 FPR 就是这种真阳性与假阳性在总体观测中的比值，即$O_{11}/O_{\circ\circ}$和$O_{12}/O_{\circ\circ}$。因为你要使用这些值进行排序，所以不需要计算出比值，只要将特征按照O_{11}或O_{12}进行排序即可。

发射率。对于有缺失值的特征，知道该特征被定义了多少次就是一种非常有效的度量方式。密集特征往往更有用处，尽管它会加重参数搜索的负担。在对模型进行搜索时，有些算法只对有特定特征定义的实例才是有效的。

下面看看基于统计检验的度量方式。

卡方。χ^2表示某个特征与目标类别之间的相关性，它是一个根据混淆表中的计数计算出来的统计量。χ^2统计量用来拒绝"特征选择和目标类别是随机发生的"这一零假设。[①]卡方是一种非常常用的度量，但是要求混淆表中的所有项都超过一定数量（我建议都超过 30）。χ^2是观测值与期望值之间的差：

$$\chi^2=\sum_{i,j}\frac{(O_{ij}-E_{ij})^2}{E_{ij}}$$

可以通过将行相加计算出期望值。对于二值化情况，可以将其简化为：

$$\chi^2=O_{\circ\circ}\frac{(O_{11}O_{22}-O_{21}O_{12})^2}{(O_{11}+O_{12})(O_{11}+O_{21})(O_{12}+O_{22})(O_{21}+O_{22})}$$

① χ^2是作为互信息的一种早期近似而被提出的，它使用泰勒级数与查表法来确定值。感谢 Brown 教授分享这一历史趣闻。

Pearson 相关系数。与 χ^2 类似，这个统计度量与互信息（MI，下面会介绍）在使用最为广泛的几种度量方式之列，因为它们的速度非常快。它是用于**回归**问题的一种排序规则，表示的是线性拟合中单个特征的拟合优度。这个系数的定义如下：

$$\mathcal{R}_i = \frac{\text{cov}(X_i, Y)}{\sqrt{\text{var}(X_i)\,\text{var}(Y_i)}}$$

可以用以下公式进行估计：

$$\mathcal{R}_i = \frac{\sum_{k=1}^{m}(f_{k,i} - \bar{f}_i)(t_k - \bar{t})}{\sqrt{\sum_{k=1}^{m}(f - \bar{f}_i)^2 \sum_{k=1}^{m}(t_k - \bar{t})^2}}$$

这个系数的范围是从 1.0（完全正相关）到−1.0（完全负相关），接近 0 的值表示没有相关关系。因为负相关与正相关有同样的作用，所以特征选择使用这个系数的平方 $\mathcal{R}_i^2$ 作为度量方式。它与 Fisher 准则和 t 检验的联系非常紧密。

以下度量方式基于信息论。

互信息。互信息是在已知第一个随机变量的情况下所知道的第二个随机变量中的信息量。它与信息论中一个随机变量的**熵**有关，熵就是变量中包含的信息量。如果变量有 m 个类别，那它的熵就是：

$$H(F) = \sum_{v \in F}^{m} -P(f = v)\log_2 P(f = v)$$

MI 就是一个变量的熵减去在给定其他变量时该变量的条件熵所得的值：

$$I(T;F) = H(T) - H(T \mid F) = \sum_{f \in F}\sum_{t \in T} P(t,f)\log\left(\frac{P(t,f)}{P(t)P(f)}\right)^{①}$$

这种度量方式与 KL 散度（见 4.3.7 节）相关，因为 $I(I;Y) = D(P_{x,y} \| P_x P_y)$。对于不存在的值（即 $P(f = f_v) = 0$ 或 $P(t = t_v) = 0$），联合概率为 0，在这种度量方式中可以忽略，除非做一些平滑操作（见 2.1.2 节）。

要使用 MI 作为特征效用度量，我们需要计算出待评价特征与目标类别之间的 MI。公式中的概率可以使用训练数据中的计数进行估计：

---

① 此处的对数函数起压缩和平滑的作用，底数可以是 2、e 或 10，视具体情况而定。——译者注

$$I(X;Y)=\sum_{y\in\{1,\ 2\}}\sum_{x\in\{1,\ 2\}}\frac{O_{xy}}{O_{\circ\circ}}\ln\left(\frac{O_{xy}}{O_{x\circ}O_{\circ y}}\right)$$

注意，MI 可以非常好地推广到多类别分类中，因为如果有更多类别，一个随机子集在数据上表现良好的机会就会更少。如果可以估计出多个特征的联合互信息，就可以用它作为多特征度量方式。不过，条件熵估计是 NP 难问题（参见 Brown 等人的论文“Conditional likelihood maximisation”以获得详细信息）。因为这种度量表示的是特征已知时能够获得的关于目标变量的信息量，所以有时候又称为**信息增益**（information gain）。不过这个名词有点含糊，它可以表示多种度量，其中就包括下面要讨论的 Gini 不纯度。如果有疑问，就看一下实现的源代码吧。

第 8 章使用某个城市的维基页面文本来预测它的人口数量。因为词汇表非常大，所以使用 MI 对相关词语进行提炼。如下面这个句子：

> Its population was 8,361,447 at the 2010 census whom 1,977,253 in the built-up (or “metro”) area made of Zhanggong and Nankang, and Ganxian largely being urbanized.

在 ML 中就变为了：

> [‘its’, ‘population’, ‘was’, ‘at’, ‘the’, ‘TOKNUMSEG6’, ‘the’, ‘built’, ‘metro’, ‘area’, ‘of’, ‘and’, ‘and’, ‘largely’, ‘being’]

表 4-1 是对表 8-3 的重现，它给出了最前面的一些 MI 词语，其中很多对于人口预测任务有语义上的明确意义。完整的示例见 8.4 节。

表 4-1 第 8 章中在第二次特征化时使用 MI 筛选出的前 20 个记号，详细信息见 8.4 节

位　置	记　号	效　用	位　置	记　号	效　用
1	city	0.110	11	than	0.0499
2	capital	0.0679	12	most	0.0497
3	cities	0.0676	13	urban	0.0491
4	largest	0.0606	14	government	0.0487
5	also	0.0596	15	are	0.0476
6	major	0.0593	16	during	0.0464
7	airport	0.0581	17	into	0.0457
8	international	0.0546	18	headquarters	0.0448
9	its	0.0512	19	such	0.0447
10	one	0.0502	20	important	0.0447

下一种度量方式是基于概率解释的。

Gini 不纯度。看待特征（或某个特征值）的另一种视角是看它能否将实例划分为更容易解决的子问题。这种原则与建立决策树时是一样的，因此这种度量方式也可以用于决策树。通过一个特征对实例进行划分之后，使用由所有实例类别导出的概率分布，就能计算一个随机实例在对所有实例进行重新分类时的分类优度，据此可以计算出实例子集的不纯度。

$$\begin{aligned}\text{Gini-Impurity}(f) &= \sum_{v}^{\text{feature}} \text{impurity}(f=v) \\ &= \sum_{v}^{\text{feature}} \text{count}_{f=v}\left(1-\sum_{c}^{\text{target}}\left(\frac{\text{count}_{f=v,\,t=c}}{\text{count}_{f=v}}\right)^2\right)\end{aligned}$$

对于二值目标和二值特征，计算公式如下：

$$\text{Gini-Impurity}(f) = \frac{2O_{1\circ}^2 - O_{11}^2 - O_{12}^2}{O_{1\circ}} + \frac{2O_{2\circ}^2 - O_{21}^2 - O_{22}^2}{O_{2\circ}}$$

ANOVA。对于一个分类特征和一个连续型目标变量，可以使用方差分析（ANOVA）。通过比较不同组之间的均值和方差，方差分析可以检验各组之间是否有差别。均值和方差来自目标变量的值，按照分类特征的不同值进行分组。我们的期望是，如果一个特征的不同类别值也对应于不同的目标变量值，那它就是一个非常好的回归特征。举例来说，如果目标变量是 price，而且特征 size 有三个类别（large、medium 和 small），那么大体积实例的价格可以形成一个组，但这个组与中等体积的组或小体积的组是否无关呢？这就可以通过 ANOVA 来确定。这种度量返回一个 F 统计量，表示组与组是类似的还是有差异的。F 统计量可以用来进行特征选择，它是 t 检验在多于两个类别时的扩展。

选择一种度量。如果你的数据基本上服从正态分布，而且是分类的，那么主导性的建议是使用卡方。不过，有时候卡方过于偏重选择那些极其罕见的特征，而且，如果混淆表中有小于 30 的计数，那么用来计算卡方的基本统计量就不太可靠。因此，我更喜欢使用互信息，Gini 不纯度也是一种合理的选择。Pearson 的 $\mathcal{R}^2$ 在连续特征和连续目标变量上的效果非常好，而 ANOVA 用于分类特征和连续型目标变量。不管使用何种度量方式，都要尽量使用领域知识来分析结果：排在最前面的特征真的有意义吗？你是否认为某个特征特别有解释性？要使用几个特征？要基于这些问题来比较不同的算法。最后，如果你喜欢某种度量方式所提供的结果，还要在另一个数据子集上运行一下，以检查它的稳定性，并检查这结果是否与原来的结果足够相似或相容。不稳定的结果意味着，如果你对训练数据进行了扩充并想训练一个后续模型，你的模型就会发生剧变。

2. 多特征度量

现在人们将大量关注放在评价单个特征的度量方式上，而基于相对于目标类别的数据行为评价多个特征似乎不是非常流行，随后讨论的包装方法则是个例外。原因可能在于，当确定考虑特征的交互作用时，就需要执行一个完整的搜索过程。这时候，特征选择就会变成一个艰巨的任务。你也可以运行一个全包装算法。不过，我认为使用仅包含数据的度量方式执行一个完整搜索还是非常有价值的，因为它的计算速度非常快，而且不需要太多调试就可以用于选定的 ML 系统。同样，分析特征间的交互作用也是非常有价值的。正如之前提到的，单特征度量方式在用于选择同时对目标进行近似的两个特征时会失败。而且，它总是会选择出虽然良好但是冗余的特征，因为其单特征评分都很高。

我们将介绍两种有效的度量方式：Fisher 评分和多因子 ANOVA。

Fisher 评分。多余、无关的特征会使目标类别不同的实例看上去很相似，因为它们会在无关特征上叠加。好的特征子集应该使得某个特定目标类别的实例彼此之间非常接近，而和其他类别的实例相距较远。这种度量方式称为 **Fisher 评分**（Fisher score），就是类别间方差与类别内方差的比值。它与聚类算法中的质量度量（如 Dunn 指数）有关。Fisher 评分的完整公式是定义在一个特征子集 Z 上的，其中的特征为 $fz_1, \cdots, fz_{|Z|}$：

$$F(Z) = \mathrm{tr}(\bar{\boldsymbol{S}}_b)(\bar{\boldsymbol{S}}_t + \gamma I)^{-}1$$

其中 γ 是正则化参数，保证可以计算出倒数。$\boldsymbol{S}_b$ 是类别之间的散布矩阵，$\boldsymbol{S}_t$ 是总的散布矩阵：

$$\boldsymbol{S}_b = n_+(\bar{\mu}_+ - \bar{\mu})(\bar{\mu}_+ - \bar{\mu})^{\mathrm{T}} + n_-(\bar{\mu}_- - \bar{\mu})(\bar{\mu}_- - \bar{\mu})^{\mathrm{T}}$$

$$\boldsymbol{S}_t = \sum_{i=1}^{|Z|}(fz_i - \bar{\mu})(fz_i - \bar{\mu})^{\mathrm{T}}$$

其中 $\bar{\mu}_+ = \dfrac{1}{n_+}\sum \vec{f}_i$ 是阳性类的均值向量，$n_+ = |\{i / t_i = +\}|$ 是阳性类中元素的数量，$\bar{\mu}_-$ 和 n_- 的意义与之类似。$\bar{\mu}$ 是全部类别上的均值向量。这个公式在单个实例 Z 上的实例化可以生成单特征效用度量 **Fisher 准则**，定义如下：

$$F(f_j) = \frac{n_+(\mu_+^j - \mu^j)^2 + n_-(\mu_-^j - \mu^j)^2}{(\sigma^j)^2}$$

其中 μ_+^j 是阳性类别的特征均值（ μ_-^j 同理），σ^j 是特征的标准差。

多因子 ANOVA。对于多类别特征和连续型目标变量，可以使用多因子 ANOVA（如果只有两个特征，又可称为双因子 ANOVA）。它可以让用户找出一些特征子集，使它们对于目标值的协同效果更好。

3. 单特征分类器

评价单个特征与目标变量之间关系的另一种方法是训练一个单特征分类器（或回归器），这可以通过目标 ML 算法或一个更简单的算法来实现。特别值得一提的是**最大似然估计器**（maximum likelihood estimator），从概率上来讲，它可能是最好的预测器。这是一种位于包装方法（评价特征子集）和单特征效用度量之间的方法。

严格地说，单特征分类器属于包装方法。说到包装方法，它既可以在整个集合上评价特征（得到一种过于乐观的度量），也可以使用保留集或交叉验证。此外，1.2.1 节讨论过的所有用于 ML 评价的度量方式都可以使用，包括更加适合问题和领域的定制的度量方式。推荐使用的一些度量方式包括 ROC 曲线、TPR、盈亏平衡点或者曲线下面积。

4. 包装方法

除了分析目标变量与一个特征或一组特征之间的统计相似性，还可以重新训练整个目标 ML 模型并在未知数据上分析它的性能（使用保留集或通过交叉验证）。这个过程称为用于特征选择的**包装方法**（wrapper method），对计算能力的要求非常高。在多数情况下，无法评价所有可能的特征集，除非特征集特别小。

这种技术使用模型在未知数据上的表现来比较不同的特征或特征子集，需要特别说明的是，它需要使用实际的评价指标（F_1 是一种很好的选择），并需要保留数据集。注意，如果训练集比较小，而 ML 算法又容易过拟合（如未修剪的决策树），性能指标就会变化得非常剧烈，因为训练集加上测试集的变化会超过特征集变化所带来的影响。因此，要使包装方法得到实际应用，你需要保持训练集和测试集不变，或者固定住交叉验证中的每折数据（对于后者，可以通过向交叉验证算法传递一个固定的随机数种子来完成，前提是你的 ML 软件包中有这个选项）。

使用完整的 ML 算法可能出现对噪声的过拟合。FE 的目标之一就是消除过拟合，如果能在包装方法中使用一个更简单、不容易过拟合的模型，就可以得到一个效果更好的特征子集。经常使用的模型包括线性模型和朴素贝叶斯模型。使用简单模型还可以缩短运行时间。有些算法，比如神经网络，还可以将一次运行中得到的信息复用在另一次中。

使用完整 ML 的好处是，包装方法不需要对基本 ML 算法做任何假设，而且可以用于任何算法。明显的缺点则是计算成本太高，对于大型特征集而言，几乎无法承受。在通常情况下，它需

要对系统训练和验证 $O(2^{|F|})$次，其中 F 是初始特征集。为了降低计算成本，可以使用单特征效用度量来筛选每个步骤中要测试的特征，不过这就变成了搜索策略问题，后面会进行讨论。

特征重要性。与包装方法相关的是，我们可以利用某些能够进行嵌入式特征选择（见 4.2 节）的算法来得到特征重要性的值，这些值是使用 ML 算法测量出的。例如，随机森林可以为每个特征生成一个树外特征重要性评分，作为训练过程的一部分。这些值也可以用作显式特征选择的度量方式。

4.1.2 组成特征集：搜索与筛选

有了合适的度量方式，你就可以搜索能使该度量达到最优的特征集了。这种搜索可以做得非常彻底，但是需要枚举所有的特征子集，并在其上对度量方式进行评价。这种方法称为**子集**（SUBSET）算法，即使对于最快的度量方式，计算成本也非常高，因为子集的数量是呈指数增长的。一般来说，找出这样一种子集是一个 NP 难问题。

搜索最有效特征子集的另一种简单方法是使用单特征效用度量对特征进行排序，然后使用前 k 个特征或者某一阈值前面的特征。这称为**特征选择的筛选方法**。它可以与随机特征方法结合使用，以找出一个有意义的阈值。筛选方法的速度非常快，而且不容易出现过拟合。但它只能使用单特征效用度量，所以容易得到非最优结果。例如，两个虽然很好但是冗余的特征会同时得到高评分并被选中。

特征选择的贪婪方法从整个特征集开始，每次从特征集中去掉一个特征再进行评价，然后删除对性能影响最小的特征，再重复前面的步骤；或者只从一个特征开始，每次添加一个特征，持续地改善度量方式。贪婪方法可以在特征的随机子集上执行多次，这样可以让用户根据特征被选择的次数对其进行排序。

也可以使用其他搜索策略，如随机搜索、模拟退火和成熟的梯度下降方法。在嵌套子集方法中，甚至可以使用有限差分、二次近似和灵敏度分析来最优化优度函数 $J(subset)$。对某些 ML 方法，不必重新运行完整的包装方法。如果优度函数 $J(subset)$是单调的，那么恰当子集的 J 值就会小于目标集合，这样就可以使用分支定界搜索。

最后，某些特定领域中有些禁忌特征，一般情况下应该避免使用（见 4.1.3 节）。

1. 贪婪方法

既然找出最佳特征子集是 NP 难问题，我们可以换种方式，使用启发式方法开始一个迭代过程。你可以从一个空集合开始，每次加入一个特征（**前向特征选择**），也可以从完整的集合开始，每次丢弃一个特征（**后向特征选择**）。

前向特征选择需要评价每个独立的特征，从评分最高的特征开始，然后每次添加一个特征，使得扩展子集在选定的度量方式上有所改善。这需要在每个步骤中对剩余特征与选定特征进行评价。如果剩余特征还是太多，就可以使用单特征效用度量对其进行筛选。这种方法也称为对特征子集的**增量构建**（incremental construction）。

后向特征选择则从完整的特征集开始，每次去掉一个特征，再对集合的度量方式进行评价。如果要评价的特征太多，就使用单特征效用度量的倒数对特征进行筛选。后向特征选择也称为特征集的**消融研究**（ablation study）。在每一阶段，都可以在集合中删除一个特征，就是使目标度量减少得最少的那个特征。如果 ML 模型在参数很少的时候表现很差，就应该优先使用这种方法。这种方法也称为**递归式特征消除**（recursive feature elimination，RFE）。在使用 RFE 这个名称时，可以用度量方式扩展这个名称。例如，带有随机森林特征重要性的 RFE 可以称为 RF-RFE。

贪婪方法经常与包装方法组合使用，也可以与 4.1.1 节中介绍的任意多特征度量一起使用。在使用包装方法时，防止过拟合的最有效方法就是使用另一个更简单的 ML 模型进行训练，如在扩展特征集上添加了一些非线性（如可计算特征，见 3.1 节）的线性预测器。还需要注意的是，在实际应用中，前向特征选择的速度快于后向特征选择，但后向特征选择更可能得到更好的特征子集。要提高这种方法的速度，可以一次性地添加或丢弃多个特征。

2. 停止规则

定义了搜索过程之后，你需要指定一种停止规则（否则就会得到所有的初始特征，只不过是排好序的）。对于后向特征选择，只要性能有所改进或者保持不变，你就可以一直丢弃特征，直到性能变差的时候停止。对于前向特征选择，只要选出的特征集能改善度量方式，就可以一直添加特征。不过，多数效用度量都是非零的，使用这种技术会得到完整的特征集。更好的方法是为度量方式设置一个阈值，但你需要一种估计阈值的方法。下面就介绍一种非常好的阈值估计方法（使用随机特征）。此外，也可以使用在保留数据上的评价结果。

使用随机特征作为边界值。定义了特征效用度量之后，就可以使用一种**随机特征**作为边界值（又称为假变量、影子特征或探测特征），因为有时候需要定义一个最小效用值来帮助丢弃特征和停止贪婪方法。你可以向特征集中添加一个随机特征，并与其余特征一起评价。

要获得随机特征，可以通过一种非参数方法，将置换检验中的实际特征值打乱重排。你也可以使用一个伪随机数（即从一个随机数生成器获得的值），这个伪随机数是从[$\min_{feature}$, $\max_{feature}$]区间上的均匀分布中抽取出来的。这个人工特征的效用值可以作为边界值，这样就提供了一种表示随机特征在这个数据集和 ML 模型中行为的经验模型。比这个随机特征效果还差的实际特征就可以丢弃了。

也可以使用随机特征作为停止规则。当一个或多个随机特征被选择时，就停止向特征集中添加特征。

第 6 章使用 10 个随机特征，在选择 3 个随机特征之后，丢弃了后面的所有特征。它使用 MI 作为效用度量，将全部 400 个特征缩减到 70 个。完整的示例请见 6.3 节。

4.1.3 高级技术

下面介绍特征选择的几种高级技术。实例工程中有一种相关技术，称为**实例选择**。在 5.2 节讨论实例工程时，会简要地介绍这种技术。

可以考虑使用类别合并技术（如将特征映射为一个典型值）来进行特征选择，比如将一个单词映射为词根的形式。

对于大型数据集，主导性的建议是使用 LASSO，4.2 节将讨论这种方法。至于自动化技术，数据库社区中正在开发一种激动人心的新技术。

流技术。当数据源源不断地产生、新的实例不断被添加进来时，不同特征的重要性就可能发生变化。现有实例也可能添加新的数据，形成一个特征流。这两种情况都要求特殊的特征选择算法。现在的主要做法是将特征分为四类：无关的、冗余的、弱相关的、强冗余的。然后分两个阶段对数据进行操作，先进行在线相关性筛选，然后进行冗余性分析。

Relief 算法。Relief 算法包含很多新的思想，它从训练数据中进行抽样。在抽样时，它保存一个包含当前已知的阳性（I^+）实例和阴性（I^-）实例的列表。对于一个新抽出的实例，它使用一种特定的距离（如欧氏距离）在 I^+ 和 I^-I 中找出与之最为接近的实例。与之有同样类别的最近实例称为最近命中，与之有不同类别的最近实例称为最近错失。最近命中与最近错失的比值就是特征的重要性比值，Relief 算法在每次抽出更多实例时都会更新这个比值。直观的理解就是，无关特征出现在 I^+ 和 I^- 中的概率不会有任何偏差，所以它们的这个比值应该接近 1。Relief 算法的优点是考虑了特征间的交互作用，并为选择结束规则提供了一种概率解释，它可能在没有已知全部数据的情况下收敛。

AIC。我们也可以不选择特征，而是用每个特征子集定义一个数据**模型**，再使用一种模型度量来比较这些模型。赤池信息准则（Akaike information criterion，AIC）就是一种这样的度量方式。它不可解释，用于比较同样数据上的不同模型。它的定义是 AIC = $2k - 2\ln(L)$，其中 k 是模型中参数的数量，L 是模型似然函数的最大值，即给定当前训练数据，模型参数出现的最大概率。对于普通线性回归，留一法交叉验证等价于 AIC。另一种类似的概念是 BIC，即贝叶斯信息准则。BIC 对参数数量的要求更加严苛。

1. 稳定性

最优的特征子集可能很不稳定，数据中的微小变动就可能使这个子集面目全非。如果有两个冗余特征，好的特征选择算法只会选择其中之一，至于选择哪个，可能要靠一些非常小的变异甚至一个随机数生成器的结果才能确定。要检验一种特定算法是否稳定，你可以在各种不同的自助抽样（初始数据的子集）上运行该算法，然后使用一种稳定性指标来评价自助抽样运行得到的特征选择结果（即选择了哪些特征与没有选择哪些特征）。

Nogueira 等人最近提出了一种效果非常好的稳定性估计方法。他们使用的指标基于特征选择的无偏抽样方差，等价于两个类别上的 Fleiss kappa（见 1.2.1 节）。他们还提供了一种开源实现。

2. 特征黑名单

特征选择的一种简单方法是设置一个列表，标记出特定领域中已知的糟糕特征，将它们永远排除在选择之外（如社会保险账号）。在 NLP 和 IR 中，最常见的方法是使用**停用词**（stop word）列表。对于整篇文章的主题来说，功能词包含的语义信息很少，甚至没有。for、a、to、in、them、the、of、that、be、not、or、and、but 等词就是一些例子。当然，人类要理解文章，功能词还是非常重要的，也有全部由停用词组成的短语（如 to be or not to be），所以删除停用词对系统性能是否有帮助要依具体任务而定。第 8 章中关于文本数据的案例研究会讨论停用词，比如下面这个句子：

> Its population was 8,361,447 at the 2010 census whom 1,977,253 in the built-up (or "metro") area made of Zhanggong and Nankang, and Ganxian largely being urbanized.

在删除停用词后，这个句子会变为：

> ['population', 'TOKNUMSEG31', 'TOKNUMSEG6', 'census', 'TOKNUMSEG31', 'built', 'metro', 'area', 'made', 'zhanggong', 'nankang', 'ganxian', 'largely', 'urbanized']

请注意处理结果在语义密集度上的变化。完整的示例请见 8.5.1 节。

4.2 正则化与嵌入式特征选择

特征过多的问题非常普遍，所以算法设计者们从多年以前（从 1984 年开始）就想在算法中自动解决这个问题。这是很合理的，如果在部署 ML 解决方案时遇到了某种问题，研究者们就应该努力解决它。在下一章中，我们就会看到，FE 与 ML 遇到了同样的问题，所以一些 ML 算法尝试在其内部执行特征选择，即所谓的**嵌入式特征选择**（embedded feature selection；这个名称容易与特征嵌入相混淆，本章稍后会介绍），也称为隐式特征选择。嵌入式特征选择方法可以缩减模型使用的特征，它不是根据训练数据来删除特征，而是不鼓励模型使用太多特征。如果你怀疑训练数据中有很多糟糕的特征，就可以试验一下使用了嵌入式特征选择的 ML 算法，通过观察模型的行为，就可以很快确定数据是否是这种情况。很多 ML 算法包含明确的参数（如正则化参数），来控制它们对特征数量多少的喜好。这种方法在 FE 中的作用还不止于此，你可以根据最后的模型进行回读，找出由模型确定的最重要的特征，然后抛开原来的模型，仅使用这些特征另外训练一个 ML 模型。一种典型的情况是在大特征集上使用 LASSO 方法，然后使用缩减后的特征集再训练一个 SVM。之所以推荐使用 LASSO，是因为它具有处理大量特征的能力。如果特征数量真的过多，可以使用 Winnow，本节最后会介绍这种方法。因为多余、无关特征的存在，像 SVM 这样的算法饱受性能下降之苦。对它们来说，进行特征选择是极其重要的。

实现嵌入式特征选择的最常用方法是使用**正则化技术**（regularization technique），通过这种技术，你可以限制模型参数的搜索空间。例如，要求所有参数的平方和小于某个正则化参数。如果训练数据被正确地标准化且以 0 为中心，而且搜索过程中使用的误差函数也表现很好，甚至可以将正则化限制作为一种基于模型复杂度的惩罚分数。不同的惩罚方式可以生成不同的正则化方法（将使用的特征与所有特征权重的总和进行比较）。这种技术并不适用于所有 ML 模型，但有些算法非常容易正则化。一般说来，任何目标函数明确（因此可以直接扩展）、模型表示具有固定数量参数（所以可以计算不同惩罚项）的模型都可以非常简单地实现正则化（搜索方法可以在扩展的目标函数上工作的话）。此外，有些算法只有通过强大的正则化才能工作，因为它们在数学上的定义很差（如逻辑回归）。正则化参数通常使用交叉验证进行设置。有趣的一点是，你不用确定要选择的参数数量，只需确定正则化参数即可。这是个很大的优点，因为我们可能对问题需要多少个参数毫无概念。

重申一下，正则化技术一种能执行**隐式特征选择**（implicit feature selection）的特殊 ML 算法。嵌入式特征选择的其他例子还包括：在线性回归和逻辑回归中为特征分配权重，以及决策树中的特征重要性。在 4.2.3 节中，我会对能执行嵌入式特征选择的 ML 算法进行概述。嵌入式特征选择也可以认为是在目标函数上应用一个最小描述长度（MDL）。

与特征选择一样，正则化也是一种控制容量的方法。还有一些其他形式的方法（如早停法）也属于这一类别。如果你发现这种方法可以用来解决问题，请记住这一点。你或许还可以使用其他容量控制方法。不过，正则化的效果远超特征选择，因为它直接影响 ML 算法。它对过拟合和不适定问题都是有作用的。[①]

下面介绍两种基于范数的常用正则化技术，L_1 和 L_2 正则化。岭回归与 LASSO 算法使这两种技术应用得非常普遍。以下讨论是关于 L_p 范数和拟范数的，它们基于不那么广为人知的 Schatten 范数。Schatten 范数定义如下：对于 ML 算法的 n 个参数 $\alpha_1, \cdots, \alpha_n$，

$$\|\alpha\|_p = \left(\sum_{i=1}^{n} \left|\alpha_p\right|^p \right)^{-1/p}$$

对于 $0 < p < 1$，它不是一个范数，因为三角不等式不成立，但在实践中仍然有用。L_0 是当 p 趋近于 0 时的极限，它等于非零元素的数量。如果特征与非零参数之间有对应关系，就像线性回归中那样，那么 L_0 就是选择出的特征的数量。

4.2.1　L_2 正则化：岭回归

最常用的正则化方法是计算参数向量的 L_2 范数（又称为欧几里得范数），即 **L_2 正则化**。这种方法可以抑制糟糕特征，但不能完全删除它们。当应用在最小二乘回归上时，这种方法称为**岭回归**（ridge regression）。岭回归要求特征的均值为 0，而且是标准化的。其他正则化方法也可能有同样的要求。查看一下 ML 软件包的文档，可以清楚这些要求的具体实现。

L_2 正则化的使用非常广泛，因为这种正则化的搜索空间非常容易探索。一些 SVM 核（如线性核）可以导出 L_2 正则化的搜索空间，这就是 SVM 很难处理不正常特征的原因，这些特征会一直影响结果，并对运行时间有负面影响。

4.2.2　L_1 正则化：LASSO

除了计算 L_2 范数，你还可以计算 L_1 范数（将参数的绝对值相加，即 L_1 正则化）。使用这种范数的正则化会强迫某些特征为 0，也就是说，在使用 L_1 正则化训练出的模型中，有些特征会被丢弃，这样可以得出一个显式选择的特征子集。不过，L_2 正则化的搜索空间不像 L_1 正则化那样性质良好，因此需要更长的时间进行探索，而且可能不收敛。尽管 MDL 是一种启发式方法而且

---

① 感谢 Brochu 博士强调了这种区别。

没有精确地定义，但实际上它与 L_1 正则化是最相似的。

LASSO。当应用在最小二乘回归上时，L_1 正则化称为 LASSO，即“最小绝对收缩和选择算子”（least absolute shrinkage and selection operator），其中“收缩”表示以一种绝对的方式来缩减回归系数（让它们为 0），这与岭回归只是压缩回归系数是不同的。尽管这种方法最初是为最小二乘法设计的，但也可以应用在其他技术中，如广义线性模型、比例风险模型等。在这些模型中，它也称为 LASSO。

和岭回归一样，多数 LASSO 实现也需要数据是中心化和标准化的。要使系数精确地等于 0，需要在搜索过程中引入一个软阈值算子，它用 $\max(0, 1-\frac{N\lambda}{|\text{weight}|})$ 乘以权重。要使用这个算子，特征需要是正交的。与此相比，岭回归会按照 $(1+N\lambda)^{-1}$ 的比例来压缩系数。有多种技术可以解决 LASSO 问题，但不能使用梯度下降法，因为惩罚项是不可微的。

尽管 LASSO 方法更适合大型特征集，但它只能选择出与训练数据中实例一样多的特征。同样，如果两个特征是相关的，最小化结果也不唯一，LASSO 就不能丢弃其中一个特征。下面介绍的弹性网可以解决这种问题。LASSO 还有一些变体，如分组 LASSO 使用特征分组作为一个缩减单位，fused LASSO 则允许向构化的领域（如时间和空间）中添加限制条件。

弹性网

弹性网（ElasticNet）是 L_1 范数和 L_2 范数的单参数加权和。在极端情况下，这个参数可以选择 L_1 或 L_2。说来奇怪，它虽然在数学上等价于 LASSO，也不需要一种新的回归算法，但表现出了不同的行为方式，这种行为方式有若干优点。首先，当特征数量超过实例数量时，弹性网仍然有效；而在这种情况下，LASSO 最多只能选择出实例数量的特征。其次，如果存在强烈相关的特征，岭回归的性能往往会超出 LASSO；而在弹性网中，高度相关的特征最终会有同样的系数，这种现象称为“分组效应”。与 LASSO 相比，这可以让我们更好地控制冗余。

其他范数。岭回归也可以使用其他范数 L_p 和拟范数 $0 < p < 1$。据称，拟范数可以生成更好的结果，但因为它们是非凸的，所以需要近似解，如 EM。$L_{1/2}$ 是 L_1 的一种混合方法，据说在实际应用中效果更好。

4.2.3 其他使用嵌入式特征选择的算法

5.3 节会讨论 DL 中的一种特殊正则化技术，丢弃法（dropout）。其他能执行嵌入式特征选择的算法还有随机森林、MARS 和 Winnow，将在随后介绍。嵌入式方法的其他例子还包括梯度提升机、正则化树、文化基因算法和多元 logit。

随机森林。决策树通常使用各种方式计算特征重要性，包括 4.1.1 节讨论过的 Gini 不纯度（也会在 6.3 节中的误差分析中使用）。随机森林则更进一步，允许在创建每棵树的集合之外的实例上测量特征重要性，这样可以得到袋外估计，更可靠一些。这些特征重要性度量通常可以被返回模型中，作为模型的一部分。它们本身就可以作为一种特征选择技术，例如在 RF-RFE 中就是这样。

MARS。多元自适应回归样条（multivariate adaptive regression spline，MARS）是一种回归方法，用非线性的线性组合来拟合数据。非线性铰链函数（也称为斜坡函数、曲棍球棒函数或整流器函数）的形式为 max(0, feature − constant)或 max(0, constant − feature)。与 CART 树类似，MARS 模型也是使用前向传递和后向传递方法建立的。嵌入式特征选择发生于在前向传递过程中（在由算法提供的参数基础上）选择特征来扩展模型的时候，但更重要的是，它可以作为广义交叉验证（GCV）分数的一部分，这个分数用来选择非线性进行修剪：

$$\text{GCV} = \frac{\text{未知数据上的误差}}{N \times \text{参数的惩罚数量}}$$

GCV“近似了应该由留一法交叉验证确定的误差”，并因此得名。通过这种方法，MARS 实现了嵌入式特征选择。

Winnow。Winnow 从已标记示例中学习一个线性分类器。它与感知机非常相似，但使用一种相乘模式来处理多个不相关的维度。它是一种简单的算法，可以很好地扩展到高维数据上。这种算法在它的升级步骤中嵌入了特征选择，这种特征选择**没有**使用正则化。

4.3 数据降维

为了缩减特征空间和避免维数灾难，人们发展了另一种减少特征数量的技术，可以找出输入特征的一种相关表示，将特征转换到一个维数更低的空间中。这种技术就是**数据降维**（dimensionality reduction）。降维过程应该能在测试（执行）期间容纳未知数据，并能由该阶段正确地扩展。如果特征是稀疏的，就应该猜测特征向量中只有一部分是可能发生的，这意味着数据通常会落入特征空间的一个更小、更规则的子空间中。[①]数据降维的关键就是找出这样的子空间并在其中进行操作。找出这种数据中的基本结构也是无监督学习以及很多与其直接相关的数据降

① 数学上将这种空间称为流形（manifold），但我说过本书不涉及流形。你可以无视这条注释。

维技术的主要目标。不过请注意，将稀疏向量转换为密集的表示可能会显著增加计算成本。如果确定采用数据降维的路线，就应该重新考虑一下你要使用的 ML 算法。

数据降维是对特征进行整体研究（这是第 2 章的主题）的终极方式，我之所以决定在本章讨论这个问题，是因为它通常与特征选择有非常紧密的联系。

从方法的角度来看，处理大量特征的一般（但有效）方法是主动降低它的维度，方式有三种：(1) 以一种精巧的方式将特征投影到一个低维空间（如使用奇异向量分解，见 4.3.3 节）；(2) 生成一个数据的概率模型（见 4.3.4 节）；(3) 随机方式（确信特征空间是非常稀疏的，而在非常稀疏的数据集中，映射中的碰撞不会频繁发生，见 4.3.1 节中的特征哈希和 4.3.2 节中的随机投影）。一般来说，可以使用任意聚类形式的无监督学习技术（见 4.3.5 节）。这是一个非常活跃的研究领域，很多新技术不断被提出，如低秩近似、非负矩阵分解和 ICA（见 4.3.6 节）。本节最后对嵌入式概念框架中的数据降维进行了一般性讨论。

需要注意的是，如果你决定采用数据降维的路线，那么误差分析能力（以及模型的可解释性）就会严重降低。这就是为什么一些技术（如低秩近似或 NMF）特别强调要获得与输入数据“相似”的简化表示，就是为了让在原始数据上可用的可视化方法也可以在缩减后的数据上应用。不过，我只见过它们在图像处理方面的成功应用。在 8.7 节中的文本处理案例研究中，我会进一步讨论在实施了降维的数据上进行误差分析的复杂度问题。

4.3.1 特征哈希

最简单的数据降维技术可能就是使用一个**哈希函数**（hashing function），即任意一种可将任意长度的数据映射为固定长度数据的函数。你可以使用应用在数据结构上的哈希函数（如 MurmurHash），也可以使用密码学中更复杂的哈希函数（如 SHA1）。复习一下，不同输入数据被映射为同一哈希值的现象称为**碰撞**（collision）。对于经常使用的数据类型，好的哈希函数应该使碰撞概率最小化。也就是说，碰撞应该很罕见，如果发生了碰撞，其他哈希特征会通知 ML 系统哪些初始特征是被观测到的。令人欣喜的是，特征哈希的效果不错，这种方法是 fastText 机器学习系统的核心部分。

请注意，特征哈希不同于执行随机投影（将在 4.3.2 节讨论），因为哈希是一种计算成本更低的操作。好的哈希函数也可以被学习出来。在一个特定集合上，不会生成碰撞的哈希函数称为**完美哈希函数**（perfect hash），这是计算机科学中经久不衰的一个话题。随着近期技术的发展，人们可以在大数据集上构建出完美哈希函数。下面就介绍一种哈希方法，它可以通过特定类型的碰撞学习出哈希函数。

第 8 章使用了特征哈希来处理特征爆炸问题，这个问题是由于将一定距离之内的一对单词当作特征（跳跃二元词，见 5.1.2 节）而产生的。因为使用正常的二元词（其间没有其他单词）会得到 50 万个特征，所以需要进行数据降维。而跳跃二元词的数量比这还要大上好几个数量级。不过，降维之后的模型的可解释性会受到严重损害。完整的示例请参见 8.7 节。

局部敏感哈希（locality-sensitive hash，LSH）。它与一般的哈希函数不同，目标是让在源空间中彼此邻近的输入数据发生碰撞。这与聚类或最近邻搜索很相似，实际上是用来加速这种算法的一种技术。在数据上训练时，这种方法称为局部保留哈希（locality-preserving hash，LPH），既可以使平均投影距离最短，也可以使量化损失最小。其他算法包括对位的随机抽样和使用随机超平面，以及生成一个哈希位，表示输入在每个超平面的上面还是下面。在 FE 的降维过程中使用时，它的作用与词干提取（见 8.5.2 节）非常相似。

哈希特征作为单词的另一种意义。在使用词袋法解决 NLP（第 8 章会详细讨论）问题时，特征哈希等同于人工增加单词的意义。如果 door 和 banana 被映射到同一个哈希编码，那么对 ML 来说就相当于英语中有 bananadoor 这个单词，而它必须在特定的实例上区别出这两个意义。[①]这与 bank 这种词（bank 包含多种意义，如河堤和银行）不同。一种好的 ML 算法如果能够将单词的多种意义处理为信号，那它应该也能很好地处理哈希特征。

4.3.2 随机投影

有个方法也属于“有时候还挺管用的简单方法”这一类别，那就是使用一个从初始特征空间到缩减空间的**随机显式投影**（random explicit projection）矩阵。这种矩阵是一个稀疏矩阵，其中的值在集合$\{-1,0,1\}$中，概率的阶数为$1/\sqrt{D}$，其中 D 是维数。下面展示的方法根据一些必要的条件计算这个矩阵。不过，它的价值通常在于执行一个投影，**任意的投影**。而且，如果维数和训练数据量都很大，那么从计算角度看，要得到一个“好的”投影，计算成本可能无法承受。请注意，当哈希更加随机时，随机投影是一个实际的投影：随机投影应该能保持实例之间的距离。

4.3.3 奇异值分解

使用数据集的“方向”而且只保留强度大的方向可以找出更有意义的投影，方向就是奇异值分解（SVD）的特征向量，它们的强度由特征值给出。这种方法也称为主成分分析（PCA），而

① 使用这种构造的人造单词是对算法消除单词歧义能力的传统评价方法。

强度大的方向就是主成分。这种投影方向是由线性代数计算出来的，不是靠领域知识确定的，这有利也有弊（使用 SVD，你不需要有丰富的领域知识，但 SVD 方向可能没有领域中的实际意义，也可能无法给出使用这个方向的实际理由）。就像很多其他技术一样，使用了 SVD 之后，虽然性能通常没有改善（可能有一点儿影响），但训练时间会显著缩短（参见在 CIFAR-10 数据集上的例子）。

复习一下，SVD 就是将 $m \times n$ 的矩阵 $\boldsymbol{M}$ 分解为三个矩阵的乘积 $\boldsymbol{U\Sigma V}^{\mathrm{T}}$，其中 $\boldsymbol{U}$ 是一个 $m \times m$ 的酉矩阵，$\boldsymbol{\Sigma}$ 是一个 $m \times n$ 的矩阵，其对角线上都是非负实数值，而 $\boldsymbol{V}$ 是一个 $n \times n$ 的矩阵。$\boldsymbol{\Sigma}$ 对角线上的值 σ_i 就是 $\boldsymbol{M}$ 的奇异值（通常从大到小排列）。

对于我们来说，矩阵的每一行都是一个实例，每一列都是一个特征。如果矩阵 $\boldsymbol{M}$ 是中心化的（每列都减去它的均值），那么它的 $n \times n$ 协方差矩阵 $\boldsymbol{C} = \boldsymbol{M}^{\mathrm{T}}\boldsymbol{M}/(m-1)$是对称的，而且可以被对角化为 $\boldsymbol{C} = \boldsymbol{VLV}^{\mathrm{T}}$，其中 $\boldsymbol{V}$ 是特征向量矩阵（特征向量是 $\boldsymbol{V}$ 中的列，也称为**主轴**或**方向**）。请注意，必须在对 $\boldsymbol{M}$ 进行中心化后才能使用这种方法。

可以使用数值计算软件包算出协方差矩阵的特征向量和特征值。投影矩阵就是 $\boldsymbol{V}$，通过将 $\boldsymbol{V}$ 截断、只使用较大的特征值就可以实现降维。如果截断时只保留前 r 个最大的特征值，那么 $\tilde{V}$ 就是一个 $r \times r$ 矩阵，可以将特征数量从 n 减少到 r。实例 i（$\boldsymbol{M}$ 中的第 i 行）的投影表示就是 $\boldsymbol{M}\tilde{V}$ 的第 i 行。用初始数据乘以 $\tilde{V}$ 就可以得到新数据。

SVD 的一个优点是，可以绘制出特征值并选择显示的比例。你也可以将其指定为较大特征值（σ_1）的一个百分比。SVD 之外的其他技术会要求你通过试错法来确定缩减的维度。

SVD 和 PCA 都是内存密集的，因为全部训练数据都要保存在 RAM 中，以便对相关矩阵进行转置。人们提出了一种使用 MapReduce 的分布式实现方法，也有一些用于 PCA 的近似方法，以及 PCA 与随机投影的混合方法。

最后，普遍的建议是不要在原始计数上使用 PCA，因为相关性和方差对异常值非常敏感。在应用 PCA 方法之前，你应该对特征进行挤压（通过对数变换或者基于频率的筛选方法）。

4.3.4 隐狄利克雷分配

在实际工作中，奇异值分解对大数据集来说是一种计算上的瓶颈。而且，SVD 不能添加领域知识，因为它是基于线性代数的。对这种问题的另一种描述方法基于生成数据的概率模型，这种模型的参数可以通过现有数据来估计，模型还可以根据我们对数据的理解与假设做进一步的扩展。这种方法就是隐狄利克雷分配，不过我们还是先研究一种早期的（也更加简单的）相关技术，即概率隐含语义分析。

概率隐含语义分析或索引（pLSA）。假设我们想估计概率 $P(f,v)$，其中 f 是一个特征（在 pLSA 中就是一个单词），v 是一个实例（全特征向量或“文档”）。pLSA 算法假定有一个未知的“话题” c 生成了特征，而实例生成（或包含）了话题而不是特征本身。因此，一个特征出现在实例中的概率就是将所有话题是该话题的概率、给定话题的实例概率和给定话题的特征概率相加。

$$P(f, v)=\sum_{c} P(c) P(v \mid c) P(f \mid c)=P(v) \sum_{c} P(c \mid d) P(f \mid c)$$

这是一种生成式模型，其中第一个表达式是它的对称形式（一切都是从话题生成的），第二个表达式是它的非对称形式（先选择一个实例，再生成话题，然后是特征）。话题数量是一个超参数，与在 SVD 中要使用的特征向量数量一样，只是在 SVD 中，我们可以根据最大特征值的比计算出维度的缩减，而话题数量的确定则更盲目一些。参数的总数就是 $|c||v|+|f||c|$（话题数量乘以实例数量，再加上特征数量乘以话题数量），可以使用 2.2.1 节介绍的 EM（期望最大化算法）方法进行估计。通过特征空间到话题空间的转换，就可以实现降维。

隐狄利克雷分配（LDA）。对 pLSA 的一种改进是对话题使用一种特定的先验分布。具体地说，LDA 使用了一种稀疏狄利克雷先验分布，也由此得名。这种先验分布是 β 分布的一种多元扩展，它认为实例中包含很少的话题，而且话题生成的特征也很少。NLP 问题就属于这种情况。使用不同的假设，可以在其他任务中使用其他先验分布。

pLSA 和 LDA 都使用一种生成式过程对训练数据进行建模，这样测试数据就成了问题（没有与测试文档相关的实例 v）。为了在运行时使用这两种方法，本应在训练数据和测试数据上持续使用 EM 过程，但在实际工作中，这样做的成本太高而且不稳定。因此，我们只使用 EM 中的几个步骤，维持住训练数据的数量，并且只在新数据上调节参数。这种操作最好一次处理一个实例。在一个批次中使用所有测试数据是一种很诱人的做法，因为速度更快，但这样做不能代表生产环境中的算法行为。总之，PCA 优化的是表示，而 LDA 优化的是判别过程。在确定使用哪种数据降维方法时，这些问题都应该考虑。

4.3.5 聚类

另一种数据降维技术（与其他技术无关）是对数据进行聚类，并使用簇编号（簇 ID）作为特征。对于新数据（即测试时使用的数据），我们需要一种将簇编号分配给未知数据的方法。例如，在 k 均值聚类中，你可以选择中心点距离该数据最近的那个簇。缩减后的维数等于所使用簇的数量，假设簇编号使用独热编码。我们可以使用能分配重叠簇的聚类算法（如 canopy 聚类）得到密集的表示，也可以使用到无重叠簇中心点的距离来生成密集的特征向量。在 NLP 中，使用同义词（如使用 WordNet）也是一种通过簇来进行数据降维的方法。

4.3.6 其他数据降维技术

数据降维是一个非常热门的研究主题，下面介绍四种可以扩展解空间的高级技术：独立成分分析、低秩近似、非负矩阵分解和线性判别分析。下一章还会介绍另一种降维技术：自动编码机（见 5.4.2 节）。

独立成分分析（independent component analysis，ICA）。ICA 的作用不只是将相关特征分割为互信息意义上的"独立"。它还称为盲源分离，也可以用来解决鸡尾酒会问题，能将正常信号与异常信号分离开来。经典的例子是两个话筒都可以从两个扬声器接收信号，但有一个扬声器在每个话筒中的信号都强于另一个。如果我们假定合并是线性的，那么 ICA 就可以将两个扬声器分离开。如果我们知道混合矩阵，这种分离就非常简单（只需对矩阵求逆）。ICA 根据输出来估计这个矩阵，假定混合是线性的，信号源是独立的而且不服从高斯分布。那么根据中心极限定理，混合结果会比源信号更加符合高斯分布（仅当源信号本身不符合高斯分布时），所以我们可以去除它，得到源信号。需要说明的是，ICA 只适合线性混合，对源信号没有什么要求。

低秩近似。它是一种最小化技术，目标是找到与某种输入矩阵尽量相似的低秩矩阵，其中的邻近度是用特定矩阵范数定义的。常用的范数包括 Frobenious 范数（欧氏向量范数的一种推广，是所有元素平方和的平方根）和 spectral 范数（矩阵的最大奇异值，是矩阵拉伸一个向量的最大"规模"）。有时候，目标矩阵除了低秩之外，还有其他性质。它可以用于在推荐系统中推断缺失值，也可以用来完成距离矩阵。在无限制的情况下，它等同于执行 SVD，并保持最大的特征值。当实例没有进行平等的加权时（即使用一个权重向量进行扩展），解就没有封闭形式，而且要求一个使用了局部最优方法的数值解。这种技术非常重要，因为 Netflix 竞赛（ML 领域中最重要的竞赛之一）的优胜者就使用了这种技术。

非负矩阵分解（NMF）。也称为非负矩阵近似、自建模曲线解析和正定矩阵分解。给定一个没有负值的矩阵 $\boldsymbol{M}$，它可以找出矩阵 $\boldsymbol{W}$ 和 $\boldsymbol{H}$，使得 $\boldsymbol{M}=\boldsymbol{W}\times\boldsymbol{H}$，其中 $\boldsymbol{W}$ 和 $\boldsymbol{H}$ 也都没有负值。这个问题没有封闭解，需要使用某种距离度量方式进行近似，常用的两种度量方式是 Frobenious 和 KL 散度在矩阵上的一种扩展。这种方法最吸引人的地方在于 $\boldsymbol{W}$ 和 $\boldsymbol{H}$ 的规模都可以非常小。使用 L_1 范数，正则化就可以称为非负稀疏编码（nonnegative sparse coding）。SVD/PCA 也是一种分解技术，NMF 可以包含不同的限制条件，因此能生成不同的结果。NMF 结果更容易解释，因为这些结果是可加的。在图像处理领域，它可以生成与源图像非常相似的矩阵。

线性判别分析。作为一种监督降维技术，线性判别分析与隐狄利克雷分配有同样的缩写（LDA），但二者并无联系。线性判别分析要找出一种可计算特征，它的形式为初始特征的线性组合，可以更好地将分类目标分离开来。线性判别分析使用类别间距离和类别内距离以及一种广义的特征值分解技术，可以帮助我们找到一个新的特征空间，尽量高效地在不同类别之间进行判别。线性判别分析可以处理多于两种类别的情况，最后所得子空间的维度等于类别数量。

4.3.7 嵌入

嵌入是将一组离散对象（通常是较大的）映射为特定维度的向量的一种功能，这种功能可以实现数据降维。我们希望向量之间的关系能遵循离散对象本身之间的某种关系。例如，对于单词来说，我们希望（语义上）相关的单词具有在欧氏距离意义上相近的向量。嵌入方法也称为**分布式表示**（distributed representation），因为语义信息分布在向量中。与之不同，其他向量表示技术使用特定的列表示特定信息，如微特征技术。

与嵌入技术相关的是**分布式假设**（distributional hypothesis），它认为单词的含义并不在于单词本身，而在于使用的位置。例如，"□的含义并不在于□本身，而在于□使用的位置"。可以使用大型文本集合（**语料库**）来获取单词的含义，或其他基于这种假设的人工顺序流的含义。因此，如果两个单词在同样的上下文中使用，那它们就可能具有彼此相近的表示。在词嵌入中，一个表示就是一个固定长度的浮点数向量（**向量空间模型**）。表示 dog 的向量可能与表示 cat 的向量是相近的（使用欧氏距离）。如果你觉得这和 SVD 或 pLSA 非常类似，那么没错，不过关键的区别是，嵌入情况下的上下文是用单词周围的一个窗口来表示的。在 SVD 或 LDA 中，上下文则是整篇文档。因此，SVD 和 LDA 生成的向量是语义相关的（如 chicken 和 farm），而嵌入技术生成的向量则在语义上相似（chicken 和 rooster）。

在本节的讨论中，我们用"单词"表示"特征"，不过对于任何原始数据中包含大量顺序数据的领域，这种模型同样适用。例如，通过对从节点开始的随机路径进行编码，我们可以表示出语义图中的每个节点，这就是所谓的 Rdf2Vec 方法。在得到了对序列中每个元素的向量表示之后，还应该把它们组合起来，得到一个固定长度的特征向量（如果需要，可以使用下一章介绍的循环神经网络实现这个需求）。下一章讨论的技术（见 5.1 节）可以用来处理变量长度的原始数据，也可以用来完成这个任务。例如，在文本处理领域，你可以进行一种加权求和的嵌入，8.8 节会给出一个这样的例子，其中嵌入是通过语料库中单词频率的倒数来加权的。

下面看一种在可视化中广泛应用的嵌入技术（*t*-SNE），以此来介绍嵌入的总体概念。然后，我会介绍嵌入式学习正在努力解决的相关任务，以及这种任务在计算上有多么困难（4.3.7 节）。接下来还会切换到局部嵌入，这种技术凭借工具 Word2Vec 变得非常流行（4.3.7 节）。本节最后会介绍一些其他的嵌入技术。

***t* 分布随机邻域嵌入（*t*-distributed stochastic neighbour embedding，*t*-SNE）**。这是一种非常流行的可视化技术。*t*-SNE 算法基于这样一种认识：对于两个对象来说，你可以通过研究一个对象被选择为另一个对象的随机“邻居”的概率来定义这两个对象的“邻近”程度。随机邻居的正式定义是以该点为中心的径向高斯分布。如果一个点的附近有密集的点集合，那么这些点并不一定是邻近的：因为偶然性，很多点可以被选择为邻居。同样，即使两个点的欧氏距离非常遥远，但如果该区域的数据集非常稀疏，那么在使用概率距离测量时这两个点也可能是邻近的。这种概念的好处是与维度无关，用 1 减去这个概率的值作为距离的定义，不论在 100 个维度还是仅仅两个维度上都可以使用。因此，要计算一个 *t*-SNE 投影，就可以通过搜索低维空间中点的排列位置来完成，两种空间中的概率分布应该是一样的，可以使用 KL 散度（后面介绍）来确定两种概率分布是否一样。算法使用梯度下降方法找出投影后的点，这种方法虽然很有用，但并不适合应用在未知数据上。第 8 章使用嵌入方法来预测特定城市的人口数量。对于嵌入的 *t*-SNE 投影（如图 8-2 所示，这里用图 4-1 进行了重现），可以认为所有数值标记都聚集在一起。这使得特征中包含初始项目，因为数值标记是最有用处的特征之一。完整的例子见 8.8.1 节。

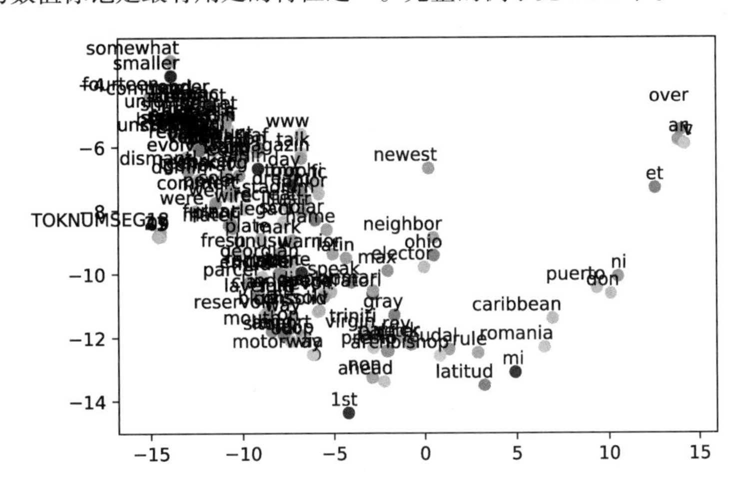

图 4-1 通过在训练集上计算出 50 个维度的嵌入样本，使用 *t*-SNE 算法的二维渲染；详细信息见第 8 章

KL 散度。也就是 Kullback-Leibler 散度，它是 ML 中最有用的度量方式之一。它测量的是在给定一个概率分布的情况下，一个新的概率分布能被解释的程度。通过这种方式，它定义了一个

在分布上的非对称度量，告诉我们一个分布与另一个分布的接近程度：

$$D_{\mathrm{KL}}(P \| Q)=\sum_{i} \log_{2}\left(\frac{P(i)}{Q(i)}\right) P(i)$$

对于 $Q(i)=0$ 的情况，它的值就是 0。

1. 全局嵌入

嵌入的概念已经形成了几十年，但它的问题是对于大型对象集合很不稳定，这使得它在实际工作中并不是特别有用。在这种技术中，嵌入是通过求解一个对象空间中的相关问题而定义的，这样找出嵌入就变成了在相关问题上的最优化问题。对于单词，我们使用通过给定单词预测其周围的词语作为相关问题（跳跃 *n*-gram 模型，定义在 5.1.2 节中），或者在给定上下文的情况下预测中心单词（连续词袋模型）。我们将使用跳跃 *n*-gram 模型进行这种讨论。

我们有一个网络（如图 4-2 所示），其中输入是词汇表中所有单词的独热编码（见 3.1 节），表示选定的单词。网络中有个隐藏层，没有激活函数（线性单位）；有一个 softmax 输出层（如果你不熟悉这些概念，可以看一下 5.3 节），它的规模与词汇表一致。嵌入就充当了隐藏层中的激活函数（类似于自动编码机，见 5.4.2 节）。这算不上神经网络，因为独热编码只是从加权矩阵中选择了一行。关键成分是 softmax 层，这就是 softmax 学习的一种应用。我们的期望是，如果两个单词出现在相似的上下文中，那么它们的隐藏层（嵌入）也是相似的。

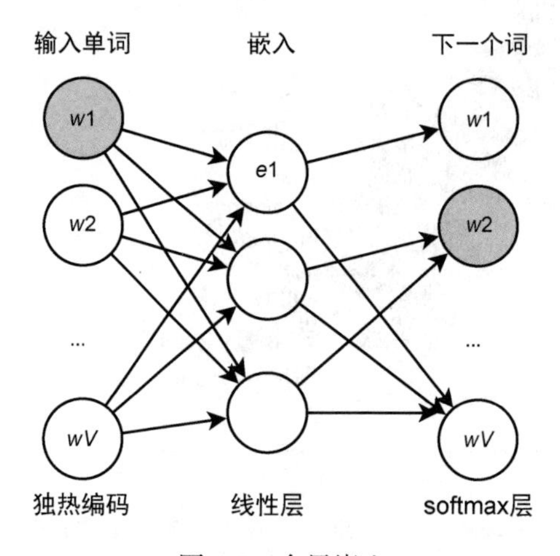

图 4-2　全局嵌入

全局嵌入要求系统能对词汇表中的所有单词预测出正确的单词概率，这非常耗时，因为你需要在搜索的每个步骤中都做这种操作，以找出最优嵌入。在有 5 万个单词的词汇表上的 200 个成分的嵌入可以得到一个有 1000 万个参数的网络，它的梯度下降非常缓慢，需要数十亿单词的训练数据。这种问题阻碍了全局嵌入在实际数据上的应用，直至出现了局部嵌入方法，下面就介绍这种方法。

2. 局部嵌入：Word2Vec

Word2Vec 不是计算全局嵌入，而是训练一个判别对象来区分出目标单词和噪声单词（如图 4-3 所示），这就把问题从全局学习转换到了局部学习。这种思想称为负采样，它在训练每个单词对时，不是对目标单词生成 1，其他单词生成 0，而是对目标单词生成 1，在 5 个负采样单词上生成 0（对于小数据集，选择 5 到 20 个负采样单词，对于大数据集，选择 2 到 5 个负采样单词）。这样，Word2Vec 只需更新一个正采样和几个负采样上的权重，其他权重均保持不变。负采样是基于频率进行抽取的，似然是由 $f_i^{3/4}$ 给出的。8.8 节会给出一个在文本数据上的案例研究，其中使用了嵌入技术。

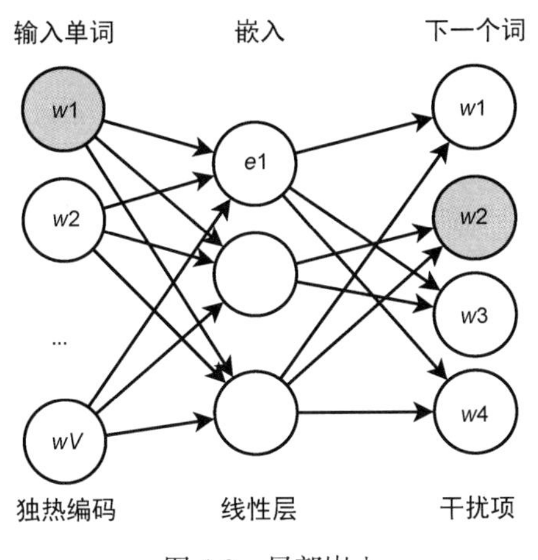

图 4-3 局部嵌入

3. 其他嵌入技术：GloVe 和 ULMFiT

有两种近期出现的模型值得了解一下：GloVe 和 ULMFiT。GloVe 试图重新使用全局嵌入学习，方法是创建一个共生矩阵，这个矩阵使用每个词语周围的窗口来定义共生，而不是整篇文档。对于 GloVe 的主要假设，Takurita 是这样描述的：

> 上下文中两个单词之间的共生率与意义是强烈相关的。

最后，近期出现的通用语言模型（ULMFiT）给我们思考 NLP 的方式带来了革命性的变化，它允许在大数据集上的预训练模型转换到特定的问题。它们通过使用一个在神经网络动量参数上的三角式调度以及其他一些改进来完成这个任务。

当前研究的焦点是层次表示，它从不同的抽象级别（单词、句子、段落，等等）对数据进行研究并对表示进行整理，这样就可以生成更容易解释的表示方式。使用这种转换框架，BERT 模型也得到了更广泛的应用。

4.4 扩展学习

本章讨论的主题是 ML 图书中最为流行的 FE 话题。很多仍在发行的 ML 著作中也包含关于特征选择和数据降维的精彩章节。我特别推荐 Manning 等人的《信息检索导论（修订版）》[①]，因为其中有很多实现单特征效用度量的具体公式。这是一个活跃的研究领域，市面上也不乏关于这个主题的完整著作，可以参考 Guyon 和 Elisseeff 关于特征选择的综述。近期的研究热点包括流式特征选择、无监督特征选择、隐私保护和对抗特征选择，参见 *Feature Engineering* 一书的第 5 章和第 8 章，Dong 和 Liu 在这本书中贡献了一些章节。

关于嵌入式特征选择的讨论就更加分散了，因为它与多个学科有关。我们可以分别对每种技术进行钻研。对本章介绍过的主题，我都尽量提供一些有用的参考，在这些主题中，LASSO 是至今为止最为流行的技术。Tibshirani 对 LASSO 中的特征选择能力进行了非常好的研究。

数据降维是多个学科都在研究的一种问题，对这个问题，不同学科的兴趣不同，对读者技能的要求也不同。有些解决方法是从线性代数的角度入手的，有些使用了最优化方法，还有一些依靠的是概率建模。对于经典方法，Manning 和 Schutze 的著作 *Foundation of Statistical Natural Language Processing* 进行了详细的讨论。至于新技术，你应该去看看相关章节中引用的研究论文。

① 此书已由人民邮电出版社出版，详见 ituring.cn/book/2601。——编者注

第5章

高级主题：可变长度数据与自动特征工程

在第一部分的最后，我们关注一些热门研究领域中的几种高级技术。5.1 节讨论可变长度的原始数据。对于传统机器学习来说，这种数据非常有挑战性，因为需要固定长度的特征向量。我们将介绍多种技术，包括数据截断、计算最具普遍性的树、局部表示以及投影到更简单的表示等。尽管本书的重点在于**特征**表示，但 5.2 节也介绍了**实例**工程的一些相关问题，比如通过丢弃、分组或合成技术改变实例。特征工程（FE）是机器学习（ML）研究者们非常热衷的一个问题，他们在使用深度学习（DL）减少对 FE 依赖的问题上取得了显著的进展，但代价是需要海量数据。5.3 节会简要介绍 DL 中的几个概念，以及它们在 FE 中的意义，特别介绍如何使用循环神经网络以新的方式对顺序数据进行编码，这种操作对 DL 以外的其他方法可能也是有意义的（见 5.3 节）。因为 FE 是一项非常耗费人力和时间的工作，所以很多人对于将 FE 自动化非常感兴趣（见 5.4 节）。我们将介绍考虑了目标类别的技术（自动特征工程，简称为 AFE，见 5.4.1 节），也会介绍不需要目标类别的技术（无监督特征工程，见 5.4.2 节）。对于 AFE，我将介绍卷积、遗传编程和一种名为 Featuretools 的流行 FE 工具。对于无监督 FE，我将简要介绍自动编码机。本章会让你对 FE 的当前研究趋势有初步的了解。

5.1 可变长度特征向量

很多问题涉及可变长度的原始数据，使用固定长度向量作为输入的 ML 算法很难使用这种数据。下面介绍的技术可以很容易地将原始数据表示为集合（见 5.1.1 节）、列表（见 5.1.2 节）、树（见 5.1.3 节）和图（见 5.1.4 节）。请注意，时间序列和流数据是可变长度原始数据的特殊情况。

5.1.1 集合

最简单的可变长度原始数据就是集合，其形式为没有顺序的多个元素。可能出现的元素服从一个先验分布（priori），但特定实例中元素的数量是未知的。我们将介绍以下技术：指示特征列表、相加和相乘、排序及列表。你还可以使用能接受集合特征作为输入的 ML 算法，如 RIPPER。

指示特征列表。最常用的集合编码形式是将其转换为集合中每个可能元素的指示特征列表，如果集合中有该元素，那么相应的指示特征就为真。这种方法只适合分类特征集，对于离散特征的集合不太可行。从某种意义上说，这种方法就相当于对初始类别的独热编码（见 3.1 节）做逻辑或（logical OR）操作。例如，一个包含 Red、Green、Blue、Yellow 的类别集合可以编码为 4 个特征<HasRed, HasGreen, HasBlue, HasYellow>，原始数据实例{Red, Yellow}可以编码为<true, false, true, false>，而{Red, Blue, Yellow}可以编码为<ture, true, true, false>。

相加和相乘。处理集合特征的另一种方法是使用相关操作把它们组合起来，然后交给 ML 模型整理出聚合信号。可以使用的操作包括相加、相乘和逻辑或。向量相加是表示词嵌入集合的一种常用方法，但有时也可以使用其他方法。8.8 节会给出一个例子。

排序及列表。另一种选择是对集合中的元素排序并得到一个列表，如基于流行度或者按字典顺序进行排列，然后使用 5.1.2 节中介绍的某种技术，如显式定位和数据截断。在测试时，必须使用训练时的排序规则，并且需要对未知数据的排序方法。在第 6 章的语义图案例研究中，就会使用这种方法来对相关性的值进行排序。这些值是按照该值在图中出现的频率来排序的，因为我们认为更容易出现的元素对于 ML 应该是更有价值的。完整的示例见 6.3 节。

5.1.2 列表

列表是有序的元素序列。列表的表示有两个问题：首先，序列中元素的长度可能不一致；其次还要注意，如果位置编码糟糕，内容上有轻微差别的列表可能会有截然不同的表示。可以认为这是精准定位的**干扰性变动**（nuisance variation）。尽管精准定位可能并不重要，但位置本身可能含有对任务有用的信息。精准定位的重要性要依具体任务而定，选择了正确的编码方式，就可以向 ML 发出一种信号，告诉它领域中有意义的位置差别的类型。

我们将介绍几种能解决可变长度问题的技术（如数据截断），以及几种解决干扰性变动的技术（如直方图和 *n*-gram）。你也可以使用 5.3 节中介绍的循环神经网络或者 5.4.1 节中介绍的卷积神经网络。

数据截断。这是一种将列表截断为固定长度的简单方法，这个长度应该大于绝大部分实例的长度，并用一个新引入的 NULL 值来补足少于这个长度的部分。如果元素位置有明确的意义，那么这种方法可以奏效。对语言则很难使用这种方法。例如，比较“cancel my account”和“please I would like you to cancel my account”这两个句子，前者可以变为 f_1 = cancel、f_2 = my、f_3 = account、

$f_4 = \cdots = f_9 =$ NULL，后者可以变为 $f_1 =$ please、$f_2 =$ I、$f_3 =$ would、……、$f_7 =$ cancel、$f_8 =$ my、$f_9 =$ account。重要信号（cancel）要通过特征 f_1 和 f_7 才能被 ML 算法使用，这就减弱了它的作用。不过，卷积神经网络可以通过共享神经连接（5.4.1 节）使用这种表示。你可以在开头或末尾截断数据，也可以从一个特定的标志开始（如第一个非停用词，见 8.5.1 节）。

固定区域直方图。你可以计算一个数据直方图（见 2.3.1 节），但会丢失顺序信息。不过，如果将列表分割为固定数目的区域（需要的话可以重叠），再在每个区域上计算直方图，就可以保留一些顺序信息。这样，ML 就可以知道某些元素出现在列表的前面、中间，还是后面。这种方法可以与完整直方图结合使用。这种对列表顺序表示信息的摘要方法可以推广到直方图以外的其他数据摘要类型，如均值或标准差（见 2.3 节）。

***n*-gram。**全局排序很难编码，但对于 ML 来说这并不是必要的。局部顺序关系可以编码为连续元素的 *n* 元组，称为 *n*-gram。例如，一对连续项目称为二元词（二阶 *n*-gram）。*n*-gram 是一个元组，表示列表上一个固定长度（*n*）的窗口。*n*-gram 可以使用特殊值（如 NULL）填充，这里列表开头和末尾都可以包含 *n*-gram。这种方法可以使不同特征的数目大大增加。对于阶数超过 3 或 4 的 *n*-gram，如果元素数量和数据规模比较大，就像在自然语言处理（NLP）中那样，那特征数目就会变得无比巨大。这种方法可以使用哈希技术（见 4.3.1 节）来管理。看一下表 5-1 的第二行，它给出了一个例子。最终的 *n*-gram 集合可以提供给使用了任意一种集合编码技术的 ML 算法。*n*-gram 技术可以在文本领域之外使用，只要原始数据序列中的项目是离散或分类的即可。在各种社区中，*n*-gram 也称为“窗口”“模体”“滑动窗口”“指纹”“模式片段”和“探测器”。第 8 章的案例研究会给出一个使用二元词的完整 ML 系统，以及一种适用的误差分析（见 8.6 节）。

表 5-1　二元词与至多 3 个单词的跳跃二元词

原始句子	The dog eats the bone.
二元词	the-dog, dog-eats, eats-the, the-bone
长度为 3 的跳跃二元词	the-dog, the-eats, the-the, dog-eats, dog-the, dog-bone, eats-the, eats-bone, the-bone

跳跃 *n*-gram。定长的 *n*-gram 也容易出现干扰性变动，这是有散布的无关项目造成的（如文本中的副词或形容词）。比如，比较“cancel the account”和“cancel that awful account”。减轻这种干扰性变动的一种方案是生成可以跳过项目的 *n*-gram。跳跃二元词也称为“*k* 间隔对”。这样肯定会生成比原始列表中单词数量还多的跳跃 *n*-gram。表 5-1 给出了一个例子。这种技术可以与特征哈希化（见 4.3.1 节）组合使用，来限制生成的特征数量或激进的特征选择数量（见 4.1 节），将这些数量降低到可管理的范围之内。8.7 节中的案例研究会给出一个使用这种技术的完整例子。

举一个组合了多种技术的例子。在 Keywords4Bytecodes 项目中，我的目标是根据 Java 方法的编译代码识别出它的名称。为了进行学习，我将方法的字节码直方图（250 个特征）与包括了前 30 个操作码（30 个操作码是方法长度的中位数）的截断列表组合起来。这样，ML 就可以获得特定的排序信息（如果需要）或者值的完整分布。

通用模式。跳跃 *n*-gram 是列表上的一种特殊模式。把这个概念推广一下，就可以在原始数据列表上使用现有的模式归纳算法，将其表示为模式匹配的直方图或者模式匹配的位置。也可以先将列表分段，每段生成一个直方图，从而将这两种方法结合起来，包括使用一个滑动窗口。有很多有效的方法可以挖掘文献中的“最大化”模式（即不包含其他有意义的子模式的模式）。有意义的模式出现在最小数量的序列中（模式的支持序列），或者可以在目标变量的类别之间进行有意义的区分（也称为对比模式或 shapelet）。请注意，原始数据上的模式概念可以推广到可变长度原始数据之外，应用于任意特征向量。

5.1.3 树

树的表示甚至比列表还要复杂，因为树中包含父子节点之间的关系。如果树的同级节点之间有明确的顺序关系，就可以将树线性化，例如，使用深度优先的遍历方法，这样就可以得到一个列表，然后再使用前面讨论过的用于列表的技术对得到的列表进行编码。如果树的表示方法不能很容易地线性化，就可以使用以下两种技术：(1) 对特定的父子节点进行编码的技术；(2) 使用结构化的 SVM 方法。

计算一棵最一般的树。你可以找出训练数据中的所有树，再将它们统一起来（见图 5-1）。如果一棵树包含 10 条标记为 relative 的边和 1 条标记为 age 的边，没有 name 边，在将其与一棵包含 9 条 relative 边、1 条 name 边、无 age 边的最普遍树进行统一时，就会产生一棵新的最一般树，它含有 10 条 relative 边、1 条 name 边和 1 条 age 边。对最一般树进行广度优先遍历可以生成该树的一个固定位置编码，这样就可以得到训练数据的一个定位模型。然后，你可以将每个位置编码为实例向量中的固定坐标。有未知边或者某个名称对应太多边的树将被截断。最一般树对干扰性变动不敏感，但扩展性比较差。举个例子，一个特定的特征，如是否在上高中，对于家中的两个孩子来说是完全不同的两个特征。如果对于 ML 的一个重要信号是有一个（任意一个）孩子在上高中，这个信号就是非常不完整的。在我的博士论文中，使用了最一般树作为用于知识图谱的各种定制技术的比较基础。

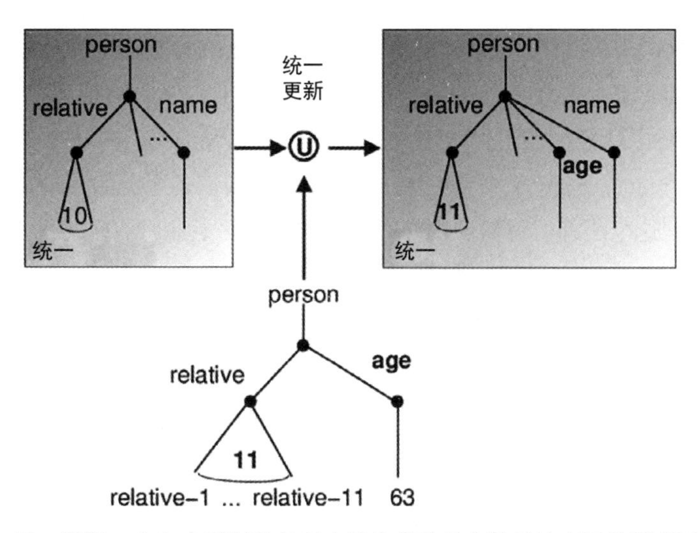

图 5-1 最一般树。它包含了每种关系中能发现的最大数量边表示的所有可能联系

父子节点对。为了避免最一般树方法中的干扰性变动问题，我们可以按照在 *n*-gram 中使用过的方法，将所有父子节点关系编码为节点对（见图 5-2）。可以将得到的节点对集合提供给使用了任意集合编码技术的 ML 算法。更长的关系也可以编码，但不常见。文本领域（见第 8 章）经常使用这种技术，尤其是在编码句法解析特征时。

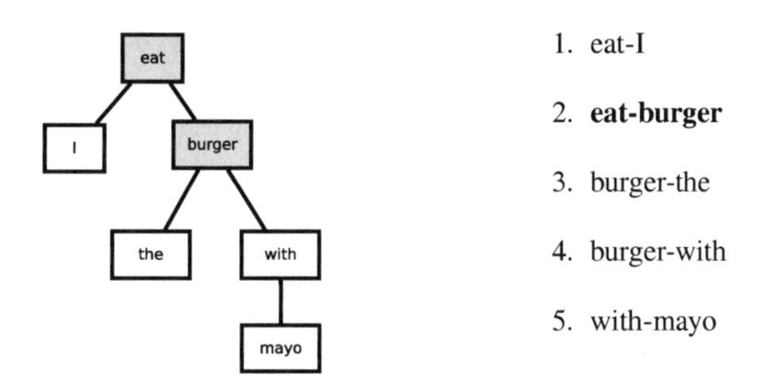

图 5-2 句子“I eat the burger with mayo”的父子节点对编码示例。高亮的节点对 eat-burger 是要执行的主要动作

通常情况下，可以通过一组特征探测器来运行树，对其进行转换，这些探测器可以发现特定的子树。这种方法在一些领域中很有用，如信息抽取系统中的文本分类（特定结构的句子可能值得进一步的分析），或者基因组学，其中的 DNA 结构就是使用树邻接语法成功分析的。请注意，在一般情况下，节点可以包括各种各样的信息（单词、词元、演讲片段，等等）。这样，父子节点对可以是一对父节点特征或子节点特征。在确定要使用节点中的哪些信息时，要使用大量领域知识和直觉，否则特征空间就会快速膨胀。

shift-reduce 操作。另一种可能性是将树编码为一个 shift-reduce 操作列表，以此来解析（或生成）树。shift-reduce 是一种使用栈的解析技术（也称为 LALR(1)解析）。要构建的节点可以放入栈中（shift），也可以从栈中取出，用于构建一个子树（reduce）。图 5-3 给出了一个例子。从 FE 的角度看，shift-reduce 编码将树转换为一个基于精简词汇表之上的序列。然后，你可以使用序列建模方法来处理这个序列。对树使用序列到序列的方法是非常有优势的，与 DL 方法一起应用得非常广泛。

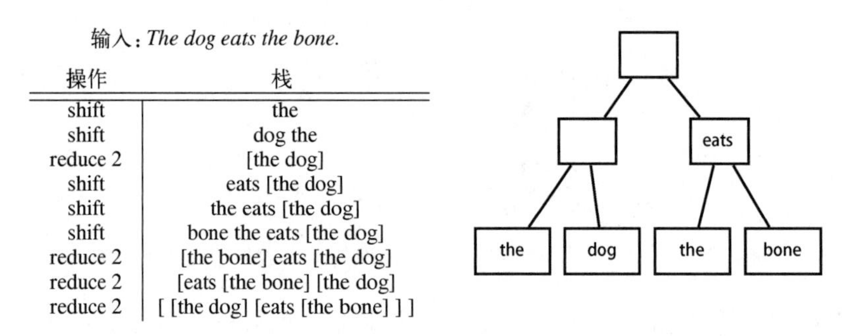
输入：*The dog eats the bone.*

操作	栈
shift	the
shift	dog the
reduce 2	[the dog]
shift	eats [the dog]
shift	the eats [the dog]
shift	bone the eats [the dog]
reduce 2	[the bone] eats [the dog]
reduce 2	[eats [the bone] [the dog]
reduce 2	[[the dog] [eats [the bone]]]

图 5-3　父子节点对示例

5.1.4　图

最常见的可变长度原始数据是图，也就是一组彼此有任意联系的对象集合。图通常很难编码和处理，其中的局部关系则可以像树和列表一样编码：对一组成对节点或一组三元组（源节点、关系、目标节点）进行编码，或者使用特殊的 ML 技术，如用于图的核方法。第 6 章中的案例研究按照相对于选定节点的路径对图进行编码。

MST，然后按树进行处理。如果有一个特别的元素可以被认为是图的“根”，而且图只有一个连通分量，就能以这个“根”为中心，使用深度优先或广度优先搜索，运行图的生成树方法。对生成的树，可以使用前面介绍过的用于处理树的技术。如果没有“根”，你可以为每个连通分量获得一棵树，再按照某种规则（如树的大小）把这些树联合起来。

复习一下，生成树是使用连通图的边建立的一棵树。因为它是一棵树，所以如果有 n 个节点，生成树方法会选择这些节点上的 $n-1$ 条边，使得所有节点都是可达的，而且没有环。如果边上有与之相关的成本，就可以找到一棵成本最小的树（称为最小生成树，即 MST）。一个特别的元素会变成树的根节点。一种基于动态规划的有效算法可以根据图来建立 MST。

嵌入。与使用线性上下文来生成对 4.3.7 节中元素（单词）的表示一样，也可以在图上使用随机游走方法。有趣的是，这种表示等价于对图的矩阵表示的一种特殊分解。这种关系与第 4 章中讨论的 Word2Vec 和 GloVe 嵌入很相似。这种分解方法有容易集成额外信息的优势。

5.1.5　时间序列

本节和第 7 章的后半部分将介绍时间序列，以建立起 ML 与统计技术之间的联系。很多与 FE 相关的知识来自于统计学家的工作，所以有必要学习一下统计学，尽管统计学家看待 ML 问题的方式与我们有很大不同。

时间序列分析（time series analysis，TSA）与其他统计分析不同，因为要明确地识别观测**顺序**。这些问题在很久以前已经使用数学模型解决了，这意味着其中的数学知识有一些困难，但多数最终算法非常简单，甚至可以手动执行。

我们可以使用 TSA 对事件进行描述、预报、假设检验和评估效果。描述一个时间序列就是捕获该序列的主要特性，如冬季销量大、夏季销量小的季节性效果或某种向上的趋势。预报是指对未来的结果进行预测，它在销售、经济和工业 TSA 中非常重要。假设检验通常着眼于输入和输出的关系。最后，评估一个事件的效果需要理解历史效果，即对过去进行解释并预测未来类似事件的效果。

TSA 是统计学中最古老的问题之一，最早用于跟踪天体位置。时间序列被定义为“一个按照时间顺序得到的观测集合”。一般来说，统计学关心的是对独立观测的随机抽样，TSA 的特殊性在于其中的连续观测不是独立的，而且需要考虑观测的时间顺序。正因为如此，我们才能根据过去的值预测未来的值。因为 TSA 出现在计算机之前，所以很多模型是通过数学理论处理的（也就是“将大量理论用在少量数据上”），其中多数为线性模型。TSA 对于 FE 的意义不仅在于时间戳数据，它还可以用于普遍意义上的序列。这种理论处理的序列一般带有一个隐含索引变量。这个变量按照时间进行取值，但也可以用于其他形式的索引变量，比如飞机的位移。

一种简单的模型称为**误差模型**（error model），它将数据建模为一种添加了白噪声、具有确定性的简单信号（以低次多项式表示）。过去，这种模型在天文学中用于解释行星随时间的位置变化：$X_t = f(t) + Z_t$。测量误差 Z_t（由简略的设备、天气、人为误差导致）可以通过独立同分布的随机变量很好地建模，这个随机变量是零均值、固定方差和零自相关的。这种单方程模型会导致不一致的估计，当存在从输出到输入的反馈时，不同的数据子集也会生成不同的估计结果。

下面将介绍几种关键的概念和模型，包括稳定性、自相关、趋势和周期，以及最后的 ARIMA 及相关模型。

1. 自相关

请记住，**协方差**（covariance）是两个随机变量之间线性相关性的测量方式，定义为：

$$\mathrm{Cov}(X, Y) = E\left[(X - \mu_X)(Y - \mu_Y)\right]$$

如果两个变量是独立的，那么协方差为 0；如果不是独立的，那么通过协方差可以知道，当一个变量增大时另一个变量是否也随之增大，但变化的数量级是不稳定的（取决于随机变量的实际值）。你还可以用协方差除以它们的标准差，得到**相关系数**（correlation coefficient）。

对于 TSA，这两个变量就是有延迟的同一变量。因此，自相关系数测量的就是相隔一定时间距离（**延迟**）的两个实例之间的相关性。它提供了对生成时间序列数据的概率模型的深刻理解，其形状可以表明时间序列的本质。

需要注意的是，很多过程具有同样的自相关，这意味着有很多错误的相关性：如果两个不相关的变量 Y_t 和 X_t 的自相关参数非常相似，那么即使 X_t 没有解释能力，普通回归也会表示出很强的相关性；如果 X_t 和 Y_t 都按照一个固定的总体水平进行变动，那么回归就会错误地表示出很强的相关性。从 FE 的角度看，如果一个不相关特征的成长过程与目标变量很相似，那么它就会得到一个非常高的特征效用分数，即使这两个变量是不相关的。因此，它对于 ML 算法是没有意义的。

2. 趋势、周期和季节性成分

在 TSA 中，假设数据是以下四种子过程的组合。

(1) **趋势**：一种随着时间推移的持续变动（持续时间比周期更长），是一种长期的变动。如果观测时间比周期短，就无法区分非常长的周期和趋势。
(2) **周期**：准周期性的波动（交替膨胀和收缩）。对于分析，周期经常与趋势组合在一起。不要与傅里叶分析中的正弦基和余弦基混淆。
(3) **季节性成分**：由于气候或制度而造成的每周、每月或每季度的规律性变动。
(4) **不规律成分**：稳定随机出现的无法预知的事件。如果是纯随机的，就没有自相关过程。

趋势、周期和季节性成分都假定遵循系统化的模式（它们是过程的信号）。去除趋势和季节性成分之后，剩余成分可能不是纯粹随机的，可以使用 TSA 模型来建模。

3. 稳定性

要使用 TSA 方法，对于时间序列有一些严格的要求，它们必须满足某些统计假设。在 ML

中，常见的做法是在可用数据上对这些假设进行实证检验。但这对于 TSA 方法行不通，因为它们只适用于稳定的数据（稍后给出定义）。你需要先检验稳定性，并转换数据以保证稳定性。

什么是稳定性。稳定的时间序列是均值没有系统性变动（没有趋势）、方差也没有系统性变动（没有严格的阶段性变动）的序列。稳定性意味着分布在 n 个样本上是稳定的，不管这 n 个样本来自于哪个序列。**稳定性不是指所有值都一样，只是指它们的分布一样。**这个要求太严格了，一般来说，只要求“广义上的稳定性”或者“二阶稳定性”（即序列值的差是稳定的）。我们为什么要关心稳定性呢？如果没有稳定性，过程中就会有趋势，如一个连续增长的趋势。这种递增是一个强烈的信号，会主导结果。它们的指示性统计量也是如此，如均值和方差。如果方法拟合的是假定具有稳定性的数据，那么就总是会低估带有递增趋势的不稳定数据，所以必须通过去除趋势将初始的时间序列转换为稳定的序列。

稳定性检验。有两种方法可以检查稳定性。第一种是视觉查看技术，通过绘制出移动平均数或移动方差，看它们是否随着时间变化。第二种是统计检验，如增广的 Dickey Fuller 稳定性检验（ADF）。如果该检验拒绝了零假设，就说明 TSA 是稳定的，可以使用 5.1.5 节中介绍的模型进行建模。这种检验是对变量延迟序列一阶差分的回归，再加上在延迟长度范围内使用最小化 AIC 选择出来的一阶差分的附加延迟（4.1.3 节中有对 AIC 的讨论）。

获得稳定性。趋势的估计和消除非常简单：只需使用数据训练一个回归器，再用数据减去它的预测结果，并使用剩下的残差作为时间序列建模的信号即可。当然，如果回归器的解释性非常好，会消除一些你想用来建模的 TS 信号，因此应该选择简单的线性拟合或多项式拟合。至今为止最常见的趋势就是指数规律，所以，要筛选趋势，你可以对信号取对数（如果有负数，可以取三次方根）。不管使用哪种回归，都要保证它在预测时是可逆的，因为我们最感兴趣的肯定是预测信号的值，而不是它的残差。

其他技术包括聚合（计算一个时间阶段的平均数）和差分（计算特定延迟下的差分，直至时间序列变得稳定）。差分在预测时使用的是累积总和。最后，还有一些对趋势和季节性成分建模的分解技术，但这里不再介绍，因为它们很难用于预测。需要重视的是，如果对本身不存在趋势的序列去除趋势，会破坏这个序列。图形化的检查是发现趋势最好的方法。

4. 时间序列建模：ARIMA

下面介绍自回归（AR）和移动平均（MA）方法，这两种方法催生了 ARIMA，在第 7 章的案例研究中，我们给出了一个例子。所有这些模型都是参数化的，只需几个参数就能描述它们。这些参数对于我们也很重要，因为它们要被用作特征。

自回归。自回归模型是在 1921 年提出的，如果你认为时间序列依赖于它最近的过去再加上一个随机误差，就可以使用这种模型。AR 的正式定义是，p 阶自回归 AR(p)中的 X_t 可以表示为 X_t 的 p 个过去值的线性组合再加上一个完全随机的 Z_t：$X_t = \alpha_1 X_{t-1} + \cdots + \alpha_p X_{t-p} + Z_t$。

自回归过程捕获了“自然增长”过程。例如，如果你的产品质量很好，当前顾客就会带来新的顾客，而你的销售情况就类似于一个 AR 过程。所有计算机科学家都熟悉的斐波那契数列就是一个 AR(2)过程。斐波那契数列的稳定性表现在，无论你在数列的哪个位置取连续的两个值作为 $F(0)$和 $F(1)$，都可以满足 $F(2) = F(0) + F(1)$。斐波那契数列描述了很多过程的本质，但如果你的信号中除了斐波那契数列之外还有一些别的东西（称为**残差**），该怎么办呢？你可以使用 ML 对残差建模。使用现有数据学习斐波那契数列是对数据的浪费，这就是要消除趋势的原因。请注意，AR 模型是一种单层线性预测器，相比之下，RNN（见 5.3 节）是非线性的。

移动平均。如果 AR 过程建模了自然增长，那么 MA 过程就建模了误差的波动效果，即能改变附近时间局部性但没有持续效果的事件。MA 的正式定义是，在 q 阶移动平均 $MA(q)$中，$X_t = \beta_0 Z_t + \beta_1 Z_{t-1} + \cdots + \beta_q Z_{t-q}$。请注意，当$|t_1 - t_2| > q$ 时，X_{t1} 和 X_{t2}之间的相关性是 0。这对它们的视觉识别非常重要，因为延迟 q 之外的自相关会是 0。如果你的产品质量很差，而你又发起了一轮广告宣传，那么销售额会增加并保持一个很短的时期，直至广告效果随着时间的推移完全消失。

ARIMA。ARIMA(p, q)是 AR 和 MA 的组合：$X_t = \alpha_1 X_{t-1} + \cdots + \alpha_p X_{t-p} + Z_t + \beta_1 Z_{t-1} + \cdots + \beta_q Z_{t-q}$。它是 AR 加上一个 MA，这个 MA 是最后 q 个误差的线性组合。如果再加上一个 d 阶差分，就得到了 ARIMA(p, d, q)。

5.2 基于实例的特征工程

本书自始至终都在研究能用于单个特征或成组特征的技术。为了搜寻集成了领域知识的更好的表示方法作为 ML 系统的输入，我们还可以对 ML 操作的实例（instance）进行修改。这种高级技术包括可以把特征簇表示为单一实例的特殊归一化方法和实例加权技术。更有趣的是，我们还可以将问题转换为另一个相关的问题，并根据它理解和回答原来的问题。以生成合成数据为目标的技术也大致可以归为这个类别，我们随后会对其进行简单介绍。

实例选择。与特征选择一样，你也可以基于一定的规则对现有实例进行选择和整理，例如当你觉得某一组实例被过度表示了的时候。这是向问题中加入领域知识的另一种途径。在处理稀有类时，可以使用一种对稀有类进行上采样、对其他类进行下采样的技术。即使你没有相关的领域知识，也能知道数据的偏差太大，应该使用一种适合处理信息不足的先验数据的系统。能达成这一目的的方法是对数据进行聚类，并使用相同数量的典型元素来替代每个实例簇（也可以修改ML算法的内部操作，如将朴素贝叶斯的先验概率重置为均匀分布）。

实例加权。另一种不那么极端的偏差数据处理方法是按照某种规则对不同的实例进行加权。如果已经对数据进行了聚类，就可以对每个实例进行加权，使得所有簇有同样的总权重，比较柔和地去除数据中的偏差。你也可以根据在另一个数据集上训练的分类器的误差来对数据进行加权，而这个数据集由应该得到特别关注的误分类实例组成。这种方法因为元学习技术的爆发而得到了广泛应用。最后，我们的数据经常来自不同的数据源，使用不同的标注方法。如果你知道某些实例中的错误更少，或者有质量更好的标记（如经过多次标注的标签，或者经过专家校正之后的人工标注），就可以在这些高质量的实例上添加更多权重。不管你使用何种加权模式，很多算法使用显式的实例加权输入参数。另外，你可以重复使用高权重的实例，不过这有可能破坏ML算法的基本统计期望。9.4节讨论了重复使用实例的负面效果。

对数据子集进行归一化。第2章介绍的技术可以不同时应用在所有实例上，而是应用于一个实例子集，如所有在某一特征上有相同值或相同取值范围的实例（如购买日期、顾客等）。在实例是局部相关或者是从实例数据之外的一个基本对象衍生出来的时候，这种方法尤其有优势。举例来说，在一项希望顾客行为可以预测购买决策的任务中，很多实例是从同一会话中生成的，对每个会话进行归一化可以使会话特有的特征变得平滑，从而提高数据质量。请注意，会话ID会成为一个信息量非常少的特征，所以你可能需要回到原始数据源中得到它。

看一个更复杂的例子。在DeepQA问答系统中，我们有：(1)初始问题（例如，“哪个北美城市的最大机场是以第二次世界大战中的英雄命名的？”）；(2)潜在回答（例如，“多伦多”）；(3)一篇能够找到答案的支持短文（例如，“北美有最大机场的几个城市：纽约、波士顿、多伦多、洛杉矶”）；(4)目标类别为答案是否正确（例如，“错”）。特征就是支持短文与问题之间的加权单词重叠。不过，更长的问题会有更多的重叠，因为它们有更多单词可以匹配。在这个例子中，使用初始问题分数对重叠分数进行归一化就可以用一种正确的方式使用重叠特征。

合成数据。如果领域中能进行一定程度的推断，你就可以基于不会改变目标类别的变动来修改实例，通过合成实例将这种领域知识传达出来。例如，你可以假定一个顾客之所以做出购买行为是因为在失去购买兴趣之前又看到了另一个随机商品，也可以让众包工人编写用于分类的标注文本的解释。这些都是计算机视觉（CV）领域中的标准做法，因为颠倒的长颈鹿依然是长颈鹿，尽管人们看不习惯。通过CV技术，第9章使用卫星图像来预测一个城市的人口，并找到一个在旋转和缩放时非常脆弱的基准模型。使用来自仿射变换的变动来加强数据集，可以使基准模型的性能得到提升（不过基准模型被实例加权问题主导了）。9.4 节会给出一个完整的例子。

你也可以训练一个基础 ML 系统，生成随机的合成实例，并通过基础分类器对其进行标记，就像 DECORATE 算法那样。

衍生实例。你还可以使用实例解决一个截然不同的问题，从得到的另一个分类器中得到初始问题的答案。例如，对排序学习问题（learning-to-rank），通常的做法是将它的前 N 个实例替换为 $N(N-1)/2$ 个差异实例，组织一场实例的“全循环比赛”。这个问题的目标类别是，在计算差异时第一个实例的排名是否高于第二个实例。基本上，就是将所有实例替换为成对实例，将问题转换为“实例一是否好于实例二”。这使得特征有更好的归一化值，如果不是所有初始实例都可以成对比较，那么效果尤其显著。

5.3 深度学习与特征工程

神经网络（neural network，NN）是一种受生物学启发的计算模型，起源于 20 世纪 40 年代，比现在所有 CPU 中使用的冯·诺依曼结构还早两年。在神经网络中，计算被划分到多个“神经元”中。这是一种计算单位，每个神经元都有同样的计算功能：接受上一层神经元的计算结果，相加后再使用一个**激活函数**（activation function）。激活函数可以添加一种非线性。然后，结果被传递给下一层。神经网络也可以使用循环结构。

神经网络的主要优势在于有一个高效的训练算法，称为**误差的后向传播**（backpropagation of errors）。给定一个作为输入的训练集、一些预期的输出、一个误差度量和一个特定的权重参数配置，就可以对网络进行评价，并计算出对于误差的梯度。然后，可以使用这个梯度修改权重。这种**梯度下降**（gradient descent）方法可以用来训练神经网络。在实际工作中，不仅是完全连通的前馈网络可以使用这种技术进行训练，如果神经元图是可导的或接近可导的，其权重也可以这样训练。

深度学习（DL）是一系列技术的总称，用来训练带有后向传播的深度（有多个隐藏层）神经网络。它是在 2005 年左右被引入的，我认为 DL 重新定义了 ML 这个名词，就像 ML 重新定义了 AI 的意义一样。

我们取得了很多进展，包括：更好的激活函数［修正线性单元（ReLU），即 $\mathrm{relu}(x)=\max(x,0)$。它是一个线性单元，但在 0 处是非线性的］；更好的初始化权重（传统的权重初始化表现出比数据变动更强的可变性，而初始化过程主导了训练结果）；更好的训练安排（小批次，可以在数量很少的训练实例上更新权重）；更好的目标函数（softmax 层，这是一个可以微分的层。它可以学习出一种激活函数模式，使得只有一个神经元是活跃的，即最大的神经元，而其他神经元都尽可能接近于 0。这是一个可微、“软性”的最大化函数）。

尽管在研究领域取得了显著成功，以及有前沿研究团队支持的成果，DL 技术还有很多实际问题需要解决。正如 Mirella Lapata 在 2017 年国际计算语言学协会上的主题演讲中所说的，有很多有趣的问题，不能像现在的 DL 算法一样靠累积大量训练数据来解决。为了支持这个说法，她使用了来自字幕的电影情节摘要作为例子，并指出永远不会有足够的电影来训练出一个高质量的序列对序列（sequence-to-sequence）模型。地球上人类定居点的数目也是同样的情况，第二部分的案例研究中会使用这个例子。

DL 提供了一种免除特征工程的可能性，不使用煞费苦心的特征改善过程，但代价是需要大量的训练数据。DL 可以给 FE 带来很多激动人心的新思路，本节会加以介绍。我认为 DL 可以提供预计算的特征提取器，在数据上共享和调优（转换学习）。从预训练的可用网络中得到的特征可能非常难以理解，但与从其他晦涩的技术（如数据降维，见 4.3.3 节）中得到的特征没有什么区别。不是所有的问题都可以通过参数调优来解决，例如在普通图像上训练出来的网络就很难处理医学图像。能从 DL 中受益的算法也更有限，因为会有非常密集的特征。对于这种特征化，NN 是个显而易见的选择。

在对可变长度特征的原始数据建模时，神经网络的一种特殊子类型取得了显著的进步，这就是深度学习循环神经网络的应用，比如长短期记忆（LSTM）网络和门控循环单元（GRU），所以我们将在本节中对其进行详细介绍。

DL 背后的关键概念是表示学习（但不是所有的表示学习方法都是 DL，比如第 4 章中的 GloVe 方法，见 4.3.7 节）。根据原始数据，DL 要以神经网络层的形式训练一个特征提取器。这种模型可以在层到层（layer-by-layer）的基础（如“融合模型”）上学习出来。更早的层可以在相关任务上通过大型数据集训练出来，然后由社区共享并复用（如 AlexNet、VGG 和 Word2Vec 嵌入）。在某种程度上，这种预训练层提出了一个问题：它们是特征还是模型？

用于 DL 的 FE 是怎样的呢？很多 DL 中的技术会执行 FE，有些 FE 技术也对 DL 有所帮助，如可计算特征，特别是比值，正如我们在表 3-1 中所看到的。归一化特征也很重要，还有将特征表示为神经网络能够处理的形式（例如独热编码或嵌入）。神经网络也可以使用嵌入式特征选择，现在 DL 中的神经网络是使用**丢弃**（dropout）方法来训练的，这种方法将每个训练步骤中的一部分连接硬性设定为 0，[①]以使每个步骤中都有不同的连接是激活的，这也是一种正则化的方式。

---

① 这是一种过度简化，详细信息见 Goodfellow、Bengio 和 Courville 的《深度学习》。

最后，在 DL 中也可以使用 FE 加入领域知识，不过这是通过仔细设计一种能反映领域认知的神经结构而实现的（参见论文“Semantically conditioned LSTM-based natural language generation for spoken dialogue systems”中关于对话行为单元的简介，里面有一个例子）。如何有效地设计深度神经网络的结构来反映领域知识是一个非常活跃的研究领域，相比之下，FE 是个历史更加悠久的领域。

RNN

循环神经网络（recurrent neural network，RNN）是一种可以将输出反馈回网络的神经网络，它集成了时间概念。RNN 可以通过“展开”网络的方式，在一种称为随时间反向传播（backpropagation through time，BPTT）的过程中进行训练。在 BPTT 中，可以认为 $t-1$ 时刻的网络是在 t 时刻之前运行的一个独立网络。在更新权重时，需要小心确保所有权重是同时更新的，因为它们都是同一网络的权重（即所谓的**绑定权重**）。传统上，它们都有梯度消失（vanishing gradient）的问题，在时间上与输出相距太远的输入对学习过程的影响微乎其微。

深度学习 RNN。要解决梯度消失问题，可以将循环限制在一个神经元的复杂集合之中。这个集合可以保留一小部分局部记忆，并将其作为输出传递出去，以便下一次复用。神经元集合可以在这种记忆中操作：或访问它的一部分（乘以一个软位掩码），或删除它（应用一个软位掩码之后再相减），或更新它（应用一个软位掩码后再相加）。基于这种思想，可以使用两种这样的单元：较为简单的 GRU，以及复杂一些的 LSTM。我们简单介绍一下 GRU，因为它更容易解释。

GRU。GRU（见图 5-4）通过参数 x_t 在时刻 t 接受输入，来自上一次迭代的记忆是 h_{t-1}。时刻 t 的输出 h_t 是 h_{t-1} 和更新版本 $\tilde{h}_t$（图中的 hh_t）之间的加权平均。这个加权平均是由 z_t 控制的。z_t 是调零掩码，从 h_{t-1} 和带有权重 W_z 的 x_t 训练得到。更新版本 $\tilde{h}_t$ 来自重置掩码 r_t，从 h_{t-1} 和带有权重 W_r 的 x_t 训练得到。最后，$\tilde{h}_t$ 是从 r_t、h_{t-1} 和带有权重 W 的 x_t 训练得到的。这个过程的优点在于，权重矩阵 W_z、W_r 和 W 都是使用 BPTT 从数据中学习出来的。从 FE 的角度来说，LSTM 和 GRU 带来了一种对序列进行编码的可能性，这种编码比基于单独项目表示的相关操作更有价值（如嵌入的平均数或独热编码的逻辑或）。DL RNN 的真正价值体现在当训练一个从原始数据到标签（甚至是到第二个序列，即在训练序列到序列模型的时候）的完整端到端 ML 系统的时候。不过，也可以引入一个辅助任务并训练 DL RNN 来完成这一任务：通过它运行序列并使用最终记忆（GRU 中的 h_t）作为该序列的一个特征向量表示。这个特征向量表示可以与其他特征组合，与顺序原始数据隔离开。

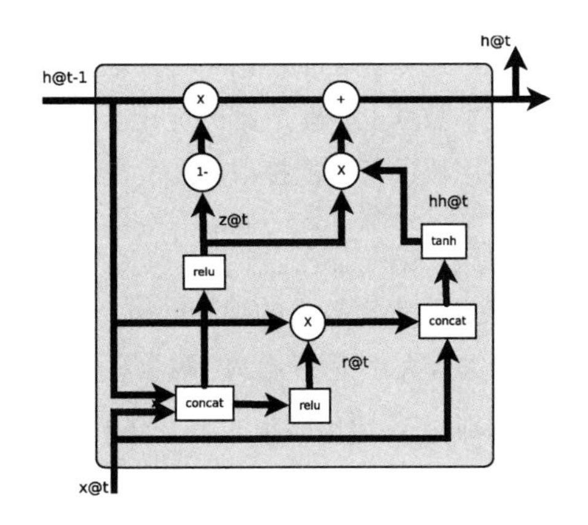

$$
\begin{aligned}
z_t &= \mathrm{relu}\left(W_z \cdot \left[h_{t-1}, x_t\right]\right) \\
r_t &= \mathrm{relu}\left(W_r \cdot \left[h_{t-1}, x_t\right]\right) \\
hh_t &= \tanh\left(W \cdot \left[r_t * h_{t-1}, x_t\right]\right) \\
h_t &= (1 - z_t) * h_{t-1} + z_t * hh_t
\end{aligned}
$$

图 5-4 GRU

计算模式。随时间反向传播中的训练会计算出一个权重更新，并且只使用一次，通常是作为更新的平均数。所有更新都绑定到同一权重。梯度下降、权重绑定和松散可微的更新定义了一种计算模式。如果从输入到输出的路径是松散可微的，那么任意单元的图都可以被训练出来。这种图在一些 NN 框架（如 TensorFlow）中有时候是显式的，这种新模式中的编程采用主方程或流程图的形式。这开启了计算的新时代。在当前的 FE 中，像 TensorFlow 这样的框架可以被很好地用作 FE（与 DL 独立）的领域特定语言。这是一种值得深入研究的思路。

5.4 自动特征工程

本节将介绍以 FE 过程自动化为目标的技术，它们基于训练数据上的自动特征工程（AFE，见 5.4.1 节）和关于数据的假设（见 5.4.2 节）。

5.4.1 特征学习

使用足够多的训练素材就可以对大量原始数据进行分析，并合成用于系统其余部分的可计算特征。可以说，你描绘出了可计算特征的轮廓，而具体的细节则是数据添加上去的。接下来，我们将研究这种方法的三个例子：一个使用卷积神经网络，一个使用 Featuretools（这是一种数据科学机器系统，作为自动的机器学习方法），另一个使用遗传编程。请注意，一般可以认为 DL 是特征学习。我选择单独介绍 DL 是为了讨论其中除特征学习之外的其他主题。

1. 卷积神经网络

卷积神经网络在特征空间的一个区域上（如图像中的一段）使用一个筛选器（称为**卷积核**，convolution kernel）。这个筛选器有固定的大小，可以把特征（像素）映射到一个更小的维度上，比如乘以像素的值并使用一个像 ReLU 一样的非线性函数。这种方法中的核是图像处理中的一种传统特征提取方法。基于转换模型，它们近期在文本数据上也有广泛的应用。例如，可以编写一个核来检测后跟一条蓝色横线的红色竖线。可以使用核进行特征提取：当核在原始输入数据上滑动时，将输入特征转换为核的输出。

使用卷积神经网络可以训练出这种核，将其实现为绑定权重的神经网络，需要的参数更少。图 5-5 展示了一个一维卷积，序列的前 4 个元素被馈入大小为 3 × 2 的两个卷积核。进入第二个卷积单元的权重用浅色线表示。可以看出，s_2 连接到 c_{21}，使用的是与 s_1 连接到 c_{11} 同样的黑色实线：第一个卷积的第一个元素是 s_1，第二个卷积将序列平移一个元素，它的第一个元素是 s_2。

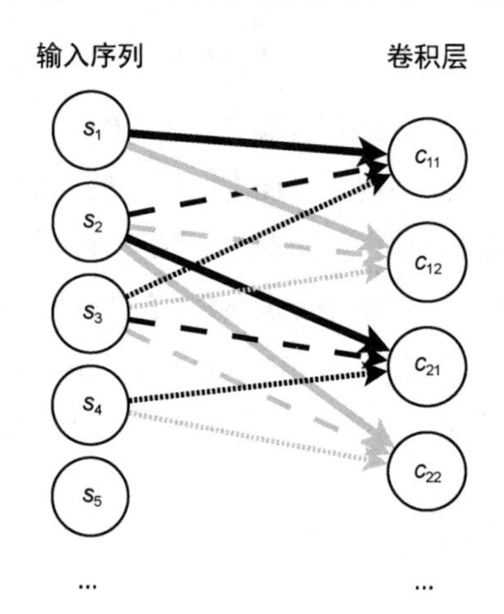

图 5-5 带有 3 × 2 核的一维卷积。输入序列中的三个元素变成了卷积层中的两个神经元。用相同颜色或线型表示的权重是一样的（共享权重）

2. Featuretools

Featuretools 是由 James Max Kanter 主导开发的，用他自己的话来说：

> 对于机器学习领域的新人，我给出的核心建议就是，不要纠结于各种不同的机器学习技术，而是要(1)将更多时间花在将问题转换为机器能够理解的术语上，以及(2)思考如何进行特征工程以使机器学习使用正确的变量。

他们开发了数据科学机（DSM），可以根据原始数据使用一个具有如下两阶段过程的导出模型：(1) 深度特征合成，即按照基数据库中行的关系从关系数据生成特征，然后应用数学操作；(2) 使用高斯连接函数调优的可扩展学习流水线。

这种 DSM 非常简单明了，可以进行数据处理［移除空值（见 3.2 节），独热编码（见 3.1 节），归一化（见 2.1 节）]、特征选择和数据降维 [截断 SVD（见 4.3.3 节），然后使用目标类别的 F_1 分数进行特征选择（见 4.1.1 节）] 以及建模 [随机森林（见 4.2.3 节），带有聚类的随机森林，其中先使用 k 均值进行聚类（见 2.2.1 节），再在每个簇上训练一个随机森林并在上面使用一个簇分类器]。

他们重点关注关系数据。这些数据通过一个系统捕获人类之间的交互，并使用这个系统和数据预测人类的行为。根据他们的观点，与文本、图像和信号相关的领域可以完全自动化地解决 FE 问题，而与人类行为相关的数据则不行。我非常认同这种观点，我认为人类行为数据和很多其他领域仍然需要定制化的 FE。本书第二部分提供的案例研究有助于更好地理解这些领域，你可以从中学习并将所学知识应用到新的领域。另一种深刻的见解是，常见的数据问题（如“这个顾客最后一次订购昂贵商品是在什么时候？”）确实可以导致能生成特征的数据查询。他们的算法力图近似这个过程。

DSM 的输入具有 SQL 数据库的形式。它们基于深度的特征合成使用来自于基础字段的深度，与 DL 无关。它有三种类型的操作：实体层次（efeat）、直接层次（dfeat）和关系层次（rfeat）。efeat 操作是表中一个单行上的可计算特征。dfeat 操作应用于两行之间的前向（一对多）关系，其中（唯一）的源生成会被转换为连接的特征。dfeat 之所以称为直接层次，是因为源中的 efeat 是直接复制到目标中去的。最后，rfeat 操作应用于一行与多行之间的后向（多对一）关系。这样得到的特征是其他行上的聚合结果（如最小值、最大值、计数）。

DSM 算法在一个表上运行，并使用其他表来扩充特征。它先在其他表上执行 rfeat 和 dfeat 操作（递归执行直至结束或达到最大深度），然后将结果组合起来并使用 efeat 操作进行扩充。这样可以使特征数量呈爆炸式增长。它自动生成带有恰当的 `join` 子句和 `where` 子句的 SQL 查询。

DSM 还有一个创新之处，那就是如何使用高斯连接过程在整个过程中对参数进行调优。这种方法可以抽样参数，端到端地评价模型并进行修正。总之，数据科学家可以从数据科学机的解决方案着手，再使用自己的专业知识去优化它，使其生成人类可以理解的特征。请注意，Featuretools 的背后现在有一个公司，在以非常快的节奏开发新功能。这些描述来自他们公开的工作，可以访问他们的文档来获取关于 Featuretools 新功能和新能力的最新信息。

3. 遗传编程

特征学习的另一种方法是搜索能在特征上运行的小程序的潜在空间，也就是说，自动生成可计算特征。当然，搜索空间是非常大的，但这就是像遗传编程这样的自动化编程技术的目标。在遗传编程中，总是有大量表示为公式树（节点中包含操作的树，并且值和变量是终点）的小程序。在搜索的每一步中，每棵树都使用一个适应度函数来评价，其中适应度低的树被丢弃，而适应度高的树用来填补被丢弃的树的空缺（通过修改单棵树或组合现有的树）。

在早期工作中，Heaton 证明了不同学习算法需要不同的 AFE 方法，而且有些功能是 NN 很难合成的，另一些功能的合成却非常简单。得到合理的差别和比值对于 NN 来说非常困难（见表 3-1）。Heaton 在博士论文中执行了一种遗传编程随机搜索，仅使用一个神经网络对总体进行了评价。而且，随着遗传编程的逐步推进，NN 评价的权重也被复用，降低了搜索中重新计算的工作量。这篇论文使用输入扰动作为 GA 适应度函数的一部分。

该论文在 PROBEN1 数据集上运行算法。该数据集由来自 UCI 数据仓库中的 13 个数据集组成，而 UCI 数据仓库被广泛用作小型数据的神经网络基准。这篇论文建立在用于遗传算法的 Encog 框架之上，但只处理“低维命名特征”（不超过 24 个特征）。在 17 个数据集中，算法只对 4 个数据集在统计意义上有显著的提升。尽管这篇论文中有很多聪明的想法，但仍然显示了这项任务的复杂性。看看这种技术在领域中的适应程度是非常有意义的，例如用于人类行为表格数据的 Featuretools。

5.4.2 无监督特征工程

无监督 FE 的目标是以揭示数据中现有结构的方式修改特征空间。与其他无监督技术一样，它包含一个要处理的对象的模型，并根据数据来估计这个模型的参数。它通常需要大量数据。模型本身是一种决策，由具有关于特征空间领域知识的从业者做出。前人详细研究了两种方法：受限玻尔兹曼机（RBM）和自编码器。我们将讨论自编码器技术。

自编码器训练一个神经网络来预测输入。它有一个比输入规模更小的中间层，称为“瓶颈”。数据里的结构集中在这个更小的层中，图 5-6 给出了一个例子。

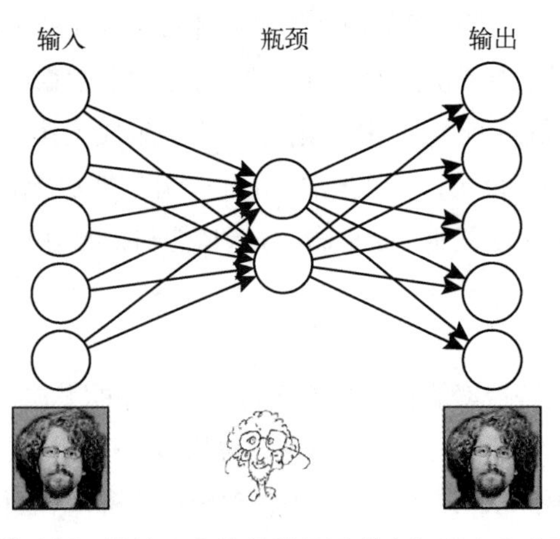

图 5-6 自编码器示例。被馈入自编码器的图形在瓶颈中生成了一种抽象表示

自编码器的主要问题是如何进行泛化。简单地向中间层“堆”数据对 ML 任务没有帮助，因为这类似于将训练数据的压缩版本交给 ML 算法（这完全不是一个好主意）。你真正需要中间层里相似的表示在解码端运行时生成可信的人工（未知）实例。

一些正在积极研究的技术对这种情形很有帮助，它们可以在训练过程中注入噪声或变动，形式为变分自编码器或降噪自编码器。归根结底，它们与第 4 章介绍的技术类似，也是一种数据降维技术。

5.5 扩展学习

一些网站（如 Kaggle）会举办机器学习竞赛，这些竞赛的报告是学习最新 FE 技术的绝好资料。一些会议，如 KDD Cup IJCAI 或 ECML，也是这些资料的好来源。对于可变长度的特征向量，我推荐阅读 Mihalcea 和 Radev 的 *Graph-Based Natural Language Processing and Information Retrieval*。对于图核方法，可以看看 Ghosh 等人的文章“The journey of graph kernels through two decades”。深度学习的资料非常丰富，关于这个主题的主要著作是 Goodfellow、Bengio 和 Courville 的《深度学习》，不过很多人发现 Geron 的《机器学习实战：基于 Scikit-Learn 和 TensorFlow》更容易理解。如果想更实用一些，吴恩达关于 ML 应用建议的文章值得一看。对 DL 模型的解释也取得了一些进展，参见 *Proceedings of the 55th Annual Meeting of the Association for Computational Linguistics*。

对于 AFE，卷积神经网络在用于计算机视觉的 DL 教程和图书中有详细的研究。对于线性（非二维）方法，我推荐 Nils Reimers 的在线讲座。另一种有价值的 AutoML 框架是 TransmogrifAI，它为 FE 带来了急需的类型安全性。

最后，从更加面向研究的角度来看 FE，Dong 和 Liu 编写的 *Feature Engineering for Machine Learning and Data Analytics* 是本非常好的读物，尤其是专门介绍 DL 的第 11 章包括了对该领域不同算法的全面介绍。这本书还提到，经过训练所得 GAN 的第一层判别器是一个训练特征提取器。这个真知灼见值得 FE 领域进行更进一步的研究。关于 AFE 这个主题，这本书的第 9 章介绍了一个系统，它使用强化学习来完成各种不同的 FE 转换。我建议仔细阅读这一章，它不但涉及本章讨论的两种方法，还在上面添加了一个强化学习层，这是通过大量 ML 数据集训练出来的。这本书中还有一些本书没有介绍的其他主题，包括用于无监督学习和流式数据的 FE。

第二部分

案例研究

尽管与领域无关的方法可以非常快速地生成高质量模型，但情况经常是“要走得快，就一个人走；要走得远，就一起走”。在你的目标领域中，你不必事无巨细、一切重新开始，利用已有的领域知识会让你遥遥领先。在第二部分介绍的研究领域中更是如此。

这些领域已经被研究得非常深入，每个领域都有很多相关著作，而且对于每个领域中的特征工程，也已经有了一些研究著作。我们将在这些被充分研究的领域中展开学习，看看这些领域中的知识能否对我们要解决的问题有所助益。一个明显的问题是：本书中介绍的知识对在这些领域中处理数据的人们是否有用？当然，这些知识是正确的，本身也是有用的。但是如果有人提出质疑，我认为还是应该通过详细的解释，将这些技术扩展到领域之外，而不是仅仅局限于领域内的应用。

本书中所有案例研究的代码和数据都是经过开源许可的。

希望你不用查看 Jupyter 笔记本就可以理解书中的材料，但笔记本中的各个单元总是可以提供一些参考。书中介绍的技术并不总是能在你的数据上取得良好的效果，FE 总是包含大量的试错过程，这也体现在了这些案例研究中。这些案例研究大约有 50%的成功率，这在 FE 中已经是相当不错的成绩了，更普遍的是 10% ~ 20%的成功率。

从这些案例研究中可以看出，我试图仅使用 FE 解决问题的方法受到了以下条件的限制：尽量减少对 Python 的依赖，使 Python 代码可以被那些非 Python 开发者理解；在没有计算机集群和 GPU 的情况下，每个 Jupyter 笔记本的运行时间都在两天之内，并且使用的 RAM 不高于 8 GB；所有案例研究所用的源数据集都不到 2 GB。因为这些限制，有两个显而易见的后果：没有使用 DL 框架（如 TF），也没有进行超参数搜索，后者就是因为这些限制而做出的决定。请不要模仿这种做法，大约 50%的性能提升是通过超参数搜索获得的。如果是为了发表文章而做实验，或者是为某个生成系统而进行研究与开发，我会使用一周时间进行超参数搜索，或者使用有几百个内核的集群来加快实验的进程。

第 6 章

图　数　据

本章重点介绍用于图数据的特征工程（FE）技术，作为用于结构化数据的 FE 技术的一个示例。本章还会介绍 WikiCities 数据集的建立过程，这是本章和随后三章都会使用的基础数据集。这个数据集使用来自维基百科信息框中的语义信息预测城市的人口数量。由于 Semantic Web 方案的出现，语义图近年来得到了非常广泛的运用。语义图是一种结构化数据，能对可变长度的原始数据进行处理并将其表示为固定长度的特征向量，特别是使用了 5.1 节中介绍的一些技术。一般来说，使用能直接对图数据本身进行操作的机器学习（ML）技术效果更好，如图核方法、使用了图嵌入的图神经网络（GNN）和最优化技术，我在博士论文中就使用了这样的技术。

建立这个数据集的目的是提供一个任务，以便在其中使用结构化特征、时间戳特征、文本特征和图像特征。这个任务就是计算一个城市或乡镇的人口数量，可以根据城市自身特性（如领导者头衔或所在的时区）、历史人口和历史特征（需要一个时间序列分析）、位置的文字描述（需要文本分析，尤其是当文本中包含人口的时候）和城市的卫星图像（需要图像处理）使用以上所有方法。这些分析方法中的问题都会在后面几章中一一解决。

因为每个案例都非常详细，所以在每次分析之前我们都用一节进行高度概括，并提供一个表格（见表 6-1）来表示不同的特征化阶段。本章最后会简要介绍与图机器学习相关的一些其他信息资源。

表 6-1 本章使用的特征向量。(a) 第一次特征化，380 个特征；(b) 第二次特征化，325 个特征；(c) 最优特征集，552 个特征；(d) 保守特征集，98 个特征

1	rel#count
2	area#1
3	areaCode#count
4	areaLand#count
5	areaLand#1
6	areaLand#2
7	areaTotal#count
8	areaTotal#1
9	areaWater#count
10	areaWater#1
11	birthPlace?inv#count
12	city?inv#count
13	country#count
14	country#1=United_States
15	country#1=France
	...
34	country#1=OTHER
35	deathPlace?inv#count
36	department#1=Nord
37	department#=Yvelines
38	department#1=Pas-de-Calais
	...
377	seeAlso#3@OTHER
378	homepage#count
379	name#count
380	nick#count

(a)

1	rel#count
	... (identical to (a)) ...
34	country#1=OTHER
35	deathPlace?inv#count
36	department#1=Nord
37	department#1=Pas-de-Calais
	...
309	seeAlso#3@OTHER
310	homepage#count
311	name#count
312	nick#count
313	computed#defined
314	computed#value
315	country#1#TRE
316	department#1#TRE
317	leaderTitle#1#TRE
318	populationAsOf#1#TRE
319	region#1#TRE
320	timeZone#1#TRE
321	type#1#TRE
322	utcOffset#1#TRE
323	utcOffset#2#TRE
324	type#1#TRE
325	seeAlso#3#TRE

(b)

1	rel#count
	……与(b)相似，但是没有 OTHER……
296	nick#count
297	computed#defined
298	computed#value
299	country#1=United_States+orig
	……与(b)相似，但是有+orig……
552	seeAlso#3=OTHER+orig

(c)

1	rel#count
	……与(b)相似，但是没有国家值……
96	nick#count
97	computed#defined
98	computed#value

(d)

6.0 本章概述

WikiCities 数据集是一个用于练习各种 FE 技术的资源（见 6.1 节），是从 DBpedia 开始的。DBpedia 具有图结构，它的顶点是实体和字面量，边是有名称的关系。在 WikiCities 中，实体表示的是人类定居点（城市和乡镇，在下面的讨论中统一称为城市）。通过探索性数据分析（EDA，见 6.2 节），我们深入研究了对预测目标人口有帮助的特定关系。我们可视化了 10 个随机城市子图，并发现这些可用信息足以成为人口数量的一个非常好的指示变量。在查看排名最高的关系计数之后，我们确定使用那些至少在所有城市的 5%中出现的关系，这样就得到了 40 多个关系。这些关系有多个值，而且是无序的。为了处理这种基于集合的本质，我们按照值的频率对它们排序，然后按照长度中位数进行截断。

对于第一个特征集（见 6.3 节），我们引入了一个 OTHER 类别，来处理那些占出现频率 20%的类别值。这样就余下了 50 个数值列和 11 个分类列，我们对其进行独热编码。通过特征消融进行的向下钻取表明，最大的误差贡献者是那些具有悠久历史但人口又不那么多的城市，如都柏林（Dublin）。对于使用城市自身特性来预测人口的系统来说，这个结论非常有意义。消融研究表明，计数对算法有误导作用。既可以丢弃这些特征，又可以抑制它们的增长。我们使用一个对数函数来压缩它们的值，这对提升性能是有帮助的。使用特征效用度量需要一个分类型的目标变量，我们对目标变量进行了离散化，将其按照同样数量的城市进行分段。我们使用互信息（MI）来表示特征效用。信息量最大的特征看上去非常不错，如时区特征说明了地理位置非常重要。我们使用随机特征来找出无效的特征，丢弃了 68 个这样的特征。为了看清大局，我们使用决策树进行特征分析，发现国家的权重相当大，还发现了 areaTotal 和 populationDensity 之间的关系：它们的乘积是一个非常好的可计算特征。这样，我们得到了第二个特征集（见 6.4 节），通过靶值率编码（TRE），其中的分类特征具有更大的信息量。对于表示某个城市是否是某国家一部分的分类特征，TRE 用该国家城市的大小均值替换了 1.0 这个值。我们还添加了大约四分之一实例具有的可计算特征。

最后，我们进行了特征稳定性研究，创建了一个保守的特征集，它可以经受住训练数据中非常大的变动。我们还研究了在特征上出现误差扰动时训练模型的行为，表明国家特征也不是那么可靠，但国家确实是最稳定的一个属性。我们利用这种发现完成了一个“保守”的特征集：非分类特征和一个值为国家的分类特征。这个高性能特征集（见 6.5 节）使用了 TRE 和其余特征，可以完成四分段效果，即可以区分出村庄、小镇、小城市和大城市。

6.1 WikiCities 数据集

WikiCities 数据集（见图 6-1）是本书中的一份综合性资源，目的是练习各种不同的 FE 技术。

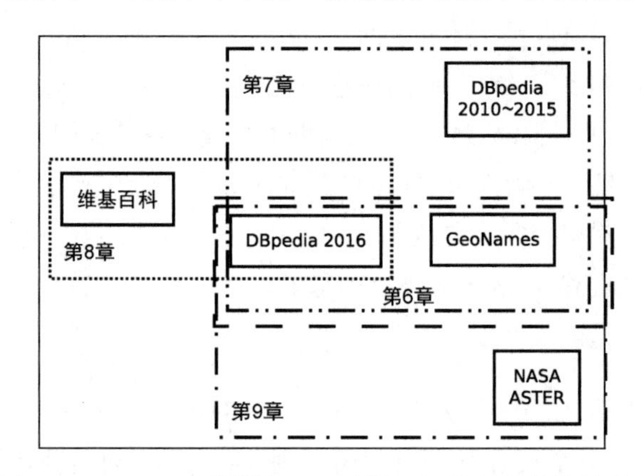

图 6-1 WikiCities 数据集，以及第二部分各章的依赖关系

它从 2016 年 10 月发布的 DBpedia 开始，而 DBpedia 是从维基百科信息框中获取的一种本体资源。信息框是每个维基百科页面中内容旁边的一种表格式信息。

DBpedia 项目的任务是对维基百科中的现有信息进行清理和标准化，将信息框转换为高质量的结构化信息，并用图的形式来表示。DBpedia 建立了一种**语义图**（semantic graph），这种图的顶点表示实体和字面量，边表示命名关系。实体和关系是用 URI（URL 的一种扩展）以及它们自己的命名空间和本体信息来表示的。它使用了一种资源描述框架（RDF），即一种图描述语言，可以将图表示为一个三元组，包括源实体（又称为"主语"）、命名关系（又称为"动词"）和目标实体或字面量（又称为"宾语"）。这样，DBpedia 就能以包含三元组集合文件的形式进行分发。例如，一个三元组可以是(New York City, leaderTitle, "mayor")，其中实体 New York City 的 URI 表示为 http://dbpedia.org/resource/New_York_City，字面量的 URI 表示为 "mayor"@en，关系的 URI 表示为 http://dbpedia.org/ontology/leaderTitle。只要可能，我会尽量省略完整的 URI，因为它会使内容变得冗长。主语总是本体中的一个实体，前面冠以命名空间 dpedia.org。动词是一个主体关系，主体关系有几百个之多（领导者姓名、类型、人口，等等）。宾语要么是另一个实体，要么是一个字面量（一个字符串或一个数值）。

信息框与 RDF 输出之间的映射关系也保存在一个类似于 Wiki 的资源中。尽管从理论上说，与维基百科源页面相比，DBpedia 项目创建的图在语义上既非常丰富又非常整洁，但仍然有很多噪声（我在这个问题上做了一些联合研究）。你会遇到很多错误和不一致，因为信息源（维基百科）是成千上万志愿者在半独立状态下的工作成果。

除了实际文件，DBpedia 中还包含到多个其他本体（如 Freebase 和 YAGO）的链接，以及到原始维基百科文章的链接，信息就是从这些文章中抽取出来的。对于这些案例研究，我们将使用文件 instance_type_en.ttl.bz2、mappingbased_literals_en.ttl.bz2 和 mappingbased_objects_en.ttl.bz2。

因为这些信息是从信息框中导出的，所以有很多噪声，城市或定居点类型在维基百科源文件中也没有严格的标注。因此，第一个问题就是要识别出 DBpedia 中的哪些实体是城市。我们没有使用启发式的方法（如“有位置和人口信息的实体就是城市”，这种方法很不可靠），而是在随书附带的 Jupyter 笔记本的 Cell 1 中使用了一个更可靠的外部数据源。这个数据源来自 GeoNames 项目，其中有一个“至少有 1000 人的城市和定居点”列表，包含超过 128 000 个地点（可以保存为文件 cities1000.txt）。Cell 1 使用文件 geonames_links.ttl.bz2（也是 DBpedia 发行的）将这些地点链接到了 DBpedia。

使用 DBpedia 中的链接，Cell 1 在 DBpedia 数据集中找到了 GeoNames 中的 80 251 个城市，这 80 251 个城市就构成了这个问题的原始数据。按照 1.3.2 节中介绍的方法，Cell 2 保留了 20% 的数据，作为 FE 过程结束时的最终评价数据。这样，我们就得到了包含 64 200 个城市的开发集和包含 16 051 个城市的保留集。方法的下一步是在这 64 200 个定居点上进行 EDA，确定要使用的基础特征和模型。

这里要解决的一个关键问题是在一些可用于预测目标变量（人口数量）的特殊关系上进行向下钻取。尽管 DBpedia 中有上百个关系，但很多关系几乎没有得到表达（也就是说，几乎没有页面是人类编辑者觉得需要记录信息的，如 distant-to-London）。同样，还有一些关系中的值使用某个城市作为主语，但这个关系中的其他值又将其作为宾语（也就是说，有一些互逆的关系）。所以，我在这种关系的后面加上了“?inv”，表示这是一种逆关系。这是一种设计决策，可能会丢失实际关系和其逆关系之间的连接。在 FE 过程中，这种决策值得再次讨论。

因为处理 DBpedia 的大文件对计算能力的要求很高，所以 Cell 3 对与所有实体相关的三元组进行了前向和后向预筛选，将三元组的数量从 3 800 000 减少到了 2 000 000。下一个步骤是生成开发集和保留集的筛选版本（Cell 4）。这些三元组（总数接近 1 600 000）就是工作集。下面，我们在工作集上进行探索性数据分析。

6.2 探索性数据分析

Cell 5 使用 Graphviz 程序包对 10 个随机实体进行可视化，以此开始了探索性数据分析（EDA）。图 6-2 展示了其中一个实体。

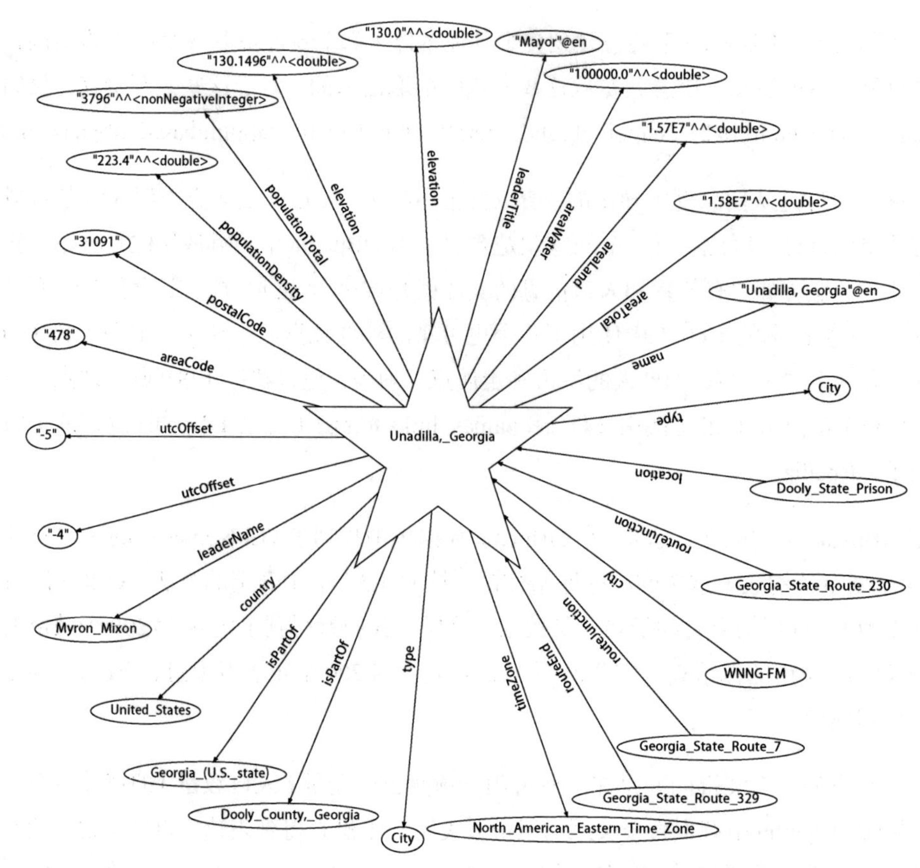

图 6-2 城市 Unadilla, Geogia(USA)的 DBpedia 子图，以及能从该城市达到的直接关系和逆关系

从图 6-2 中可以看出，很多随机抽取的城市相当小。这就告诉我们，大多数实例的数据非常少，而其他一些实例包含大量的三元组。可用的信息数量就是人口数量的一个非常好的指标，这个发现说明了**三元组数量**是非常有意义的特征。

从图 6-2 中还可以发现，某些地点（如 Skudai）不包含人口信息。那么顺理成章地，下一个步骤就是过滤掉那些没有人口信息的城市（因为我们不能用它们建立一个回归器或分类器）。

表 6-2 给出了最多的关系计数，文件 ch6_cell5_rel_counts.tsv 中有 30 个关系的完整列表。从表中可以看出，有些关系几乎所有城市都有（如 RDF 类型或 isPartOf）。再看一下关系的完整列表，可以看出另外有些关系非常罕见（如 homepage 或 leaderParty）。逆关系也非常罕见，不过这些地点也都人烟稀少。还要注意的是，不同的样本会产生截然不同的结果，所以很容易造成误导。当然，从中获得的见解还是非常有用的，可以让我们继续前进。

表 6-2 第一轮数据处理：10 城市样本中最频繁的 10 个关系

关系	计数
utcOffset	10
isPartOf	10
timeZone	8
22-rdf-syntax-ns#type	7
name	7
country	7
populationTotal	5
areaTotal	4
leaderTitle	4
elevation	4

然后，我们需要知道人口数量在 DBpedia 中是如何表示的。对于城市 Psevdas，我们可以看到它有一个 populationTotal 关系。这是人口数量的唯一表示吗？我们看一下名称中包含 population 这个单词的关系（Cell 6），如表 6-3 所示。从表中可以看出，populationTotal 是可以使用的正确关系，不过需要删除 populationMetro、populationUrban 和 populationRural 这三个关系，否则会造成目标泄露（见 1.3.1 节）。还有，如果 populationTotal 的值缺失了，那这三个关系中的任何一个（只要有定义）都可以作为目标变量的替代品。在这个阶段，我们可以将没有人口定义的城市筛选出去，也可以收集能够知道的城市的人口数量（这要求字面量中有干净的信息类型）。这个数值就是要进行回归的目标值，其离散化版本就是目标类别（Cell 7）。开发集中有已知人口数量的城市一共有 48 868 个。

表 6-3 名称中有单词 population 的关系

关系	计数
populationTotal	49 028
populationDensity	19 540
populationAsOf	5410
populationPlace?inv	2511
populationMetro	1286
populationUrban	1188
populationTotalRanking	1057
populationMetroDensity	142
populationUrbanDensity	79
populationRural	42

Cell 8 重新绘制了开发集中已知人口数量的 10 个随机城市。这些带有确定人口数量的城市确实提供了更多信息，包括多个 areaCode 关系（Wermelskirchen 有三个）以及各种逆关系。

在 EDA 的阶段，我想看一看这些关系中的哪些可能是好的特征。根据 1.5.1 节中的讨论，**我们想要的特征应该是简单、与目标变量（population）相关、便捷可用的**。从"便捷可用"这个角度来看，我想重点关注那些出现得足够频繁、对 ML 算法有切实作用的关系（6.3 节将研究"与目标变量相关"这个问题）。因此，整个实体集合上的频率是最重要的。Cell 9 按照定义了关系的城市的数量对关系进行排序。表 6-4 给出了在不同百分位数下的关系和关系计数。

表 6-4 开发集中城市的关系覆盖率。最后一列是定义了该关系的城市所占的百分比。这个表给出了所有 347 个关系的计数摘要

位　置	关　系	计　数	%
第一个	buildingEndDate	1	0.00
第 10 百分位数	sportCountry?inv	1	0.00
第 20 百分位数	lowestState	3	0.00
第 30 百分位数	inflow?inv	5	0.01
第 40 百分位数	board?inv	9	0.01
第 50 百分位数	riverMouth?inv	27	0.05
第 60 百分位数	county?inv	78	0.15
第 70 百分位数	knownFor?inv	209	0.42
第 80 百分位数	populationTotalRanking	699	1.43
第 90 百分位数	headquarter?inv	2769	5.66
第 100 百分位数	areaTotal	29 917	61.22
最后一个	22-rdf-syntax-ns#type	48 868	100.00

在重新迭代时使用哪个关系是 ML 成功与否的关键因素，因为每个关系都至少会生成至少一个特征。**在 FE 的早期阶段，我们应该过度选择，然后通过向下钻取来找到更好的子集**。但也不要选择过多不必要的关系，尤其是没有用处的关系。频率小于 5%的关系都是没有真正用处的，即使它们看上去非常不错（如 populationTotalRanking，开发集中只有 1.4%的城市有这个关系）。

仅保留至少在 5%的城市中出现的关系之后（Cell 10），我们把关系数量降到了 43 个，三元组数量为 1 300 000 个，实例数量为 48 000 多个。但还是没有特征，因为这些**关系有多个值，而且是无序的**。为了处理这种情况，我们可以使用 5.1 节中处理集合、列表和图的技术。因为关系基于集合（无序）的本质，所以可以对其排序（见 5.1.1 节）。在这个例子中，我们可以按照关系值（关系中的宾语）的频率进行排序。如果宾语的值更频繁，关系就应该对 ML 更有价值。这就需要处理每个关系的值的**列表**。要表示列表，常用技术是将其截断到一个固定长度（见 5.1.2 节）。Cell 11 让我们看到，对于一个特定城市，关系可以有多少个值。我把这个数量称为一个关系的“扇出”，借用了电路设计中的名词。结果如表 6-5 所示。

表 6-5 开发集中选定关系样本的统计数据。没有最小计数值列是因为最小计数值都是 1

关 系	计 数	最大计数		平均数	中位数
area	4803	Saint-Germain-Nuelles	1	1	1
areaCode	25 417	Iserlohn	8	1.2	1
areaTotal	29 917	Spotswood	2	1.3	1
birthPlace?inv	21 089	London	6258	13.3	3
city?inv	13 551	London	709	3.9	2
country	45 977	Sada,_Galicia	8	1.1	1
district	5842	Waterloo,_Illinois	6	1	1
elevation	28 669	Córdoba,_Argentina	4	1.3	1
ground?inv	3368	Vienna	134	1.9	1
isPartOf	32 266	Baima	10	2	2
isPartOf?inv	3786	Shijiazhuang	296	7	1
leaderTitle	12 322	Canora	8	1.5	1
nearestCity?inv	4136	Middletown	46	1.8	1
region	4711	Centralia,_Illinois	4	1	1
timeZone	28 615	Jerusalem	4	1.4	1
utcOffset	27 762	Lőrinci	3	1.7	2
rdf-schema#seeAlso	3426	Dubai	19	2.7	3
nick	2764	Davao_City	10	1.1	1

表 6-5 中有很多事情需要说明。首先，关系的最小计数都是 1（所以在表中省略），这非常不错，因为说明了没有一个关系天生具有多个值。还可以看出，逆关系的最大计数值都非常大。这也是很合理的，像伦敦这样的城市应该是英文维基百科中很多名人的出生地。显然，这里最重要的信号就是这种内部关系的数量，而不是它们指向的实际实体。不过，我要通过 4.1 节中的特征选择技术或 2.2 节中的特征离散化技术来确定这一点。也可以对图进行更广泛的分析，例如：在这个城市中出生的人有多少获得过奥斯卡奖？在我的论文中，当我研究用语义图进行传记生成时，曾使用最优化技术研究了这个问题，但这种扩展对于我们现在要使用的技术是不可行的。继续看这个表格，**有一些平均数也很高，但它们似乎都是人口稠密地带（大城市）**。中位数更有价值得多，只有很少一些超过了 1。Cell 12 重点关注中位数，将它们抽取出来进行特征化。

现在我们几乎已经做好了第一次特征化的准备工作，还缺少的是在关系中作为宾语的所有字面量和实体的全局计数。这些计数可以用来对值进行排序，并按照 Cell 12 中计算出来的扇出中位数选择靠前的值。对这种特征，我们还要加上每个关系的总计数（relation name#COUNT，如 http://dbpedia.org/knownFor?inv#COUNT）和所有相关关系的总数（定义了关系的数量）。缺失特征用字符串 N/A 标记。添加人口数量就得到了对数据集的基础特征化（Cell 13）。一些 ML 框架可以在这种特征上直接操作（如 Weka），但要在这个例子中使用的 ML 框架（scikit-learn）需要进一步编码——具体取决于要使用的 ML 算法。

因此，是时候考虑一下在这份数据上使用哪种 ML 算法了。数据中差不多有 100 个不同类型的列，还有一个数值型目标变量。Cell 14 绘制出了目标变量和它的分布，如图 6-3a 所示。这条曲线的末端非常陡峭。**为了让它变得平缓，我们可以使用一个对数函数，正如 3.1 节所讨论的。**我们没有使用默认的以 e 为底的对数，而是使用了更直观的以 10 为底的对数，这样可以告诉我们城市人口的位数，结果如图 6-3b 所示（Cell 15）。

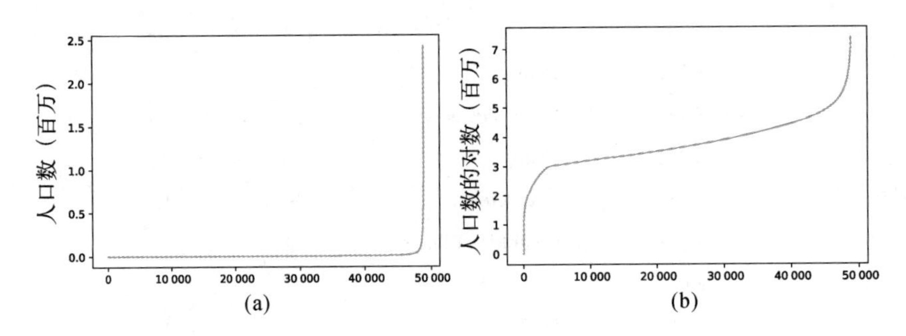

图 6-3　开发集中的人口数量值：(a) 原始值；(b) 对数值

在图 6-3 中，我们最重要的发现就是数据集中很多城市的居民数不足 1000（使用以 10 为底的对数可以很容易地发现这一点），有些甚至只有一个人！仔细地检查一下三元组，可以发现有些是维基百科中的错误（如一个城市的人口数 1 000 000 被错误地写成了 1.000.000，诸如此类），有些是不足 1000 人居住的小镇或村庄（在 GeoNames 建立列表时可能超过了 1000 人）。根据 2.4 节中关于异常值的讨论，这些都是异常值，可以从数据中删去。一共有 44 959 个这样的城市，Cell 16 删除了这些异常值。它们仍然在保留的最终测试数据中，因为它们的实际影响有待研究和评价。

下面可以为要使用的 ML 算法做些 EDA 了。我们需要选定一种算法，并确定如何将基础特征化中的字符串数据转换为特征。**可以使用“定义的关系数量”这个单特征在数据上试验一些回归模型。**让我们从 Cell 17 中使用径向基函数（RBF）作为核的支持向量回归（SVR）开始。SVR

有 C 和 ε 两个参数，通过在 SVR 上的一个网格搜索（这样得到的 SVR 对开发集很可能是过拟合的），我们得到了一个值为 0.6179 的 RMSE，曲线拟合如图 6-4a 所示。请注意，SVR 需要将变量缩放到 1.0 并以 0 为中心，2.1 节讨论了这种技术。

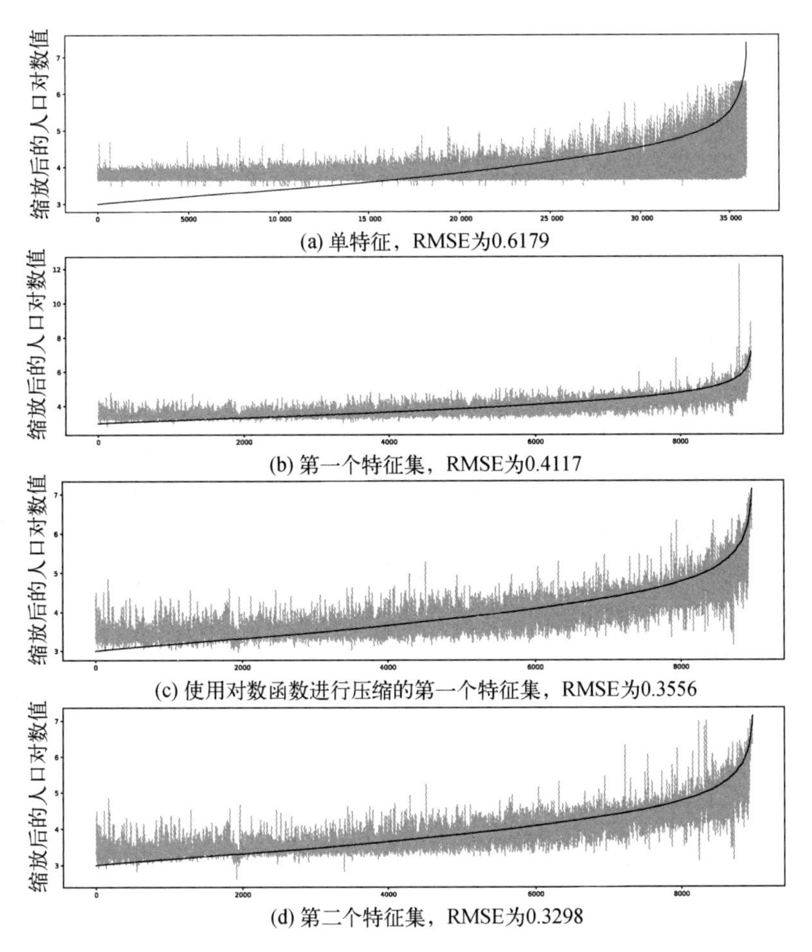

(a) 单特征，RMSE为0.6179

(b) 第一个特征集，RMSE为0.4117

(c) 使用对数函数进行压缩的第一个特征集，RMSE为0.3556

(d) 第二个特征集，RMSE为0.3298

图 6-4 SVR 结果。(a) 单特征；(b) 第一个特征集；(c) 使用了对数函数压缩计数的第一个特征集；(d) 第二个特征集

对于只有一个特征的模型来说，这个 RMSE 非常不错（小一个数量级）。图 6-4 中曲线的底部很平，这可以用 SVR 只有一个支持向量（来自模型的单特征）来解释。尽管如此，这张图中的曲线拟合得还不算太好。为了知道这是 SVR 的问题还是特征的问题，Cell 18 绘制出了两个变量之间的关系。从图 6-5 可以看出，有一些相关性，但是比较弱。**由此我们得出结论，SVR 算法很好地提取出了这个特征中的信息。**讨论了 SVR，现在可以来看第一个特征集了。

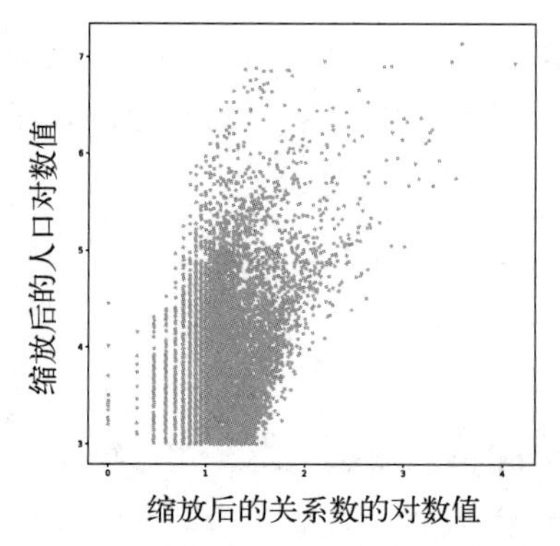

图 6-5 关系计数的对数与人口对数的关系

6.3 第一个特征集

SVR 算法（基本上就是 SVM）只能使用数值型特征作为输入。第一步就是看看哪些列是数值型的，以及非数值型的列是否只有少数（即 100 个及以下）唯一值，这样就可以使用独热编码进行表示（Cell 19）。在 99 个列中，有 54 个是数值型的，但只有 3 个是 100 及以下个值的非数值型。因为我希望有更多列是准分类型的，所以 Cell 20 使用 2.2 节中介绍的类别离散化技术，引入了一个 OTHER 类别来处理那些**占总数 20%以下的类别值**。20%这个比例要依具体问题而定，在选择这个比例时要考虑导出同一信号下的无关信息会对 ML 造成多大的影响。这个百分比越大，OTHER 特征就越不明确；这个百分比越小，能代表的关系就越少。**我还丢弃了一些常数列，因为它们没有用处**，最后剩下了 50 个数值型列和 11 个分类型列。余下的列中有各种不同的值，它们不能使用这些参数进行离散化。这些列需要进行文本处理，或者根本不适合这种 ML 方法。选定的分类关系以及它们的类别总数显示在表 6-6 中。

表 6-6 所有 11 个分类关系以及它们的类别总数，还有一些示例值

关 系	#	类别示例
country#1	21	United_States; France; Germany
department#1	59	Val-d'Oise; Yvelines; Pas-de-Calais
leaderTitle#1	4	Mayor; Alcalde; Municipal President
populationAsOf#1	15	2006-12-31; 2010-12-31; 2010-04-01
region#1	100	Île-de-France; Darmstadt; Jefferson_Parish
timeZone#1	14	Central_European_Time; China_Standard_Time
type#1	29	City; Town; Communes_of_Romania
utcOffset#1	7	–5; +2; +5:30
utcOffset#2	6	–4; +1; –6

（续）

关　　系	#	类别示例
22-rdf-syntax-ns#type#1	3	Settlement; City; OTHER
rdf-schema#seeAlso#3	73	List_of_twin_towns; Central_America; Argentina

Cell 21 对这些类别进行独热编码（见 3.1 节），并填充了缺失值：分类特征的缺失值填充为 OTHER 类别（见 3.2 节），数值特征的缺失值填充为 0。将缺失值填充为 OTHER，而不是新建一个 MISSING 类别，是一个值得商榷的决定，要根据后面的误差分析而定。第一次特征化得到了一个长度为 380 的特征向量，以及一个目标变量，见表 6-1a。

Cell 22 在这个特征集上训练了一个 SVR 模型，同样使用网格搜索来确定参数，并保存了中间数据用来做误差分析。它得到了一个值为 0.4117 的 RMSE，曲线如图 6-4b 所示。这个图形与 RMSE 看上去比前面的单特征模型要好，但它有一些奇怪的峰值。下面我们对这些模型进行误差分析，特别是要通过特征消融对图形末端的误差峰值进行向下钻取。

误差分析

Cell 23 使用 Cell 22 保存的中间数据绘制出了对误差贡献最大的一些城市，见表 6-7a。从这个表格可以看出，尽管进行了正则化，那些有悠久历史但人口不一定很多的城市（如都柏林）还是被系统高估了。对于使用本体特性来预测人口数量的系统，这个结果是很正常的，但我们应该可以做得更好。

表 6-7　误差的最大贡献者：对数误差和实际误差

(a) 对数误差

城市	误差	人口数	
		实际值	预测值
Dublin	6.5	553 164	1 751 459 207 216
Saint-Prex	−2.09	312 010	2 485
Meads,_Kentucky	−2.08	288 648	2 351
Nicosia	2.03	55 013	5 931 549
Hofuf	−1.94	1 500 000	17 145
Mexico_City	1.93	8 918 652	761 989 297
Montana_City,_Montana	−1.88	271 529	3 513
Pikine	−1.82	1 170 790	17 470
Edinburgh	1.76	464 989	26 976 492
Isabela,_Basilan	1.74	1 081	60 349

（续）

(b) 实际误差			
城市	误差	人口数	
		实际值	预测值
Dublin	6.5	553 164	1 751 459 207 216
Mexico_City	1.93	8 918 652	761 989 297
Edinburgh	1.76	464 989	26 976 492
Algiers	0.83	3 415 810	23 294 353
Prague	0.88	1 267 448	9 823 330
Milan	0.8	1 359 904	8 636 483
Amsterdam	0.98	842 342	8 094 965
Lisbon	1.15	545 245	7 776 212
Tabriz	0.74	1 549 452	8 586 162
Nicosia	2.03	55 013	5 931 549

有趣的是，圣普雷（Saint-Prex）实际上有5000人左右，DBpedia源数据中的300 000是一个提取错误。与之类似，美国肯塔基州的Meads镇在维基百科上有280 000人，但它已经被标记为编辑者的一个错误，因为280 000是Meads所在城市圈的总人口。实际上，这个小镇的总人口不足5000。

尼科西亚（Nicosia）是一个有悠久历史的城市，人类已经在此生活了4500年。遗憾的是，它被分成了两部分，其中一部分有55 000人，也就是表中列出的人口数。把两部分加起来，它大约共有300 000个居民，而其历史最高记录是6 000 000人口。

所以，我们既有悠久丰富但被低估了人口的城市，又有数据提取错误。从现在开始，我们应该关注实际误差（不是对数误差）和那些被系统高估了的城市（Cell 24）。这样就可以得到表6-7b。这个列表看上去很有价值：这些城市是误差的主要贡献者，它们产生的误差属于系统误差。下面通过消融研究（使用包装方法）来看看我们能否找到哪些特征对这个问题有贡献。

1. 特征消融

在特征消融研究中，我们将每次去掉一个特征，看看能否改善这10个城市的累积误差。这种方法属于4.1.1节讨论过的特征选择的包装方法，因为当特征集发生变化时，我们使用的是完整ML系统的行为。**不过，在这一阶段，我们进行消融研究的目的不是特征选择**。都柏林被高估得有些过分了，以至于主导了累积误差。因此，Cell 25还跟踪了每个城市的改进情况。即使是在训练数据的一个样本上，特征消融也要运行很长时间。表 6-8 中的结果表明，计数会误导算法。**这里给出两种选择：要么丢弃这些特征，要么使用一个挤压函数来抑制它们的增长**。因为在特定任务中它们似乎还有些价值（随后将确认这个问题），所以 Cell 26 通过一个对数函数压缩了它们的值。RMSE 为 0.3556，比以前更好，而且峰值也减少了，见图 6-4d。这是对前面模型的一个非常好的改进，但请注意，**FE 不会总是成功，你有可能走进死胡同**。对这些计数取对数，本可以根据 3.1 节中关于目标和特征转换的建议，通过一个先验来解决。分析误差可以得到同样的结论，这非常有趣。

表 6-8　消融研究：这项研究是在训练数据的一个 5% 抽样上进行的，所以改进的数值与表 6-7b 不符

城　市	改　进	要移除的特征
Dublin	0.85 到 0.6 (29.41%)	city?inv#count
Mexico_City	−0.53 到 −0.92 (−73.81%)	seeAlso#3@List_of_tallest_buildings
Edinburgh	0.17 到 −0.19 (212.89%)	leaderTitle#count
Algiers	−1.0 到 −1.2 (−15.33%)	name#count
Prague	−1.3 到 −1.7 (−30.56%)	seeAlso#count
Milan	−0.84 到 −1.1 (−30.81%)	seeAlso#count
Amsterdam	−0.74 到 −0.96 (−29.86%)	homepage#count
Lisbon	−0.6 到 −0.88 (−46.54%)	seeAlso#3@Belarus
Tabriz	−0.75 到 −1.2 (−57.17%)	seeAlso#count
Nicosia	0.3 到 −0.028 (109.40%)	country#count
总　计	−4.5 到 −6.3 (−40.69%)	seeAlso#count

下面不再继续使用包装方法进行特征消融研究，而是转向特征效用度量，为此要使用一个分类型目标变量（例如，用“大城市”来代替 5 000 000 人口的目标变量）。因此，我们要将目标变量离散化，转换为与城市数量相同的分段。

2. 目标变量离散化

在进行离散化时，会产生误差：用一个离散的类别值（如用“中等城市”表示 2 500 000 的人口）来代替特定的目标变量值（如 2 513 170 人），就会出现误差（这里是 13 170 人）。离散化的类别越多，误差就越小。为了离散化，我们使用 2.2 节中介绍的算法对值进行排序，然后使用均值将序列分为两段，再用每个分段的均值表示离散化后的类别。Cell 27 用表格列出了基于分段数量的离散化误差。2 个分段的 RMSE 是 0.44，4 个分段的 RMSE 是 0.29，8 个分段的 RMSE 是 0.19，因此离散化本身不会使误差增大太多。我们将使用 4 个分段，同样也将每个特征分为 4 个箱。

还有一些其他的离散化技术，如给定一个最大的离散化误差，然后学习出每个分段的数量。这里使用更为简单的方法，因为它在这份数据上的效果已经足够好了，而且实现简单明了。

3. 特征效用

有了离散化的特征值和目标变量，就可以计算特征效用度量了（Cell 28）。根据4.1.1节中的对特征效用度量的讨论，我们选择了互信息（MI）。在初期的实验中，我使用过卡方，但这份数据的偏差太大，卡方发现所有特征都是相关的（你可以自己试验一下卡方，修改代码中的一些参数即可）。从某种意义上说，**相比召回率，卡方更重视精确度，会选择高相关性的特征，即使它们不一定有用（如罕见的特征）。因此，对于这份数据MI是更好的选择**。表6-9列出了前20个特征和它们的效用。这张包含最有价值的特征的列表看上去非常不错，尤其是时区数量和实际时区似乎表明了地理位置是非常重要的。有趣的是，尽管多数城市的维基百科页面包含GPS坐标，但这种信息并没有出现在我们使用的DBpedia文件中（不过GeoNames文件中有）。第10章的GIS案例研究中讨论了GPS数据的使用。

表6-9 最高互信息特征：特征utcOffset就是时区

#	特　征	MI	#	特　征	MI
1	utcOffset#count	0.097	11	city?inv#count	0.037
2	birthPlace?inv#count	0.077	12	locationCity?inv#count	0.034
3	country#1@OTHER	0.071	13	location?inv#count	0.034
4	areaTotal#1	0.057	14	seeAlso#count	0.032
5	type#1@City	0.044	15	isPartOf#count	0.031
6	hometown?inv#count	0.044	16	rel#count	0.030
7	leaderTitle#count	0.041	17	leaderName#count	0.030
8	ground?inv#count	0.041	18	residence?inv#count	0.029
9	isPartOf?inv#count	0.038	19	utcOffset#1@"+8"	0.029
10	headquarter?inv#count	0.038	20	nick#count	0.029

Cell 28还引入了10个随机特征，并丢弃了所有MI小于三个随机特征的特征，4.1.2节说明了这种方法的原理。这样可以丢弃6个特征，尤其是region和seeAlso类别的罕见特征。新的特征向量有314个特征，包括名称和目标变量。

4. 使用决策树进行特征分析

使用单特征效用是进行特征选择的一种好方法，也可以让我们对特征集获得一些初步的认识。为了更好地了解特征集，我们将使用Gini不纯度特征效用（见4.1.1节），并基于有最高效用的特征对数据集进行递归分割。**尽管对其编程似乎很复杂，但幸运的是，这是决策树学习背后的一种算法。我们只要绘制出这棵树最高层次的几个分支，就可以获得对数据集中特征整体行为的深刻理解。**请注意，我不是要使用一棵未剪枝的单决策树作为分类器，因为它很可能过拟合了，我只是用它作为一种特征分析工具。其他方法使用了树的剪枝集合（森林），效果非常好，并在其他几章中被用作回归器。

图 6-6 给出了决策树最高层次的一些分支，它是在 8 分段的离散化人口数量上训练出来的（Cell 29）。我们可以从这棵树看出，城市实际所属的国家具有很大的权重。这种信息可以由数据中的多种方式表达出来，比如 country 关系或 cities of Argentina 类型，在图中用浅灰色突出显示。这与表 6-9 中的特征排名是一致的，比如 isPartOf 和 country 特征，但在决策树中，这个信号更强烈，也更容易识别。6.4 节将使用 TRE 进一步改进这种行为。

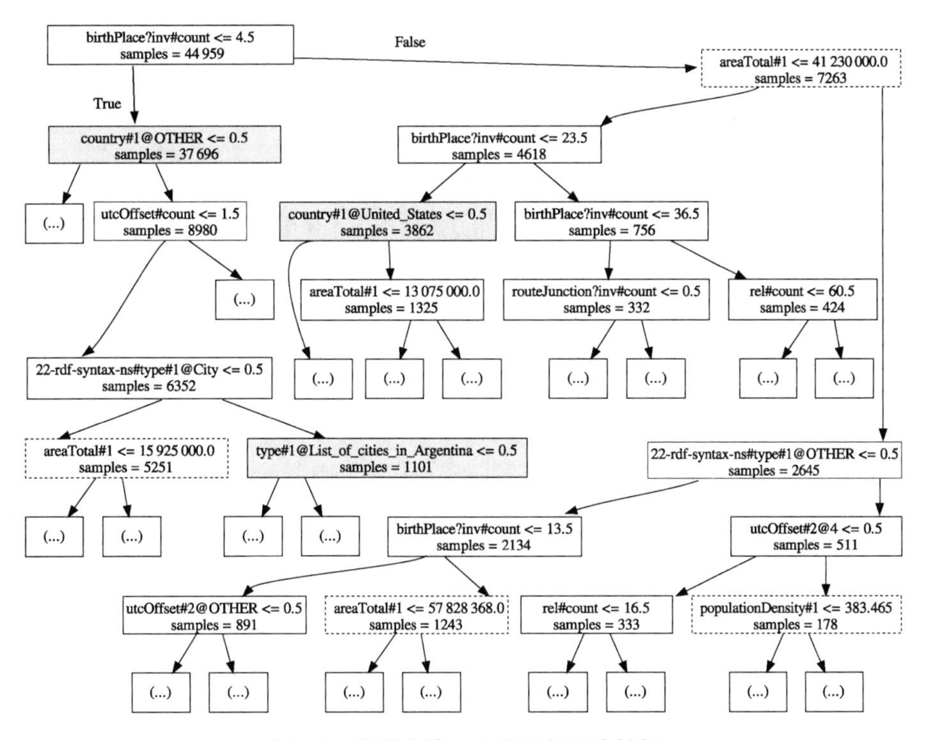

图 6-6 离散化第一个特征集的决策树

在 areaTotal 和 populationDensity 之间有一种更加有趣的关系（图中的虚线框）。显然，按照定义，城市总人口就是城市总面积乘以人口密度。如果这两种信息都能得到，它们的乘积就是一个非常好的可计算特征。在 6.4 节，我们将探索这两种思路（TRE 以及使用 areaTotal 和 populationDensity 的乘积作为可计算特征）。

6.4 第二个特征集

在建立第一个特征集（对数计数与互信息筛选特征）的最佳变体时，我对分类特征的值进行了替换，使它们的信息量更大。分类特征原来的值是 1.0（有）和 0.0（无），我将它们替换为了当城市对此类别值有定义和无定义时目标变量的均值。这对于表示一个城市是否是某国家一部分的分类特征尤其有意义：使用该国家城市的平均规模来替换 1.0。当然，在训练数据上计算这些均值会导致太多过拟合，因为这几乎就是把目标变量提供给了学习者。**处理这种问题的通常方法是通过 1.2.2 节介绍的折外技术，使用交叉验证来计算这些值**：将训练数据分为多个折，在每折数据上，使用**其他折**中的目标变量均值替换 1.0 和 0.0。重要的是，折的数量要比较多。例如，Cell 30 使用了 10 折。如果使用较少数量的折，就有使用代表性很差、很不稳定的值的风险。例如，我曾使用过 2 折，结果一个折中 0.0 的编码值居然比另一折中 1.0 的编码值还高（在从折到折的替换中，基本上搞反了特征的意义），这种修改就会使特征集对 ML 算法的价值降低。请注意，我使用 TRE 这个名称是为了保证内容上的一致性，也就是使 TRE 只对分类型的目标变量（即分类问题）有实际意义。对于回归问题，更确切的名称是“分类编码”。

有趣的是，因为 SVR 需要缩放后的特征，所以如果我们在缩放之前使用 TRE，就几乎不会有什么效果：为 0.0 计算出来的值会被缩放回 0.0，为 1.0 计算出的值也一样。所以，**Cell 30 在缩放之后使用 TRE，近似了缩放后的目标变量**。这样，我们可以得到有意义的 TRE 值，也进行了正确的缩放。

至于计算特征，虽然就是简单地用 areaTotal 乘以 populationDensity，但因为数据集比较粗糙，所以还需要做一点儿优化。首先，**我们要为特征缺失的情况添加一个指示特征**（见 3.2 节）。其次，面积信息有多种表示方式，也就是说，有时候面积会被分为 areaTotal、areaRural，等等。如果特征 areaTotal 缺失，Cell 30 就使用任意一种其他面积作为替代（我没有计算其他面积的总和，不过这也是一个非常合理的步骤）。最后，对计算特征取对数，这样它就会与目标变量尽量相似。大概有四分之一的实例具有这个特征。

使用这个带有 TRE 的数据集可以得到一个一般的改进。**Cell 30 则将 TRE 与原始的无 TRE 值组合起来，让 ML 算法决定在给定训练数据的情况下哪种信号更有意义**，见表 6-1b。这种方法的效果要好得多，得到的 RMSE 为 0.3298，是该数据集至今为止最好的结果，见图 6-4d。

通过特征稳定性创建一个保守特征集

在这个练习的最后，我们研究一下当训练数据被错误抽样时的特征稳定性。在算法学习理论中，算法稳定性是一个得到了充分研究的主题。从它的角度来看，训练数据的微小变动应该使模型的预测结果也有微小的变动。**我们感兴趣的是建立一个保守的特征集，并使它能承受训练数据中的剧烈变动。**

在获取训练数据集时，经常会因为抽样偏差而导致某个特定的特征失效（例如，当所有数据都是在冬天获取的时，询问一个患者是否口渴）。因此应该研究一下，当特征上出现误差扰动时，训练得到的模型将如何变化。这是 ML 中研究得较少的一个主题，我会在下一章做更多的介绍。为了模拟扰动，我使用了隐私保持数据挖掘中的一项技术，将一个特定特征的值在一个实例和另一个实例之间做交换。这就使数据发生了变化，而且这种变化与现有数据兼容。通过这种扰动，我们可以控制引入的误差量。为了测试一个特征是否起到了作用，我们可以看看特征有多大帮助（使用特征消融进行测量），以及该特征在发生灾难性故障时具有的风险（使用测试集中的扰动来测量）。我随意地设置了一个 30%的扰动百分比，并丢弃那些使性能下降而非上升的特征。以 areaLand 举例来说，当去掉它时，会使 RMSE 增大 0.05%。如果对该特征使用随机交换产生 30%的扰动（一共是 0.15 ×| 训练集大小 | 次交换，因为每次交换会影响两个实例），RMSE 会增大 0.07%。这样我们就可以得出结论：因为 0.07 大于 0.05，所以并不值得为这个特征冒风险。

为了完整地实现这个概念，有必要在丢弃每个特征之后重新训练整个系统。消融和扰动都需要巨大的计算能力，理想的实现方式需要一个集束搜索（最可能由特征效用度量提供信息）并使用多进程。我们不需要做到那种程度，运行一次 Cell 31 中的算法就可以生成一些假设，如丢弃 USA 或 India 这样的特征。这些确实是非常有价值的特征。显然，如果 India 变成了当前所有非印度城市的总和，就会对回归造成严重影响，不过，这种变化在问题领域内基本上不可能发生，属于某个特定国家是**该领域最稳定的特征**之一。这并不是说 DBpedia 特性本身是稳定的。我在研究中发现，有人在某些年度是政治家，某些年度是当选官员，近年来又变成了政治家（所以对人来说，type 特征是非常不稳定的）。

Cell 31 的主要作用是让我们决定不使用它建议的结果。如果你质疑某种特征可能被错误地抽样，那么这种扰动就是有意义的。在这种情况下，认识到某种特征强于其他特征就足以组装出“保守”的特征集：非分类特征加上有国家值的分类特征。Cell 32 计算了这种特征集，得到了 0.3578 的 RMSE，集合中只有 98 个特征，见表 6-1d。最后得到的数据文件会在下一章中使用，作为进一步 FE 的起点。

6.5 最终的特征集

我们现在保留了两个特征集。高性能集合（577 个特征，见表 6-1c）使用了 TRE 和所有其他特征，性能大致与 4 分段模型的 RMSE 相当，也就是说，它可以分辨出村庄、小镇、小城市和大城市。

保守特征集（98 个特征，见表 6-1d）得到了一个稍差的 RMSE。**我们希望当把它和其他数据源混合起来时，可以胜过高性能集合。**

为了进行最终评价，应该使用与获得最终集合同样的步骤：

- 使用在 Cell 20 中计算出的类型信息表示数据；
- 过滤掉在 Cell 28 中找出的低 MI 特征；
- 使用 Cell 30 中的完整 TRE 值集合进行 TRE；
- 加入 Cell 30 中的计算特征；
- 最后，为了得到保守特征集，只保留 Cell 32 中强调的特征。

当然，这种水平的流水账很容易出现错误，而且是不现实的。这就是我提倡通过一种领域特定语言（DSL）来进行 FE 的原因，比如我为 DeepQA 项目编写的 DSL。

我把最终的评价留给读者。别忘了抱着怀疑的态度看待这些结果，因为没有在各个阶段进行参数的彻底搜索。正如在第二部分的引言中提到的，超参数搜索的运行时间要远远多于一本教科书中案例研究所需要的时间。但生产模型需要这种搜索，像 SparkML 这样的分布式 ML 结构通常有利于这种搜索。

下面讨论可以在这个数据集上试验的其他思路。

可能的后续工作

我们希望这个案例研究可以对你有所启发。我没有假定这里采取的步骤是最佳步骤，而且根据对这个结果的事后分析来看，我们甚至可以推断出初始步骤不是最优的。**不过，我们向你展示了一个未知领域，使你对问题有了更深刻的理解。除了盲目地调整 ML 参数和基本模型之外，你还有很多事情可以尝试。**下面就是几种有趣的思路，可以在这个数据集上进行试验。

迄今为止，我们主要的问题还是是否应该将关系编码为集合列表，这样做应该能提供更多信息。在这种编码中，没有 seeAlso#1 和 seeAlso#2 元特征，它们都有自己的顶端分类值，其中只有一个值是 1，其余值都是 0。相反，我们会有一个 seeAlso 元特征，其中每个分类值都可以取 1 或 0，根据这个分类值上是否有一个关系而定。使用这种更加简洁的表示，应该可以对更多的值和关系进行编码。更重要的是，关系(?,seeAlso,Brazil)不会根据其他关系而被表示为 seeAlso#1@Brazil 和 seeAlso#2@Brazil。

加入 GPS 坐标也会有作用，尤其是加入其离散化版本。现在，系统会依靠 UTC 偏移量来得到某种 GPS 信息。同样，根据数据中提供的各种源信息，提炼出一个高质量的 country 特征也是个非常好的方向。

最后，有一个更加复杂的思路：我们可以基于 OOF 簇的独热编码相对于目标值的行为，替换它们的离散化值。这样(?,seeAlso,Brazil)就可以被编码为(?,seeAlso,country-with-big-cities)。通过对值进行聚类，可以向 ML 提供更多种类的值。也就是说，通过聚类可以发现，对于某个特定的关系动词，比如 seeAlso，不是非常频繁的宾语值对于目标值的行为与更频繁的宾语值是类似的，它们应该被明确地表示出来。这就可以更好地解释 seeAlso@OTHER 特征，减少直接归类到该特征上的信号数量。

6.6 扩展学习

如果想阅读更多关于在图上进行 ML 的专著，Radev 和 Mihalcea 的 *Graph-Based Natural Language Processing and Information Retrieval* 是一本经典著作。近年来，人们提出了一种对 RDF 的嵌入式方法。对于在 DBpedia 上使用 ML 进行的其他研究，可以了解一下 Esteban 等人的工作"Predicting the coevolution of event and knowledge graphs"，也可以看看我近期的联合研究成果"Predicting invariant nodes in large scale semantic knowledge graphs"。

对于语义图，它的传统研究方法是关系学习，也取得了很多成果，包括对 YAGO 本体的分解。还有第 5 章提到的，使用核方法的图核技术也已经成熟了。

Feature Engineering for Machine Learning and Data Analytics 著作集的第 7 章详细讨论了从图与网络的特征生成技术，并特别介绍了全局特征与邻近特征之间的区别。这一章中的技术仅依赖于局部特征。可以提取的其他局部特征与三角形的近邻形状相关，即所谓的"自我中心网络"节点。这一章还分析了 DL 表示方法，重点在于 5.1.4 节提到的随机游走。

第 7 章

时间戳数据

迪恩・博南诺在他的《大脑是台时光机》一书中写道：

> 科学领域与人类一样，都有不同的发展阶段，并且在成长过程中成熟和改变。在很多领域中，这种成熟过程的一个标志就是对时间的逐渐理解。

正如我们会在本章中看到的，这恰恰就是机器学习（ML）中的情况。在 ML 中，处理历史数据经常有非常多的问题。历史数据的目标类别是可变的，对于某个特定类别非常好的特征对于另一个类别来说可能只是个勉强可以接受的特征。首先，历史数据不容易找到，通常很难获取：你不能在时间上回到过去（即使你的大脑是台时光机），如果你没有在合适的时间获取数据，数据就丢失了。你需要特殊的技术来填充这些缺口（见 7.2.1 节）。历史数据的清理工作也非常复杂，一个数据版本中的数据错误可能对其他版本没有影响，这使得数据错误很难被发现。要研究的实体集合也会发生变化：在同一问题中，要分类的行与过去的实例之间可能存在多对多关系。

本章将研究具有时间成分的数据，它们统称为“时间戳数据”。我们将研究这种现象的两个实例：一是数据来自对实例的过去观测（历史数据），二是具有实例目标值或目标类别的过去观测（时间序列）。7.7 节讨论了其他类型的时间戳数据（事件流）。时间戳数据是一个有很多实际应用的领域：使用过去作为特征来预测当前，以及马尔可夫假设和时间平均。它的主要问题包括对过去数据的人工处理、可变长度原始数据和归一化，因为历史为归一化提供了更大的数据池。在处理时间戳数据时，主要的收获是有代表性的统计量，以及用于计算这些统计量的窗口或分段的概念。

在处理第 6 章中使用的 DBpedia 数据的过去版本时，**我们的预期是人口更多的地点会在其属性范围内表现出更强的增长趋势**。这种信息可以使用现有特征的历史版本捕获，事实证明历史数据中有大量缺失值。这个案例研究的大量工作围绕着时间数据填充来进行，但 ML 模型在以这种方式呈现的数据上无法发现价值。而且，使用数据扩展也无助于提高性能。不过正如 7.5.2 节中讨论的，有很多后续工作可以尝试。

时间序列关心的是如何将一个变量（或多个变量）建模为其过去值的函数。观测通常是在特定的间隔之间进行的，所以时间本身是一个隐含的变量（两个过去的观测可以间隔两分钟，也可以间隔两年）。7.6 节更加深入地讨论了这个问题。尽管关于统计时间序列分析（TSA）的信息非常丰富，但传统的 ML 图书并不介绍时间戳数据上的机器学习。Schutt 和 O'Neil 的《数据科学实战》以及 Brink、Richards 和 Fetherolf 的《实用机器学习》是介绍 TSA 的两本名作，本章实现了后者中的一些思想。

我们的目的是使用维基百科中的城市在几十年里的统计数据来研究 TSA。事实证明，找出这些数据，即使是一些特定国家的数据，也是非常困难的。首先，"城市"的含义往往变化得非常频繁（一个例子就是，蒙特利尔在 2000 年合并了 11 个区，在 2010 年又把它们分割出去了）。我还发现，很多适合这个案例研究的数据都是需要授权许可的。7.6 节中使用了来自世界银行的 60 年的多国人口数据来对 DBpedia 语义图进行研究。

7.0 本章概述

本章包含两个研究。第一个研究使用 2010 ~ 2015 年的历史数据扩展 WikiCities 数据集，第二个研究重点关注国家和时间序列，本节稍后讨论。

对于 WikiCities 历史数据集，我们使用了过去 6 年的数据，其中一半左右的城市缺失，原因可能在于早期的维基百科覆盖范围太小。此外，对于存在的城市，有 50%的列是缺失的，可能因城市本身的变化所致。这种时间戳数据需要一种特殊形式的时间数据填充。我们由研究每一年的关系总数量开始，进行了一项探索性数据分析（EDA，见 7.1 节），关系数量随着 DBpedia 体积的增大而增加，不过在 2013 ~ 2015 年有个波谷。填充时间戳数据（见 7.2.1 节）似乎就是将数据值处理完整，但是在实际工作中，第一次特征化（见 7.2.2 节）是基于马尔可夫假设添加每个特征的前两个历史版本的。我们还要研究差分特征，但它们在这个例子中是无效的。我们在二阶延迟系统上使用特征热图做了一个误差分析（EA，见 7.2.3 节），分析表明关系数量是不稳定的，这可能是个问题。因此，我们尝试使用滑动窗口进行更好的平滑处理，这可能有助于消除 2013 ~ 2015 年的波谷（见 7.3 节）。第二次特征化（见 7.3 节）使用了简单移动平均，使性能有所下降，这可能是因为平滑过度了。

在第三次特征化中，我们使用从现在到过去的指数移动平均，组合使用平滑与填充，使平滑量曲线化，并取得了小小的改进。最后，我们通过历史数据进行了数据扩展（见 7.5 节），使用历史行得到了一个更好的模型。我们在第四次特征化中（见 7.5.1 节）使用了这种方法，结果性能进一步降低，即使训练数据增加到了 7 折。

通过时间序列（TS，见 7.6 节），我们创建了 WikiCountries 数据集（见 7.6.1 节），每个国家 2 个特征：DBpedia 中出关系和入关系的数量，加上来自世界银行的过去 59 年间的历史人口数量。我们通过 EDA（见 7.6.2）绘制出了关系数量，并发现了相关性。对 10 个随机国家及其时间序列的研究表明，为这些曲线拟合一个 TS 很难实现自动的特征工程（FE）。这个问题的关键是去除趋势，但没有一种技术可以很容易地为所有国家去除趋势。我们建立了一个基准模型，它忽略时间特征，仅使用关系数量（见 7.6.3 节），对人口数量的预测结果在实际人数的 2 倍之内。第二次特征化（见 7.6.4 节）使用了没有 TSA 的 ML。我们使用时间序列作为延迟特征，包含了针对一定数量延迟的目标值的过去版本（马尔可夫特征），得到了几乎完美的拟合。

最后，我们试图使用时间序列模型来预测目标变量，并使用这个预测结果作为一个特征（见 7.6.6 节）。但是，使用 ADF 检验为每个国家拟合一个 TS 只对 4%的国家有效。没有对数据更好、更有效的 TS 建模，使用马尔可夫特征的 SVR 在这个数据集上的效果更好。

这些案例研究中使用的特征向量简要表示在表 7-1 中。

表 7-1 本章使用的特征向量。BASE 是表 6-1d 中的保守图特征向量。(a) 填充后的二阶延迟，490 个特征；(b) 简单移动平均，490 个特征；(c) 指数移动平滑，490 个特征；(d) 数据集扩展，98 个特征；(e) 无 TS 的 WikiCountries，2 个特征；(f)马尔可夫特征，3 个特征

1	2015_rel#count?is_defined
2	2015_rel#count
3	2015_area#1?is_defined
4	2015_area#1
5	2015_areaCode#count?is_defined
6	2015_areaCode#count
	...BASE double with ?is_defined for 2015...
195	2015_computed#value?is_defined
196	2015_computed#value
197	2014_rel#count?is_defined
	...BASE double with ?is_defined for 2014...
392	2014_computed#value
393	rel#count
	... BASE ...
490	computed#value

(a)

1	rel#count
	... (identical to (a)) ...
490	computed#value

(b)

1	rel#count
	... (identical to (a)) ...
490	computed#value

(c)

1	rel#count
	... BASE ...
99	computed#value

(d)

1	log #rels out
2	log #rels in

(e)

1	log #rels out
2	log pop 2015
3	log pop 2016

(f)

7.1 WikiCities：历史特征

请注意，本章不是完全独立的。如果你没有读过前一章，应该仔细地读一下 6.1 节，了解这里的任务和目的。为了在这些案例研究中使用一个连续性的例子，我考察了这个数据集的历史版本，它可以让我们通过历史特征来研究 FE 概念，包括时间延迟特征（见 7.2 节）和滑动窗口（见 7.3 节）的使用。历史数据提取自 DBpedia 从 2010 年到 2015 年的各个版本（见表 7-2），就新加入的关系而言，其中的差别可以表示出这份数据的一种**速度**：更大的城市可能有更多的人编辑其页面。

表 7-2　历史数据。链接列显示 GeoNames 链接文件的大小。当前版本中有 80 119 个定居点，GeoNames 链接文件有 3.9 MB

版本	年份	代码	链接	城市数	发现比例	重命名数	关系数量	实体数量
3.6	2010	dbpedia10	788 KB	32 807	40.9%	16 803	20m	1.7m
3.7	2011	dbpedia11	788 KB	32 807	40.9%	16 803	27m	1.8m
3.8	2012	dbpedia12	788 KB	32 807	40.9%	6 690	33m	2.4m
3.9	2013	dbpedia13	3.1 MB	73 061	91.1%	14 328	42m	3.2m
2014	2014	dbpedia14	3.3 MB	75 405	94.0%	14 587	61m	4.2m
2015/4	2015	dbpedia15	692 KB	32 807	40.9%	6 690	37m	4.0m
—	2016	—	3.9 MB	80 199	—	—	38m	5.0m

由于 DBpedia 提取脚本（比如城市的名称从 Phoenix%2C_Arizona 变成 Phoenix,Arizona 和 Wikipedia 源数据 Utrecht 变成了 Utrecht%28city%29）中的改变，URI 实体每年都会发生变化。我曾试图使用由 DBpedia 每年提供的 GeoNames 链接文件来对其进行标准化，就像第 6 章中做的那样。但是，在历史版本中，GeoNames 数据是受限的，有一半的城市是缺失的，这可能还是 Wikipedia 源数据在早期的低覆盖率所致。从根本上说，这都是在生产系统中处理历史数据的典型问题。

在所有年份的数据导出文件（每年一个单独文件）和第 6 章中提取了 98 个保守特征集的文件中，我提取出了相关的三元组。同样，因为本体的改变，很多列（有时候有 50%的列）是空的。有趣的是，这个数目每年都会变化，而且不一定是线性变化的，因为提供的链接文件在大小上差别很大，就像我们在表中看到的那样。因此，需要一种对时间戳数据的特殊类型的时间填充。请注意，提取出来的数据集还包括每年的目标变量（人口数量），针对这些年来有数据的城市，但这些数据的改变还不足以构成时间序列。下面让我们从 EDA 开始，来了解一下这个数据集的行为。

探索性数据分析

我们要注意的第一件事情，就是在第 7 章 Jupyter 笔记本文件的 Cell 1 中（见图 7-1a），关系总数是如何变化的。可以看到，在那些有很好链接数据的年份中，关系的平均数量（rel）是随着 DBpedia 体积的增大而逐渐增加的。在 2013～2015 年有个波谷，这可以促使我们使用滑动窗口方法。

我们看看这个数量与上一个已知年份（2016 年）的比较（Cell 2），图 7-1b 表示出了向当前数据的收敛趋势，同样在 2015 年有个波谷。下面看看与当前年份相同的特征数量（Cell 3）。图 7-1c 显示，这个趋势与在关系数量中观测到的趋势相同。这份数据似乎很适合使用延迟特征（见 7.2 节）。不过，时间平滑使用了一个滑动窗口，对于这种波动较大的数据，它可能提供更好的结果（见 7.3 节）。

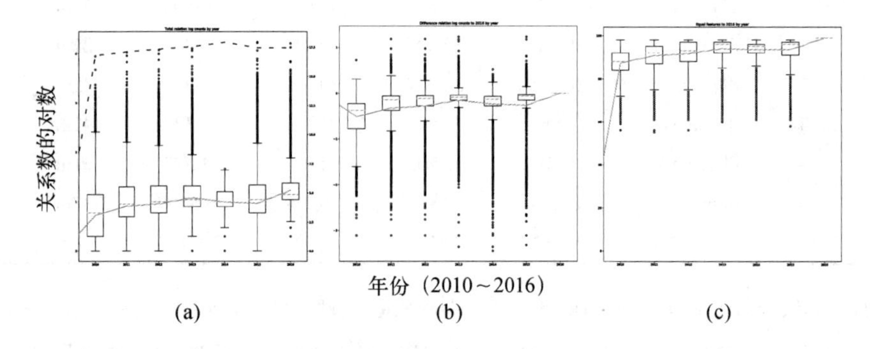

图 7-1 (a) 2010～2016 年，每年关系总数的对数；(b) 2010～2016 年，每年到 2016 年数量的对数的差，(c) 2010~2016 年，与 2016 年特征相同的特征比例

表 7-3 需要填充的所有缺失列和部分缺失行

年份	缺失列	缺失城市
2010	37	9990
2011	29	8147
2012	29	6808
2013	29	2160
2014	62	1538
2015	0	8501

这个数据集需要填充两种数据：缺失列与缺失的部分行。缺失列是因为源数据中没有这种关系。一共有 186 个缺失列，按照年份列在了表 7-3 中。另一种缺失数据是不存在的城市（或者存在，但是是通过 GeoNames 链接的，或者使用 2016 年的名称无法找到）。对于这些城市和年份，

整年的数据是缺失的，需要填充。有缺失信息的行一共有 37 144 个，也按照年份列在了同一张表中。在这种情况下，填充值的指示特征（第 3 章中讨论过）是非常重要的，而且导致了特征向量增大到上一个向量的 2 倍。总的来说，有 42%的历史特征需要填充。缺失值的量非常大，让我们看看是否可以将单独的条目可视化。

我们使用热图来进行可视化，通过 k 均值聚类（见 2.2.1 节中的介绍）将特征离散化为 6 个箱。聚类是针对每个特征进行的，分箱数量（6 个）是为了方便可视化而选取的。不是所有特征都能生成 6 个簇。前 3 个簇用绿色表示（在笔记本中），最下面的用蓝色表示（在笔记本中）。这个图将特征按年份对齐，让我们发现了数据中的故事（Cell 6）。缺失值用红色表示。图 7-2 展示了转换为灰度后的一部分图。我们分析了 10 个城市，可以看出关系数量（热图中的第一列）每年都发生变化，但目标人口数量（热图中最后一列）似乎停留在同一范围内。有大量缺失特征，而且颜色表示出，缺失特征随着时间的推移有相对的增加。对于所有年份，`seeAlso` 特征都是缺失的。这是一个很大的损失，因为在第 6 章中，这个特征已经被证明是非常有价值的。

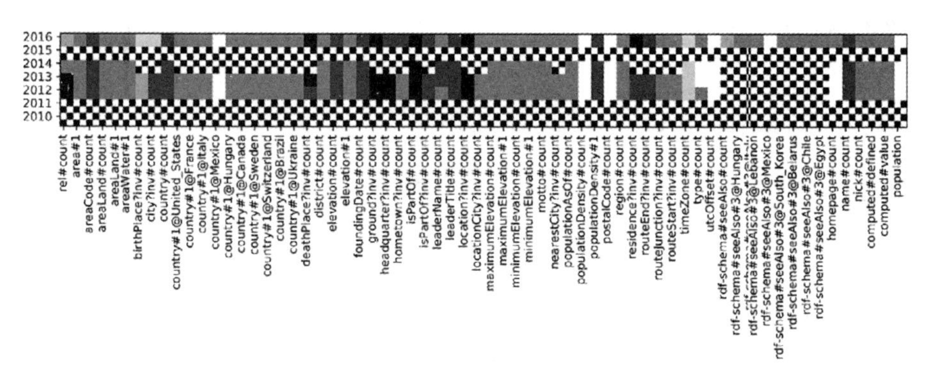

图 7-2　使用特征热图（节选）进行历史特征可视化。数据来自位于墨西哥尤卡坦州的梅里达（Mérida）市。目标向量，即人口的对数，是 5.986（970 376 人）。棋盘状的图案显示了缺失值

7.2　时间延迟特征

我们先使用上一个版本中的特征值作为时间延迟特征。由于缺失值所占比例很高，我们需要一种方法来填充，下面就讨论这种方法。

7.2.1　填充时间戳数据

时间数据的填充与普通填充有很大的区别，因为我们可以根据特征在不同时间的值来近似

它的缺失值。但必须小心避免为补全缺失值而采用的假设主导建模过程的结论。与正常数据中的信号相比，填充数据可能导致一种更强烈、更容易选择的信号。如何避免填充操作对结果的影响呢？在 *Data Preparation for Data Mining* 一书中，Dorian Pyle 提供了一种建议：在加入填充数据之后，检查一下结果是否有显著变化，因为这种变化是不可信的，也不是我们想要的。在本节最后，我们还要重新讨论这个话题。在第 3 章对普通填充的讨论中（见 3.2 节），我们介绍了解决填充问题的最主要的方法，即训练一个定制的 ML 模型，使用可用特征作为输入来预测缺失值。对于时间戳数据，这种方法仍然是最常用的，可以训练一个自回归模型（见 5.1.5 节）根据从前的数据来预测缺失的数据。为简单起见，我们先重复缺失特征的最后一个已知值，即偏向于更早的值（Cell 7）。

在填充的 1100 万个特征值中，有 16%是使用过去的值进行填充的。在 84%使用未来值进行填充的值中，23%使用了现在的特征。因此，多数特征不是使用现在的值进行填充的。这非常重要，否则历史特征就几乎没有价值了。Cell 8 对此进行了可视化，但是图片太大，不能包含在本书中。这次填充的效果非常不错，只有很少几个地方（如 Watertown）的中心有些令人惊讶。现在我们已经准备好第一次特征化了。

7.2.2 第一次特征化：填充二阶延迟数据

为了第一次特征化，我们将根据一个马尔可夫假设添加每个特征的历史版本。

1. 马尔可夫假设

在处理时间戳数据时，我们可以做出一个关键假设，即存在一个具有有限“记忆”的基本数据生成过程。也就是说，这个过程仅仅依赖于几个过去的状态。这种过程称为**马尔可夫过程**，过去状态的数量称为该马尔可夫过程的**阶**。这种非完整记忆有助于缓解特征爆炸问题，在以建模为目的时，也是对现实的一种简化。在对时间序列进行 FE 时，马尔可夫假设可以有两种应用：集成以前的目标值（或目标类别），称为**马尔可夫特征**；集成过去的特征值，称为**延迟特征**。

下面看看延迟特征。对于第一次特征化，Cell 9 添加了每个特征的历史版本，包括最近的两个版本和一个缺失数据指示特征。因为特征数量会增加得很快，所以 Cell 9 改用了随机森林。SVM 在特征数量增加时很难使用，计算时间也会暴增。使用 490 个特征（见表 7-1a）进行训练时可以得到 0.3539 的 RMSE，它对 SVR 基准模型 0.3578 的 RMSE 仅有一点儿改进。我们再看看 Cell 10 中使用其他延迟的 RMSE。**请注意，太多延迟可能导致过拟合，因为参数的数目增加了，而实例的数目还保持不变。**表 7-4 中第三列的结果表明，在 3 阶延迟之后，误差确实开始增大了。

在进行 EA 之前，我们先计算一下差分（Cell 11）。

表 7-4　使用 RF 的不同特征延迟的 RMSE。在 35 971 个城市上训练。最后一列是在差分特征上训练的结果

延　迟	特　征	RMSE	差分的 RMSE
0	98	0.3594	—
1	294	0.3551	0.3599
2	490	0.3539	0.3588
3	686	0.3539	0.3588
4	882	0.3542	0.3584
5	1078	0.3540	0.3583

2. 差分特征

在处理延迟特征时，最强烈的信号可能不在特征本身之中，而是在它与当前值的差或比之中。因此，在差分特征中，我们使用它与当前值的差替换延迟特征。正如 2.5 节中所描述的，这是一种 Δ 特征。在使用差分之外，如果特征中不包含 0，比值也非常有价值。因为我们的数据集包含大量 0 值，所以我们会一直使用差分，放弃使用比值。

从表 7-4 中最后一列的结果来看，差分特征在我们的例子中没什么用。为什么它会无效呢？我认为原因在于 RF 在建立每一棵树时使用特征抽样的方式。在差分特征的情况下，它不再有途径进行特征抽样。如果它选择了 Δf_{t-1} 来代替 f_t，那么在差分特征中 f_t 的信息就丢失了。使用历史特征 f_{t-1} 似乎效果不错，因为这些特征值相差不大，f_{t-1} 只是 f_t 的一个替代品。如果历史特征只是 2016 年（数据集中最近的一年）特征的替代品，那么我们从这个数据集中得到的只是额外的训练数据。下面做一下误差分析。

7.2.3　误差分析

在这次误差分析中，Cell 12 使用了为 EDA 开发的特征热图，来看看与没有延迟特征相比，使用了延迟特征之后哪个城市会变得更差。参见图 7-3，我们只看第一列（关系数量）。这次误差分析的完整图形太大了，无法包含在本书中。根据这张图，我们可以得出结论，第一列（关系数量）中的不稳定性是个问题，因为我在很多案例中见过这种情况，其中的值先跳到很高，然后又降低了。我们可以通过平滑来有效地解决这个问题。

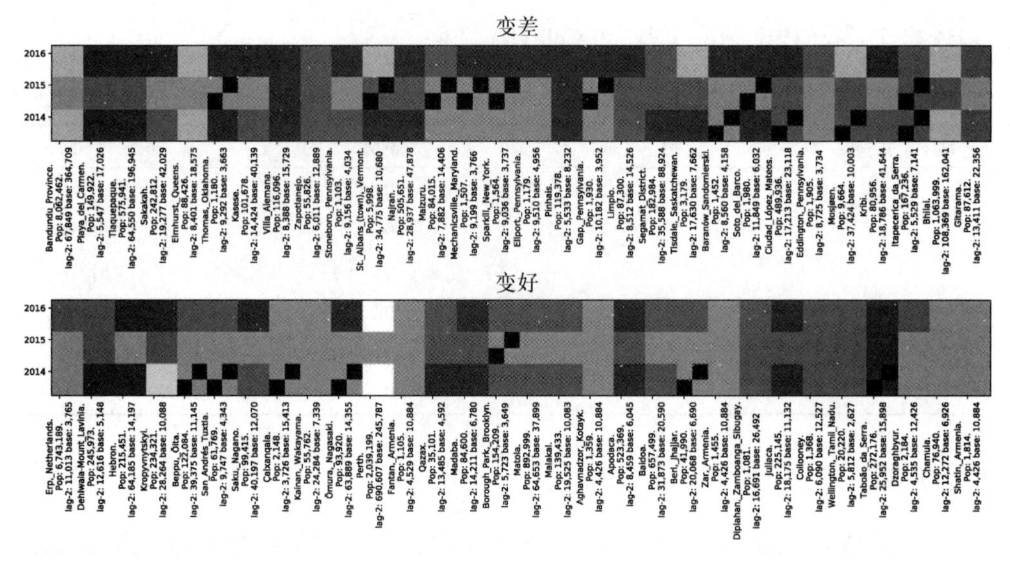

图 7-3 用特征热图对使用了二阶延迟之后总关系数量变差和变好的城市进行历史特征可视化。可以看到，变差的城市在这三年中的关系数量相差很大

7.3 滑动窗口

当特征值中的可变性非常高的时候，直接使用延迟特征或其差分是有问题的。对这种数据的一种改进方法是通过滑动窗口来实现**时间平滑**（temporal smoothing，见 2.2.1 节中对平滑的一般性讨论）。例如，**使用窗口中值的中位数或平均数替换特征值**。在我们的例子中，将使用一个容量为 3 的窗口。请注意，我们会丢失两个年份，因为在这两个年份上无法计算平均数。有多种方法可以测量窗口中的平均数，常用的方法包括算术均值、加权平均（对与当前值更接近的延迟给予更大权重）和指数平均（其中的“记忆”平均数被更新为当前值与前一个“记忆”的加权和）。你还可以聚合不同容量的窗口以得到数据的一个时间剖面，也就是说，使用若干个在不同时间跨度上平滑的特征来代替平滑特征。

窗口中值的均值是一个描述性统计量，第 2 章介绍过各种描述性统计量。其他选择还包括标准差，以及描述窗口中数据与正态分布有多相似的度量方式（峰度和偏度）。在本节中，这些描述性特征称为**关键特征**。在计算均值时，你应该注意 **Slutsky-Yule 效应**：在完全随机的数据上进行平均时，会得到一条正弦曲线。这有可能误导 ML，使它认为数据中有一些波动，而这些波动实际上并不存在。

下面看看如何在数据上使用滑动窗口方法。

第二次特征化：单次移动平均

简单移动平均（Cell 13）平滑了 1780 万个特征值，规模相当大，很多特征改变了。我们再试一下经过了简单移动平均的二阶延迟，进行第二次特征化（Cell 14，见表 7-1b）。RMSE 为 0.3580，比以前更差了。在这种平滑水平下，这个结果并不让人意外。我们再试试另一种平滑方法。

7.4　第三次特征化：EMA

Cell 15 使用了从现在到过去的指数移动平均，并将平滑与填充结合起来。在**指数移动平均**（EMA）中，有一个记忆值 m，而且时刻 t 的平滑值是个加权平均，由参数 α 控制（$0 < \alpha < 1$），在要平滑的值与记忆值之间进行加权。然后将记忆值设置为平滑后的值：

$$\tilde{x}_t = \alpha x_t + (1-\alpha)\tilde{x}_{t-1}$$

EMA 通常是按照从过去到现在的顺序来执行的，但在我们的例子中，执行顺序是从现在到过去，因为现在的值缺失值更少、质量更高。在计算 EMA 时，如果在当前平滑版本中发现了缺失值，我还进行了填充。因为在这份数据中无法证明过去的值有很大的作用，所以我设置 $\alpha = 0.2$。这个过程平滑了 1560 万个特征值，训练了一个带有二阶延迟的随机森林模型（Cell 16，见表 7-1c），它产生的 RMSE 是 0.3550，比以前只有非常小的改进。看来，这种技术无法揭示这个数据集在时间维度上的价值。

7.5　使用历史数据进行扩展

最后，还可以不理会数据中的时间因素，仅使用历史数据进行扩展：**加入历史数据行可以得到更好的模型**。在处理事件数据时，这等同于对数据进行转轴，从将事件作为列变为将事件作为行。尽管这种思路非常简单，Schutt 和 O'Neil 还是提议进行如下的思维实验：

> 如果你认为训练集就是一大堆数据，而无视其中的时间戳，那么会失去什么？

你肯定会丢失按时间排序的数据中隐含的因果关系。如果确定这对于你并不重要，那么完全可以进行这种数据集扩展。

这种概念上非常简单的方法会带来评价上的问题，因为它是在一个实例上训练的，而在数据中同一行所生成的另一个实例上测试则会造成特征泄露。在下面要讨论的交叉验证中，这个问题变得尤其复杂。

时间数据交叉验证。为了理解时间特征泄露，假设数据集中只有一个城市，它有一个特别的属性。为了论证需要，假设这个城市靠近一些金字塔。反过来，靠近金字塔则意味着该城市比预料中大很多。[①]如果带有历史数据的行被分割成 5 个实例，其中 4 个用来训练模型，那么当在剩下的一个实例上进行测试时，“金字塔对于这个特定城市是一个好的特征”这一事实就会从测试集泄露到训练集。在生产环境中不会发生这种泄露，特定城市的特殊特征会使误差率升高。为了避免特征泄露，Cell 17 使用了**分层交叉验证**（stratified cross-validation）将城市分成多个折，然后将从每个城市导出的实例添加到相应的折中。

7.5.1 第四次特征化：扩展的数据

最后一次特征化使用额外的行作为更多的训练数据（Cell 17，见表 7-1d），将可用的训练数据增加到约 7 倍（从 35 000 到 250 000）。可是事与愿违，RMSE 变成了 0.3722。在这个阶段，在使用历史数据来提高这个任务的分类性能方面，实验失败了。

7.5.2 讨论

读者还可以尝试以下这些操作。

- 只添加对历史关系数量的 EMA-平滑（没有其他数据），得到一个保守特征集。
- 丢弃那些有太多填充值的行，或有太多填充值的列。
- 使用特征的填充版本（如 EMA 版本）代替它们的当前版本。**这可能会用历史数据改进现在的数据。**
- 收集数据集中 8 万多个城市在过去 60 年间的统计数据，加入目标变量的历史版本作为额外的特征（马尔可夫特征）。在 7.6 节中，我们会使用一个不同的数据集来研究这些概念。
- **计算窗口中的平均数，这是一种特殊类型的卷积核（还可以有其他的核）。**对这个任务可能有用的核方法是使用一个指示特征：如果最后两个特征之间的变化增加超过 10%，就输出 1.0。

历史数据的另一个用处是提高模型对于变化的稳健性，这些变化包括特征集行为上的改变以及数据的自然演变。对于很多数据集，特征的持续增长是个普遍的问题。随着数据的改变，数据拟合的系数也会改变，系数的演变则说明了数据的稳定性。对于当前的数据集，可以在前一年的

---

① 因为金字塔可以将食物短缺的增长速度降低 25%。（应该是作者的一个设定，猜测此设定来源于某游戏，里面的金字塔可以给每个城市增加一个粮仓。——译者注）

数据上进行训练，在后一年的数据上进行测试。有一种更稳健的方法，可以根据数据集的总体行为考虑特征的预期增长。**区分哪些特征会增长以及哪些不会是一个值得研究的主题。**

7.6 时间序列

5.1.5 节中的时间序列模型可以用在一个 ML 系统中：首先，可以使用它们的预测结果作为额外的特征，并让 ML 确定在何种情况下相信它们（见 7.6.5 节）；其次，可以使用它们的内部参数（拟合多项式或阶）作为特征，也可以使用模型对数据的近似程度作为特征（如模型的置信区间，但更多人使用它们的 AIC，见 4.1.3 节）；最后，可以训练一个模型来预测它们的残差，即预测的误差（见 7.6.6 节）。我们将研究第一个选项。

7.6.1 WikiCountries 数据集

正如概述中所说，WikiCities 数据集并不适合时间序列的任务，所以我们切换到国家层次的数据。世界上的国家并不太多，所以我们只使用两个特征来建模：DBpedia 中国家的出关系数量和入关系数量（参见 6.1 节中对“出关系”和“入关系”的定义）。如果数据点少于 300 个，又没有进行大量特征选择工作，那么使用更多特征是没有意义的。

对类型 dbpedia/Country 的所有实体进行识别可以得到 3424 个实体（Cell 18），其中包括一些历史国家（如 Free State Bottleneck）和错误（如 National symbols of Sri Lanka，这是一个关于符号的实体，不是一个国家）。来自世界银行的历史人口信息中有 264 个国家在 59 年中的数据（Cell 19），其中的国家数量还是太多，也是有问题的。在仔细分析国家的重复和缺失问题之后（Cell 20），可以知道世界银行数据中包含很多地区（如北美），还有很多国家的名称在维基百科中有不同的处理。最终的国家映射是在 Cell 21 中手工完成的，得到了 217 个国家。找出这些额外的映射有时候需要检查维基百科的源页面，比如格鲁吉亚被显示为 Georgia(Country)和 Democratic Republic of Georgia（后者 1921 年就不存在了）。DBpedia 中还有一些错误，比如博茨瓦纳（Botswana）和乌干达（Uganda）并没有在类型 dbpedia/Country 中列出。[①]

使用这 217 个国家，Cell 22 计算出了 DBpedia 中入关系和出关系的数量，一共得到了 130 万个入关系和 7346 个出关系。对于各个国家来说，进入它们的关系非常多，离开它们的标准关系非常少，这是很正常的。现在我们可以将时间序列数据与关系数据合并在一起，再分割为训练数据和最终测试数据（Cell 23），开发集中共有 173 个国家。

正确分割数据之后，我们就可以进行 EDA 了。

---

① 还有一些地区被错误地列为国家，比如维尔京群岛（Virgin Islands）和圣马丁（Sint Maarten）。——编者注

7.6.2 探索性数据分析

在处理 TS 时，EDA 是非常重要的，尤其是图形方式的可视化。用 Dorian Pyle 的话来说，“（时间）序列数据必须用眼睛去看”。具体地说，通过观察 TS 的各种可视化形式（图、相关性图、差分图、谱图，等等），我们可以确定数据中是否存在趋势、其中的过程类型（AR、MA 等，见 5.1.5 节）和它们的阶。主要的工具是**相关性图**，它可以绘制出变量与其自身延迟版本的回归关系，其中的 y 轴是相关性的值（从−1 到 1），x 轴是延迟的数量（从 1 到你选择的最高延迟数）。它也称为 ACF 图（有自回归功能）。另一种重要的图是 PACF 图（偏 ACF 图），它可以绘制出消除了上一个延迟之后的相关性系数。如果时间序列中的过程是 AR 过程，那么 ACF 曲线会缓慢下降，还可以从 PACF 图中读出 AR 的阶。例如，如果模型是 AR(2)，而且不考虑前两次延迟，那么第三次延迟的偏相关系数就是 0。如果是 MA 过程，那么 ACF 在阶数之后就是 0。如果 ACF 和 PACF 都缓慢下降，那么就应该是 ARMA 或带有某种差分的 ARIMA。从相关性图中还可以读出其他信息，比如是否存在季节性波动，或时间序列是否是交替的。

我们首先绘制出关系数量与当前人口，看看它们之间是否相关（Cell 24）。从图 7-4 中可以看出，入关系的数量非常有价值，而出关系数量则不然，因为多数国家有同样数量的标准关系。能从图中看出相关性水平非常高，这非常鼓舞人心。

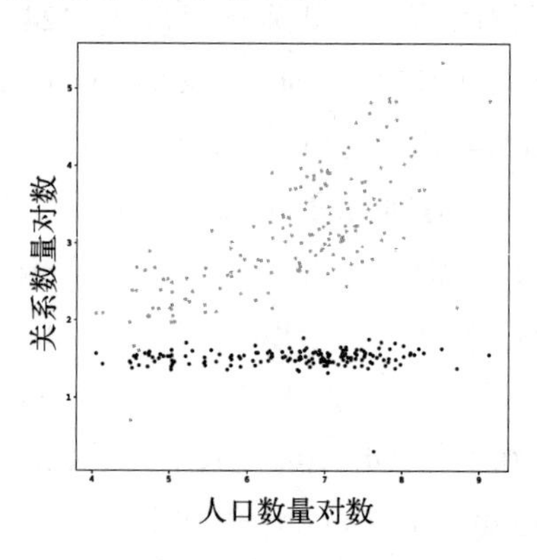

图 7-4 WikiCountries 中关系数量对数与人口数量对数的关系

下面随机选取 10 个国家，看看它们的时间序列数据（Cell 25）。从图 7-5 可以看出，序列中存在趋势逆转[1980 ~ 1990 年的爱尔兰（Ireland），2000 ~ 2010 年的斯洛伐克（Slovak Republic）]和缺失数据[圣马丁（Sint Maarten）]，而且曲线的行为各式各样。**很明显，应该对每个国家分别拟合一条曲线，自动 FE 似乎很难实现。**我们再看一下 ACF 图和 PACF 图（Cell 26），图 7-6 中给出了一些国家的抽样。我们在 PACF 图中没有看到影响，所以不需要进行 MA，但是可以看到一个很强的趋势效果。

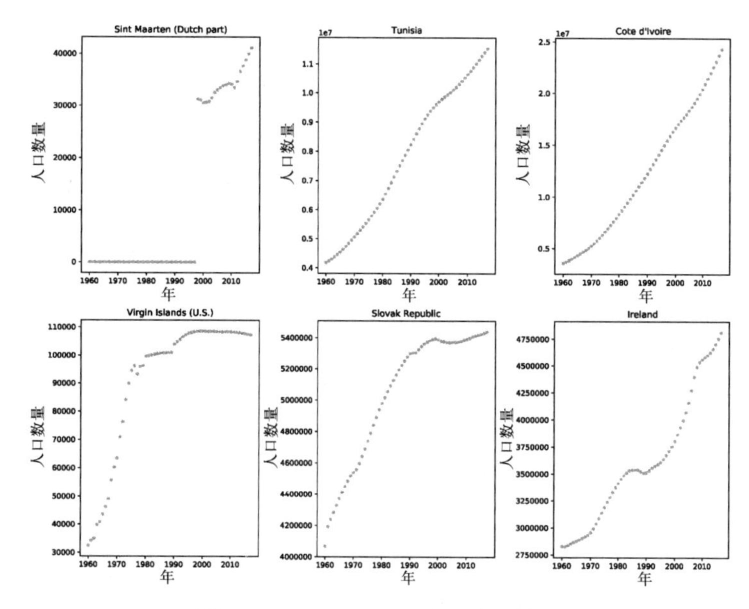

图 7-5 WikiCountries 人口数量抽样

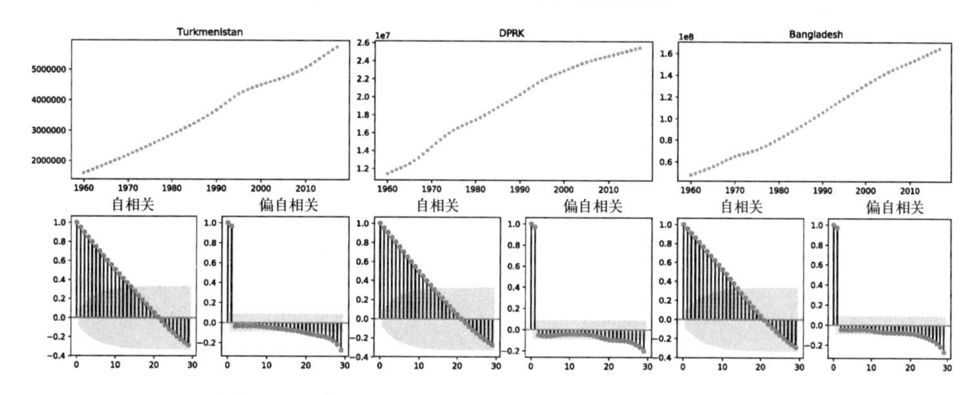

图 7-6 WikiCountries 人口抽样的 ACF 图和 PACF 图

去趋势是这个问题的关键，但普遍的观点是要对此进行非常谨慎的处理，因为它会破坏数据中的信号。我们使用了对数函数（Cell 27）、一阶差分（Cell 28）和二阶差分（Cell 29）对去趋势进行了图形化探索。通过这种图形化方式，我们发现没有一种技术可以很好地处理所有国家，每条曲线看上去都很特别。我们可以在一条曲线上集中尝试不同的参数和方法，这样可以得到一个很合适的 ACF/PACF，并去除趋势。**但是，只有在模型已经存在并且是为另一个目标而建立的时候，对 163 个国家手工进行这种操作才有意义**。很明显，要建立这种模型，不论何种 ML 模型都需要大量的领域知识。

下面看看 ADF 测试（Cell 30），这是一种在 5.1.5 节中讨论过的自动稳定性测试。Cell 30 尝试了文献中建议的各种去趋势方法，并使用 ADF 对得到的序列进行评价，结果汇总在表 7-5 中。可以看出，圣马丁通过差分、对数、线性回归和二次回归都没有达成稳定性，其他国家仅仅通过某种特殊方法才能得到稳定性。最成功的去趋势方法是在一阶差分之后使用二次回归。像基本形式和对数函数这样的简单方法，如果不使用二次回归，只能对样本中 50%的国家起作用。

土库曼斯坦（Turkmenistan）是个简单的例子，它通过对数函数就能得到稳定性，所以我们尝试用 AR 模型（见 5.1.5 节）对其进行预测。如表 7-5 所示，ADF 自延迟在第 11 个延迟之处找到了稳定性，Cell 32 使用 AR(11)过程得到了一个非常好的拟合。**问题就是，如何能实际地得到所有拟合模型并自动进行预测**。更进一步的问题是，这样做是否有意义。在本节最后，我们会回过头来讨论这个问题。我们先从一个基准模型开始，忽略时间特征，使用一种没有 TSA 的 ML 方法。与其他方法相比，在进行了 EDA 之后，TSA 系统似乎会降低性能。

表 7-5 使用各种方法在 12 个国家的样本上获得稳定性（$p < 0.1$ 的 ADF）。列表示使用的回归技术，行分别表示将回归直接应用在人口数量（基本形式）、人口数量对数和人口数量差分上的结果。圣马丁没有得到稳定性。国家名称后面的数字表示得到稳定性所需的延迟数量

	无常量	有常量	线性回归	二次回归
基本形式		**Virgin Islands** 9 **Trinidad and Tobago** 11	**Tunisia** 8 **Virgin Islands** 9 **Bangladesh** 8 **Seychelles** 8	**Ireland** 9 **Trinidad and Tobago** 6 **Tunisia** 11 **Virgin Islands** 10 **Seychelles** 8
对数形式	**Bangladesh** 8	**Virgin Islands** 9 **Seychelles** 0 **Trinidad and Tobago** 11 **Turkmenistan** 11 **Bangladesh** 11	**Virgin Islands** 9 **Trinidad and Tobago** 11	**Ireland** 9 **DPRK** 8 **Virgin Islands** 11
一阶差分	**DPRK** 8 **Slovakia** 2 **Trinidad and Tobago** 11 **Sint Maarten** 0	**Sint Maarten** 0 **Ireland** 9 **Seychelles** 0	**Sint Maarten** 0 **British Virgin Islands** 5 **Trinidad and Tobago** 10 **Seychelles** 0	**DPRK** 10 **Seychelles** 0 **British Virgin Islands** 11 **Trinidad and Tobago** 10 **Sint Maarten** 0 **Tunisia** 10

7.6.3 第一次特征化：无 TS 特征

我们先只使用关系数量（Cell 33，见表 7-1e）。支持向量回归（SVR）的两个超参数是在一个保留集上使用网格搜索估计出来的，所以使用这两个超参数的 SVR 要在未知数据上进行测试。

RMSE 是 0.6512（相当于对目标人口的预测误差最大能达到 230%）。对于这么少的特征，这个结果还算可以。但出人意料的是，DBpedia 链接数量对一个国家人口的预测结果可以是实际结果的 2 倍。从图 7-7a 来看，这个预测结果的波动还是非常大的，尤其是对较小的国家。下面加入 TS 作为额外特征。

7.6.4 第二次特征化：使用 TS 作为特征

这种方法使用时间序列作为延迟特征（7.2 节对其进行了讨论），其中包括对于给定数量延迟的目标值的过去版本，我称其为**马尔可夫特征**。为了找到能生成最佳结果的延迟数量，Cell 34 在一个保留集上为每种延迟估计了最佳超参数。最优模型在未知数据上进行了测试。在数量为 2 的最佳延迟上，我们进行了第二次特征化：使用目标值的最后两个已知值作为特征，再加上 DBpedia 中的出关系数量，一共有三个特征（见表 7-1f）。对于这三个特征，SVR 得到的 RMSE 是 0.0524，图 7-7b 给出了这个几乎完美的拟合。这个结果好得难以置信，直到我们发现，在与现在年份相比时，最后一个已知观测可以生成值为 0.0536 的 RMSE。使用 TS 建模很难再改进这个结果。我们使用 TS 尝试一下。

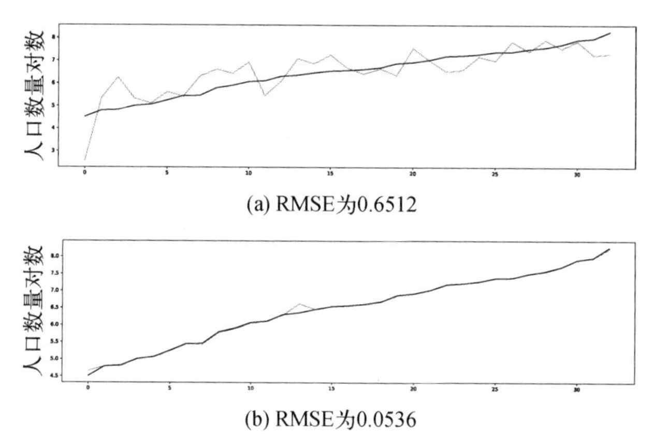

图 7-7 在 36 个未知国家上的 SVR 结果，按照误差排序：(a) 无 TS 特征；(b) 二阶延迟特征

7.6.5 使用模型预测作为特征

为了将时间序列模型与 ML 模型组合起来，我们可以先使用它预测目标变量，再使用预测结果作为一个特征。这与使用集成方法进行特征扩展的原理是一致的，3.1 节讨论了这种方法。我们希望 ML 模型能知道这种特征在何种条件下是好的，以及什么时候应该忽略这种特征。继续前面 EDA 中的讨论，为了得到 TS 预测，我们将进行以下操作：保持目标年份（2017）是未知的，

因为它是测试数据，然后在 1960 ~ 2015 年的数据上估计 TS，在 2016 年数据上测试 TS。[①]至于去趋势技术，我们将试验三种方法：不进行去趋势、对数方法和线性回归。我们按照复杂性顺序依次试验去趋势方法，选择尽可能简单的模型。请注意，这意味着要运行与实例（国家）数量一样多的回归。幸好，我们不使用二次回归，执行时间会很快。Cell 35 中的代码非常复杂，因为它要为每个国家自动拟合一个 TS。文献中建议手动进行这个过程，而且要特别注意观察可视化结果。但是，为了能在 ML 中使用 TS，这个过程需要自动化。代码按照复杂性从低到高的顺序使用了三种去趋势技术，直到 ADF 稳定性检验（5.1.5 节）得到了一个小于 0.1 的 p 值。对于每个稳定的 TS，代码在去除了趋势之后的 TS 上训练一个 ARIMA 模型，再使用它预测 2016 年的人口数量。如果这个预测的误差小于基准模型的误差（2015 年人口数量 + 2015 年人口数量 − 2014 年人口数量），就重复整个过程来预测 2017 年（结果将作为 ML 特征）。

接下来，我们打算使用 7.6.4 节中的特征再加上 TS 预测结果作为另外一个特征，用这三个特征训练一个模型。不过，在 163 个国家中，代码只在 96 个国家（59%）上获得了稳定性，而只有 6 个国家（4%）的预测结果好于基准模型。在这个阶段，使用这些 TS 特征很明显是没有价值的。如果不对数据进行大量、更好的 TS 建模，使用马尔可夫特征的 SVR 在这个数据集上的性能更好。

7.6.6 讨论

对于我所见过的 TS 数据来说，在不进行人工监督的情况下自动拟合 TS 模型似乎不是一个好的做法。如果你在数据上有一个高质量的 TS 模型，并想使用一些特征对其进行扩展，以便使用 ML 技术更好地建模，那么以下方法是值得研究的。

使用 TS 预测作为特征。加入预测结果（如 Cell 35 的挖掘结果）作为特征，并让 ML 通过与其他数据的比较来评价它的作用。

模型参数作为特征。AR 模型、回归模型和其他模型的参数都可以作为特征，甚至能使 TS 获得稳定性的参数也非常有价值。请注意，使用模型参数会导致每个实例上的参数数量是可变的，因为它依赖于回归与延迟的类型。如果一个国家在使用对数函数后获得了稳定性，那它只需加入一个特征（“使用对数去除趋势”）；如果另一个国家需要二阶延迟后再使用线性回归才能稳定，那它就需要 5 个特征（“使用线性回归”“使用二阶延迟”，还有 3 个回归参数）。

在误差上训练。如果 TS 预测结果足够好，我们就可以在它的残差上训练一个 ML 模型，来

① WikiCountries 数据集只到 2016 年，但世界银行的人口数据是从 1960 年到 2017 年。

进一步提升其性能。这是一种集成学习技术。这就又回到了误差模型，我们认为观测数据是行为良好、可以用数学建模的过程与某种难以建模的误差的总和。我们将误差留给 ML 去建模，称为**在残差上训练模型**。这是一种非常有用的技术，不局限于时间序列。

我们接下来应该做什么呢？使用一种不同的回归方法或差分方法来改进 TS 拟合，是扩展这个案例研究的非常好的途径。不同于现有的方法，我们可以在训练数据的一个子集上为每一年训练一个 SVR（随后将丢弃），然后计算出所有年份的残差，再在这些残差上拟合一个 TS。基本上，我们是在使用 SVR 作为一种去趋势技术。这里之所以没有选择这条路径，是因为我觉得自动拟合 TS 对于本章内容来说已经足够多了。在 ML 和统计学社区之间，有些明显的方法论区别，Leo Breiman 在文章"Statistical Modeling: The Two Cultures"中对一些区别进行了讨论。在应用统计学社区中的一些方法时，要特别注意它们所依赖的模型假设。

最后，我还想知道人口数量是如何计算出来的。它可能是对所有中间数值进行了插值，而 SVR 只是对一个数学函数进行了逆向工程，并没有得出真实的人口数量。

7.7 扩展学习

Gupta 与其同事在对异常值检测方法的概述中从计算机科学的角度对 TS 做了非常好的介绍。TSA 研究非常复杂，本章参考的教科书包括 Chris Chatfield 的 *The Analysis of Time Series* 和 Alan Pankratz 的 *Forecasting with Dynamic Regression Models*。包括代码示例在内的线上资料同样也是非常有价值的，我推荐 Brian Christopher 和 Tavish Srivastava 的博客文章。当前将 TS 数据集成到分类系统的研究热点是将 TS 转换为特征。

我们可以使用 DBpedia 中的变化来为数据中存在的误差建模，也可以研究知识驱动的 NLP 算法中误差的影响——对于这个主题，我与在阿根廷国立科尔多瓦大学的同事们进行了一些研究。

下面列出了这项案例研究的示例中没有涉及的其他主题。

事件流（event stream）。又称为点过程，它们是一些在不同时间发生、可能不相关的事件（如一个用户在一个页面上点击了一个链接与另一个用户点击了同样的链接）。现在人们已经在广泛使用 ML 来研究这类问题。有时候，你可以从事件流中找到与时间序列互补的对问题的观点（在一定程度上反之亦然）。例如，每次地震的读数都是一个事件，所以可以生成一个事件流，而每月微震的总数作为一个超过某种阈值的地震读数总和，就是一个时间序列。这么做可以证明它本身对 FE 是非常有价值的。我没有讨论事件流，但 Brink 等人提到，事件流可以使用泊松过程和非同质性泊松过程建模，它可以预测事件到达的速率，然后使用 7.6 节中的技术将其注入 ML。

时间维度。时间有些非常特殊的性质，应该在处理的时候加以考虑。首先，思考如何对时间分段（秒、小时，还是天）。其次，应该对时区问题以及夏时制（还有很多国家对时区的修改）进行建模并说明。（你认为“午饭时间”是一个好特征吗？还要确认它能满足在地球另一边的客户的要求。）最后，不要对时间数据求算术均值，因为它是周期性的，而是要使用周期性正态分布（也称为 von Mises 分布）。在这个案例研究中，我们想理解不同时间的数据，也可以将这个问题反过来，研究时间在数据上的效果。例如，如果你在使用一天之中的时间数据和其他特征来预测销售量，就可以将问题反过来，使用销售数据和其他特征预测一天中最繁忙的时段。这种方法超出了这个案例研究的范围。

ML 算法的时间序列扩展。如果你在处理时间序列，很多 ML 算法允许加入实例之间的相关性，以此进行扩展。比如将 TS 扩展到 MARS（见 4.2.3 节），将 TS 扩展到 LASSO。异常值检测技术需要非常特殊的 TS 适应，离散化算法也一样。

季节模型。趋势和周期往往是组合在一起的，因此分离出季节贡献是非常重要的，消除季节成分可以防止 ML 混淆季节性变化与长期变化。季节性因素与周期性因素不同：它没有“圣诞节效应”，也就是说，季节性效果只发生于非常特殊的时间。在季节性建模最常使用的模型中，假定季节性成分有一个稳定的模式：它是一个严格的周期性函数，周期包括 12 个月、4 个月、7 天，等等。季节性效果可以通过差分 $x_t - x_{t-12}$ 或其他技术来消除，包括特殊设计的移动平均。

转换到频率领域。将维度从时间转换到频率的思路富有成效，并没有在这些案例研究中进行介绍，因为这些案例缺少周期性行为。傅里叶变换可以将数据修改为用正弦和余弦的组合来表示的形式，这样可以有更少的参数。它可以给出函数之间的最小平方误差以及它的近似值，它的基（正弦和余弦）是正交的，可以独立进行估计。这称为谱表示，是一种分解技术，可以将数据分解为成对、不相关、周期性的震动，其中总方差分布在不同频率上。频域相当于称为**周期图**的相关性图，它绘制出了一个 TS 的傅里叶功率谱密度与其震动频率之间的关系。

第 8 章

文本数据

在本章的案例研究中，我将以文本为问题领域。这个领域的主要特点是有大量的相关特征，而且由于幂律分布，特征频率是有严重偏差的。除了文本，在很多自然发生的现象中，这种行为也非常普遍。在这个领域中，原始数据中的排序问题非常重要，因为文本就是词序列，而且意义是由词顺序表达出来的：比较一下主语位置（Pacman eats Blinky）和宾语位置（Blinky eats Pacman）。**序列处理的本质决定了文本数据也会涉及可变长度的特征向量，而这个领域的独特之处在于人类语言中存在的相关性类型，其结构是语言本身所特有的。**不过，世界上多数其他宏观观测也有这种水平的相关性。我们所观测到的稀有事件在总观测事件中所占的比例是 20%或更多。这种分布称为有重尾的幂律分布，或称为 Zipfian 分布。

本章的核心思想是**上下文**（context）的概念，以及如何在增强的特征向量中使用它来提高机器学习（ML）的信噪比。另一个主题是，作为自然语言处理（NLP）领域的实践者和领域专家，如何充分利用领域中的专业知识。**领域专业知识的优势在于，它可以在误差分析（EA）过程中建立更加丰富的假设，还可以实现更加快速的特征工程（FE）周期。**在本案例研究完成的 6 次不同的特征化中，你可以了解到这一点（见表 8-1）。

在这个领域的典型方法中，我们介绍了：特征选择（见 4.1 节），尤其是数据降维（见 4.3 节）；特征加权（见 2.1.3 节），特别是一种专用于文本数据的 TF-IDF 方法；还有可计算特征（见 3.1 节），它的形式为形态学特征。NLP 是人工智能（AI）中老生常谈的一个主题，已经发展出了很多基于语言学并独立于 ML 的专用技术。要进行高质量的 NLP，需要一个优质的文本处理流程来进行特征提取，尤其是在分词（词检测）层面，以及将文本分割为句子、段落，等等。在这个案例研究中，我尽量避免让代码严重依赖于 NLP，因为这与 FE 无关。现在有很多优秀的图书，对 NLP 特有的问题进行了更好的解释（见 8.10 节，里面有一些我最喜欢的书）。

与 FE 一样，我所尝试的一切并不一定能提高性能。具体地说，某些更加先进的技术并不能达到我们的预期，但我们希望在对基本模型使用了更多调整技术之后，可以证明这样做是值得的（或者可能不适合该领域和数据）。我确实认为有更好的 NLP 专用方法可以处理这种原始数据，并在 8.9 节中列出了一些解决方案。

这些案例研究中使用的特征向量简要表示在表 8-1 中。

表 8-1 本章使用的特征向量。BASE 是表 6-1d 中保守的图特征向量。(a) 仅数值，131 个特征；(b) 词袋，1099 个特征；(c) 词干，1099 个特征；(d) 二元词，1212 个特征；(e) 跳跃 *n*-gram，4099 个特征；(f) 嵌入，1149 个特征

1	rel#count
	... BASE ...
98	computed#value
99	logtextlen
100	Seg0: 1000-1126
	...
131	Seg31: 264716-24300000

(a)

1	rel#count
	... (identical to (a)) ...
99	logtextlen
100	token=city
101	token=capital
	...
1099	token=conditions

(b)

1	rel#count
	... (identical to (a)) ...
99	logtextlen
100	stem=TOKNUMSEG30
101	stem=citi
	...
1099	stem=protest

(c)

1	rel#count
	... (identical to (c)) ...
1099	stem=protest
1100	bigram=NUMSEG31-urban
1101	bigram=center-NUMSEG31
	...
1212	bigram=grand-parti

(d)

1	rel#count
	... (identical to (c)) ...
1099	stem=protest
1100	hashed_skip_bigram#1
1101	hashed_skip_bigram#2
	....
4099	hashed_skip_bigram#3,000

(e)

1	rel#count
	... (identical to (c)) ...
1099	stem=protest
1100	embedding#1
1102	embedding#2
	....
1149	embedding#50

(f)

8.0 本章概述

在本章中，我们使用维基百科页面中的文本来扩展 WikiCities 数据集（见 8.1 节）。得益于领域专业知识，我们进行了更少的误差分析（EA），尝试了更多的 NLP 技术。在探索性数据分析阶段（见 8.2 节），我们预期更大的城市会有更长的页面，所以加入了文本长度，希望能有令人振奋的结果。在随机检查 10 个城市之后，我们发现多数页面提到了人口数量，但是其中有标点符号。在整个数据集上，这个比例降低到大约一半。在第一次特征化（见 8.3 节）时，我们仅使用在特定范围内存在的数值作为附加特征。我们使用了第 6 章中问题依赖的离散化数据，它可以得到 32 个额外的二元特征，获得了相当大的成功（见 8.3.3 节）。

然后，我们使用词袋（BoW）进行特征化（见 8.4 节），将词本身看作独立的事件。我们不想用大量无价值的特征来淹没 ML，所以使用互信息（MI）对特征进行了严格的筛选，仅仅保留最前面的 1000 个词（见 8.4.2 节）。前 20 个词看上去非常有用（如 capital、major 或 international）。这个新的特征向量比前面各章中都长得多，我们通过这个向量得到了改进的结果。随后，我们进行了误差分析（见 8.4.2 节），检查性能下降或上升最快的城市。最成功的是那些与西方国家相距遥远，并且具有编写良好、篇幅较长文档的城市。它们的 DBpedia 特征（基本系统的特征）较少，可能由文本弥补了这些缺失的特征。性能下降的城市告诉了我们如何去改进特征，有些似乎应该是强烈信号的词并没有出现在前 1000 个词中。不过，出现了很多停用词（像 the 和 a 这样的词），所以我们决定把它们清理掉（见 8.5.1 节），同时通过词干提取（见 8.5.2 节）进行词法上的修改，这导致了第三次特征化（见 8.5.3 节）。通过 MI 找出的前 20 个词干被赋予了更高的重要性，我们接近了第 6 章中得到的最佳性能。我们在包含正确句子“Population is 180,251”的文本中发现了错误，但是这个数值型记号的上下文丢失了。如果 ML 认为这种记号（token）是连续性的，就可能将其选择出来作为一个强烈的信号，所以我们要使用二元词，即一对有序的词（见 8.6.1 节）。第四次特征化（见 8.6.2 节）由此开始。我们对二元词进行严格的筛选，筛掉了那些出现次数少于 50 的二元词。二元词与词干的效果差不多，所以我们采用了一种更为激进的方法，使用了六阶跳跃的二元词，并进行哈希编码（见 8.7.2 节）。这种做法没有提升性能，也没有使性能变得更差，本身就可以提供一些信息。

最后，我们使用词嵌入技术进行了数据降维（见 8.8 节）。为了进行嵌入，我们对整篇文档采用了加权平均的嵌入，使用 TF-IDF 进行特征加权（见 8.8.2 节）。在第六次特征化（见 8.8.3 节）中，我们把嵌入特征加入了使用 MI 筛选出来的前 1000 个词干特征中，因为嵌入可视化表明，只有嵌入特征是不够的。我们得到了一个稍稍变差的误差，但并不能明确地做出这种技术无效的结论。在这个案例研究中，通过嵌入得到的密集特征与其他特征化方法得到的特征有很大不同。

8.1 WikiCities：文本

在这个案例研究中，我们要使用的文本数据是第 6 章的数据集中不同城市的维基百科页面。需要注意的是，本章不是完全独立的，如果你没有看过第 6 章，应该仔细阅读 6.1 节，了解一下任务和目的。维基百科的文本不是纯文本格式。实际上，它自己的文本格式给我们的分析造成了困难，有可能让 ML 将格式化指令混淆为人类语言。从维基百科中提取纯文本是一项对计算能力要求非常高的任务，最好使用专用工具。在这个案例中，我使用 Giuseppe Attardi 开发的非常棒的软件 Wikiextractor 建立了一个 cities1000_wikitext.tsv.bz2 文件。这个文件的每一行都是一个城市，使用制表符作为分隔符。文件中一共有 43 909 804 个词，字符数超过了 270 902 780（平均每个文档有 558 个词，或者 3445 个字符）。为了进行使用文档结构的一些实验（见 8.9 节），我还在 cities1000_wikitext.tsv.bz2 文件中保留了初始标记，包括标记的总字符数超过了 7 亿 3000 万。

首先，很多维基百科页面在文本中就包含了人口数量的信息，但不是所有页面都有。在探索性数据分析（EDA）阶段，我们想知道有多少个这样的页面。不过，即使页面中有人口信息，也是通过多种方式表示出来的，其中有些包括了标点符号（如 2,152,111，而不是 2 152 111），而且大部分经过四舍五入并与文字混合在一起的（比如“a little over 2 million”）。从这个意义上说，这是一个典型的 NLP 子领域信息提取（IE）任务，需要建立定制系统来从具有特定风格和类型的文本中提取特定类型的信息。

尽管 NLP 近 10 年来已经被深度学习（DL）方法主导，尤其是使用神经语言模型的方法，但对这个具体的任务来时，使用非 DL 技术还是有一些好处的，因为我们要从大量数据中找出非常小的一段证据。这也是一个使用文本数据对 ML 解决方案进行强化的典型任务。与文本分类相近的任务最好使用 DL 方法来解决，再使用 8.8 节中的嵌入技术进行扩展。

根据第 6 章可知，更大的城市应该有更长的页面，所以像文本长度这样的描述性特征（见 2.3 节）很可能是一个非常好的特征。我们将使用第 6 章中的保守特征集作为基础特征，其中有 98 个基于城市信息框特性的特征。由于总的文本数量接近于 4800 万个词，所以需要进行严格的特征选择。下面进行 EDA。

8.2 探索性数据分析

我们先用一个额外特征（文本长度）来组建一个简单数据集，看看它能否更好地预测人口数量。第 8 章 Jupyter 笔记本中的 Cell 1 先读取第 6 章中的保守特征，再把它们与计算出的相关维基百科文章长度连接起来，这样一共有 99 个特征。得到的 RMSE 是 0.3434（见图 8-1a），对第 6 章的结果（0.3578）实现了改进。这很令人振奋，但结果还是高于第 6 章中使用了完整图信息的 0.3298。

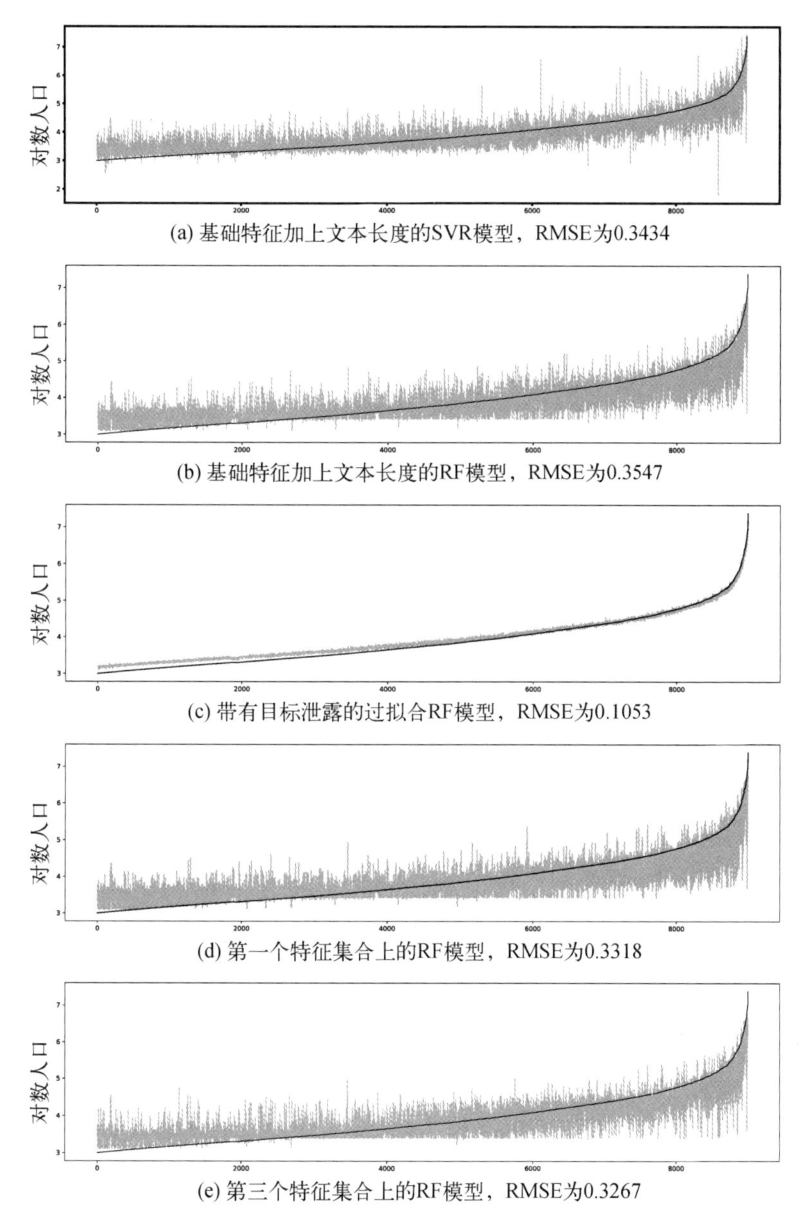

(a) 基础特征加上文本长度的SVR模型，RMSE为0.3434

(b) 基础特征加上文本长度的RF模型，RMSE为0.3547

(c) 带有目标泄露的过拟合RF模型，RMSE为0.1053

(d) 第一个特征集合上的RF模型，RMSE为0.3318

(e) 第三个特征集合上的RF模型，RMSE为0.3267

图 8-1　结果。没有包含其他特征化的结果，因为图形都一样。请注意，尽管 RMSE 各不相同，但很多图形看上去非常相似

我们随机选择10个城市，看看它们的文本描述是否明确地包含人口信息（Cell 2）。请注意，代码使用的是正常的维基百科导出文件，不是 Cirrus 导出文件。近年来，维基百科使用了来自 Wikipedia 项目的扩展标记，因此页面中可能没有确切的人口数量，而是通过一个标记告诉页面渲染引擎在渲染页面时提取这个数值。DBpedia 数据集中都是 2016 年以前的源数据，应该没有这个问题。

我们随机抽取了 10 个页面，并将相关文本显示在表 8-2 中。可以看出，多数页面提及了实际的数，只不过包含标点符号。在随机选择的 10 个城市中，有 8 个提及了人口数量，其中有一个的人口数量与实际不符（7207，实际为 8827），还有一个有不标准的标点符号（80.200，应该是 80,200）。很明显，文本数据是有价值的。只有一个城市（Isseksi）的人口数是完全符合要求的（没有任何标点符号）。还要注意的是，沃尔达（Volda）是一个非常小的镇子，没有太多文字介绍和丰富的历史。它的页面描述了这些年来的人口变迁，可能会对算法造成迷惑（至少使得算法较难找出当前的人口数量）。

表 8-2 对10个随机城市文本的探索性数据分析。文本高亮列是包含人口数量的文本示例（如果有）。有两个城市的描述中没有人口信息。如果文本中的人口数量正确，人口列就是空的

城　市	人　口	文本高亮
Arizona City		The population was **10,475** at the 2010 census.
Century, Florida		The population was **1,698** at the 2010 United States Census.
Cape Neddick		The population was **2,568** at the 2010 census.
Hangzhou		Hangzhou prefecture had a registered population of **9,018,000** in 2015.
Volda	8827	The new Volda municipality had **7,207** residents.
Gnosall		Gnosall Gnosall is a village and civil parish in the Borough of Stafford, Staffordshire, England, with a population of **4,736** across 2,048 households (2011 census).
Zhlobin		As of 2012, the population is **80,200**.
Cournonsec	2149	—
Scorbé-Clairvaux	2412	—
Isseksi		At the time of the 2004 census, the commune had a total population of **2000** people living in 310 households.

我们看看在整个数据集上是否还能保持这个百分比。Cell 3 检查了开发集中的所有城市，看看它们的人口数量是否以各种能用字符串表达的数字形式出现在页面中。在总共 44 959 个城市中，完全以数字形式显示人口数量的有 1379 个（3%），带逗号的有 22 647 个（50%），使用句点而不是逗号的只有 36 个（不足 0.1%）。所以，在 53%的页面中有人口数量，它们或者是纯数字，或者使用逗号正确地为数字分了组。

因此，有一半的城市在页面中有数字形式的人口数量。**请注意从 10 个城市的样本中得到的**

结论有多么不可靠。带有人口数的文档有 53%，并不是 80%，而且数字中有句点而不是逗号的文档不占 10%，只占 0.1%（在样本中包含这样一篇文档的概率跟中彩票差不多）。这种有误导性的样本在 NLP 中很常见，所以过拟合的风险是非常真实的，尤其是对那些使用精确单词和短语的技术而言（从统计意义上说，这种词是非常罕见的）。**如果针对某个概念来划分句子，那么每种具体的划分都是一个不可能的事件，因为有多种方式可以表达这个概念**。这样就会产生领域内的大量**干扰性变动**。必须注意不要从测试数据中提取这种模式，因为它们会使结论无效：**即使是在训练时观测到的很强的模式，在测试时也可能完全无效，这种现象在 NLP 中并不罕见**。提取模式是一种非常耗费人力的过程，如果提取者看到了测试用文档（即所谓的"被测试数据污染"），那么对结果的评价就不能代表实际生产系统。

根据这个分析，我们得出结论：至少可以对一半城市使用基于规则的信息提取技术，既可以使用常规的表达式，也可以使用基于规则的文本标注（RuTA）系统。不过，我们要尝试一下更加自动化的技术。对于那些没有明确提及或错误提及人口数量的城市，这些技术也可能是有效的。

下面的问题就是使用何种模型。NLP 的很多特征表示方法要求算法能处理大量稀疏特征，这时候我们就应该放弃 SVR，因为它在处理大量特征时会遇到困难。我还担心的是，如果有些特征包含了目标值，SVR 对过拟合的强烈抵制就会导致算法失败。不过，在 Cell 4 中，当面对目标泄露（见 1.3.1 节）时，它得到的 RMSE 是 0.1053，这说明我们的担心是不必要的。**对于 FE 来说，目标泄露并不罕见，我们必须时刻警惕，尽早发现这种情况**。与这个数据集上的其他曲线相比，Cell 4 得到的曲线差别很大（见图 8-1c），这说明了系统的行为可以有多大不同。

遗憾的是，在添加了更多特征之后，SVR 的训练时间长得令人难以忍受。Cell 5 改为使用随机森林回归。随机森林的训练时间很快，但性能受到了影响，RMSE 变成了 0.3547（见图 8-1b）。它的性能比 SVR 差，但训练时间快得多，所以我们接受了这种方法。下面进行第一次特征化，我们将把文档看作数值型类别的集合。

8.3 仅数值型记号

第一次特征化建立在从 EDA 获得的知识之上。从 EDA 中我们知道，一定范围内的数值对目标值有表示作用，至少能说明目标值在一个特定范围内。在第一次特征化之前，我们先讨论一下分词技术，它可以把文本分割为我们通常所说的"词"。不过"词"这个概念有些模糊，既可以表示已存在的特定类型的词，也可以表示这个类型本身。下面会继续讨论这个问题。

8.3.1 词类型与记号

在处理文档与词汇表时，重要的一点是区分词汇表容量与总文档容量。这两个容量都是用“词”的数量来衡量的，不过二者中“词”的意义不同。所以，在 NLP 中，我们用“词类型”表示字典条目，用“词符号”表示文档中的一个条目。你可以将词类型看作面向对象编程中的类，而记号就是这个类的一个实例。

因为训练集中的词汇表是固定的，所以开发集中有很多词是缺失的，这就是要经常使用平滑技术（如古德-图灵平滑）的原因（见 2.1.2 节）。

8.3.2 分词：基础知识

至今为止，NLP 和 ML 最重要的任务就是分词：要想成功地将一个字符序列（总的说来是一些 Unicode 码点）分割为表示已观测事件（词）的子序列远不是一件容易的事情。**很多 ML 教科书认为应该避免进行复杂的分词，应该只在空白字符处进行分割，然后依靠大量文本上的激进数据降维技术。不过，在空白字符处的分词也需要复杂的决策**，因为对于经常使用的空白字符来说，至少有 6 种不同的 Unicode 码点表示。此外，词还会产生和使用的标点一样多的别名，比如 city 和 city,（注意末尾的逗号）以及 city.（注意句号）是完全不同的事件，就像 city 与 town 或其他任意记号不同一样。还有，某些带标点的词会是极其罕见的事件，即使使用像 SVD（见 4.3 节）那样的技术也不能正确地合并。从某种意义上说，如果一种降维技术能将 city,和 town 放在一起，并且远离 dog、the、nevertheless 等词的话，就已经是一种非常成功的算法了。你或许想使用非字母字符进行分割（注意，这样会丢弃所有数字，所以对于 WikiCities 这个问题，需要考虑字母和数字；**分词特别需要相关领域知识**）。不过，在有多种语言名词的文本中，有音调符号的词（如 Martín）可能被分成多个词（如 Mart 和 n），这就会混入一些错误的记号，不仅难以理解，还会对初始词的统计造成影响。换种方式，你可以将词分割为码点，它们不是任何字母系统中的字母。这样就可以使用带有 Unicode 类的正则表达式了，可是这种正则表达式非常难以编写，所以经常作为 NLP 框架的一部分进行复用（参考 FACTORIE 以获取这种例子）。你最好使用现有的分词程序，而不是自己编写。我们不讨论多词表达式（MWE），它会扰乱生成事件的统计属性（New York 应该被看作一个事件，而不是两个，类似于 Mart 和 n）。对于非标准领域的个性化分词，同样有这些问题。如果你想使用 Twitter 数据进行情感分析，一定要将¯_(ツ)_/¯表示为一个记号，否则你的结果就会被这种颜文字所代表。

正如 8.3.3 节要讨论的，分词的数量是这个问题的关键。**在其他问题中，重要的是找出词的各种变体**[①]**，即所谓的"形态学"**，8.5 节讨论了这个概念。WikiCities 的问题更加简单，只要找出数量即可。为了我们的回归问题，**12 001 112 和 12 001 442 之间的差别构成了一个干扰性变动**，需要将它们合并成一种同样的表示。我们可以将每个数值都替换为一个伪词，它可以表示数值中有多少位（如 TOKNUM1DIGIT 和 TOKNUM2DIGIT 等，其中 TOKNUM 表示它是数值型的伪记号）。这样，对于所有的人口数量，可以生成大约 10 个记号（范围是 1000 到 2400 万）。这种粒度还不够细，所以还可以在数值的第一位上进行区别（1TOKNUM3DIGIT 表示 1000 到 1999，2TOKNUM3DIGIT 表示 2000 到 2999，以此类推）。这样就可以得到 90 个记号，再细分的话就太多了。

我们也可以根据具体问题做出决策，使用第 6 章 Cell 27 中的离散化数据（6.3 节做了讨论），并将每个类数值记号转换为 TOKNUMSEG<number>的形式，得到 32 个不同的分段（Cell 5）。

8.3.3 第一次特征化

在 ML 中使用文本数据的最常用方法之一就是向 ML 提供词类型的直方图，即所谓的词袋方法（见 2.3.1 节），将在 8.4 节讨论。在这个案例研究中，我更感兴趣的是词的数量，而不是那些英语单词。所以，我们先看一下数值型的记号。根据 EDA，我们知道人口数量至多出现一次，所以每个数值的总计数不重要，我们关心的只是具体范围内的某个数值是否出现在文档中。这种原理可以用于可能有多个特征的其他领域：**虽然原始数据本身有成千上万个特征，但我们或我们咨询的领域专家完全有可能从中找出少数解释能力非常强的特征。**

文本领域中的很多其他问题也是这样，因为数值是一种有类型的实体，可以通过 NLP 中称为命名实体识别（NER）的自动化方法来发现。其他的例子还有颜色、地点、日期，等等。

在使用 32 个数值型记号扩展特征向量时，需要包含 32 个二元特征，表示是否出现了特定范围内的数值。这样，特征向量的长度就变成了 131（98 加上文本长度，还有 32 个二元特征，见表 8-1a）。这样得到的随机森林的 RMSE 为 0.3437（见图 8-1c）。添加这 32 个新特征对基准模型是有改进的，但还是没有达到最佳的图模型的水平。（请注意，在这第一个特征集合上的 SVR 需要训练 2 小时，而这个集合只有 131 个特征，它的 RMSE 是 0.3216。）

仅使用数值的方法还是比较成功的，下面研究一下更加传统的词袋技术，就不对第一次特征化进行误差分析了。显然，还需要加入更多词，因为我们从 EDA 可以知道，只有一半的页面出现了数值。

---

① 从语言学角度来说，使用"偏差"而不是"变体"会更精确一些。感谢 Steven Butler 指出了这个区别。

8.4 词袋

作为 Unicode 码点的序列，文本是有层次结构的：首先是词（或者与词类似的结构，如汉字），然后是句子、段落、节，等等。如何使用这种层次结构是一项非常困难的任务。迄今为止最简单的文本表示方法是无视词之间的顺序，将词看作一些独立的事件。当然，这种方法不是很合理，我们都知道词的顺序会影响人类的交流。然后，我们可以进一步无视词在一篇文档中出现的次数（也就是使用一个布尔型特征向量），也可以使用初始的词计数或者对词进行合适的加权。加权模式与语言、数据集或一般问题领域的具体特性有关。这就是某种形式的特征归一化，正如 2.1 节中所讨论的。

词袋方法将每篇文档表示为一个固定长度的向量，其长度等于整个词汇表的长度（可以在训练时计算出来）。同样，词袋方法最重要的功能是分词（在后面讨论）。

我想使用更多词来扩展第一次特征化中的数值，不过，**我并不想用大量无价值的特征淹没 ML，所以需要使用 MI（见 4.1.1 节）对特征进行严格的筛选**，具体实现在 Cell 7 中。我只保留了最前面的 1000 个词，让特征选择过程来决定数值型记号是否重要。特征筛选是使用训练数据和测试数据一起进行的，这样可能会有一些过拟合。在这个案例中，此风险是可以接受的。不过，可以使用第 6 章中的保留数据集对这些假设进行重复检查。

请注意，我们第一次对记号设置了阈值，保留的记号应该至少出现在 200 个城市中。没有阈值的词汇表一共有 408 793 个词类型，在添加阈值之后，词汇减少了超 98%，下降到 6254 个词类型。这是一种很强的阈值处理，也是我认为这些结果没有过拟合的原因。在 8.9 节中，我们将进一步讨论这个决策。

8.4.1 分词

为了避免添加 NLP 依赖性，我使用一个正则表达式在非 ASCII 字母、数和**逗号**处截断了文本。逗号是 WikiCities 这个案例的特有要求。记号尾部的逗号都被删除，记号都是小写的，这是标准的做法。

我丢弃了大写的词，删除了一些标点符号，以此来减少特征集的规模。此外，还可以进行更加深入的处理，如词干提取（合并 city 和 cities）和丢弃停用词（由 NLP/IR 社区认定的无价值词），不过我们要通过后面的误差分析来确定。

我们使用下面这段对赣州的描述来说明不同分词方法的行为：

Its population was 8,361,447 at the 2010 census whom 1,977,253 in the built-up (or "metro") area made of Zhanggong and Nankang, and Ganxian largely being urbanized.

在 ML 中，这个句子示例可以表示为以下记号序列：

['its', 'population', 'was', 'TOKNUMSEG31', 'at', 'the', 'TOKNUMSEG6', 'census', 'whom', 'TOKNUMSEG31', 'in', 'the', 'built', 'up', 'or', 'metro', 'area', 'made', 'of', 'zhanggong', 'and', 'nankang', 'and', 'ganxian', 'largely', 'being', 'urbanized']

每个词类型都有自己的关联特征（特征向量中的列）。在这次特征化中，与前面的数值特征一样，也有一个指示特征（1.0 或 0.0）表示具体的词类型是否出现在全部文本中。NLP 中的一种常用做法是，将记号的初始字符序列替换为一个新序列，这样我们就知道它不会出现在初始文本（伪记号）中。这种方法可以扩展到除了数值之外的有高可变性的其他词类型。例如，可以表示未知词（TOKUNK）或大写的未知词（TOKUNKCAP）。尽管这是一种不太好的工程实践，但对于人类来说，它使 EA 和理解分词程序变得容易得多。

筛选了前 1000 个 MI 词类型之后，句子示例的最终分词结果为：

['its', 'population', 'was', 'at', 'the', 'TOKNUMSEG6', 'the', 'built', 'metro', 'area', 'of', 'and', 'and', 'largely', 'being']

请注意 TOKNUMSEG31 是如何消失的。这似乎是个错误，我们暂时不考虑它。**在训练模型之前，我们可以从分词结果中获得很多知识，即使不重新训练模型，也可以对特征集进行迭代。**

8.4.2 第二次特征化

表 8-3 中列出的前 20 个记号看上去非常有用，尤其是像 capital、major 和 international 这种词。正如 8.4.1 节所讨论的，不是所有离散化数值都能被选择，但其中大多数在前 1000 个词内（32 个词中的 18 个），这说明了它们的价值。没有被选择的是那种与年份组合在一起或者非常大的数值。在这里使用 NER 是很有帮助的，因为与其他数值相比，年份往往出现在非常不同的上下文中（它们的范围也很明确），但我不想增加运行时间，也不想加入复杂的 NLP 依赖。

表 8-3 第二次特征化中使用 MI 筛选出的前 20 个记号

位置	记号	效用	位置	记号	效用
1	city	0.110	3	cities	0.0676
2	capital	0.0679	4	largest	0.0606

（续）

位置	记号	效用	位置	记号	效用
5	also	0.0596	13	urban	0.0491
6	major	0.0593	14	government	0.0487
7	airport	0.0581	15	are	0.0476
8	international	0.0546	16	during	0.0464
9	its	0.0512	17	into	0.0457
10	one	0.0502	18	headquarters	0.0448
11	than	0.0499	19	such	0.0447
12	most	0.0497	20	important	0.0447

这个新的特征向量有 1099 个特征（见表 8-1b），比前几章中使用的特征向量长得多。使用这个特征向量，我们在 Cell 8 中得到了一个值为 0.3318 的 RMSE。这是一种改进，所以我们使用 EA 进行向下钻取，看看哪些特征是有效的、哪些是无效的。

误差分析

我们现在进行误差分析，研究一下文本特征效果最好与最差的那些文档（Cell 9）。从笔记本中的完整结果看，效果最好的是那些具有篇幅较长、精心编写的文档且远离西方国家的城市。这些城市在以英文为主的维基百科中并没有太多的属性介绍。在第 6 章中，我们正是使用这些属性导出了非文本特征，并以此作为基础特征系统。文本特征可能正好弥补了这些属性的缺失。失效的城市包含了更多信息（见表 8-4 中的概述）。

表 8-4 词袋特征集在失效城市上的误差分析

城市	注释
Bailadores	是一个大城市（居民超过 60 万），但被描述为 town
Villa Alvarez	没有文本
Koro	“agriculture”最有可能与小地方联系在一起
Curug	从 2010 年的统计数据中，我们得到了一个 TOKNUMSEG6，然后校正为 TOKNUMSEG30。我认为是最初的 TOKNUMSEG6 迷惑了 ML
Delgado	无可用项
Madina	TOKNUMSEG30 的人口数量应该通过一个停用词和一个二元词得到
Banha	如果 cities 是 city，它就应该是有效的
Dunmore	是一个小村庄，但在维基百科中有很多信息，主要的信号 village 并不在特征向量中
Demsa	population TOKNUMSEG30 应该发挥作用
Xuanwu	不知道为什么，记号 capital 应该是有用的

有趣的是，有些看上去是强烈信号的词并没有出现在前 1000 项中（因此不能被 ML 所使用）。例如，census 出现在 21 414 个城市中，但没有被选为前 1000 项。这个词本身可能与人口数量没什么关系，但应该与实际人口数量靠得很近（所以当后面使用周围的记号提供上下文的时候，它应该是有用的）。然而，里面出现了很多停用词（像 the 和 a 这样的词），应该把它们及其变体都清理掉，然后看看前 1000 项中是否还有更有意义的词。同样的问题是，village 出现在 13 998 个城市中，但它的 MI 只有 0.0025（相比之下，city 的 MI 是 0.1108）。它的位置是第 2881 个，在后 100 项之内。我认为应该选择这个词，因为 town、village 和 city 之间的差异可以告诉模型一些信息，但 MI 使用的对目标人口数量的四段分割可能粒度不够，不足以选择出小范围人口数量中的信号。

结论是，要对项目进行合并和筛选，甚至可以考虑扩充这个列表直至它包含了 census 和 village，**并且提高 MI 离散化的粒度。**我们还可以研究一下二元词（成对的项目，见 8.6 节）和跳跃二元词（除去了一些中间词的成对项目，见 8.7 节）。我们先从筛选停用词开始，进行一些词干提取工作，看看能否包含 census 和 village。

8.5 停用词和形态学特征

词汇表的合并可以使用下面要讨论的两种常用 NLP 技术来完成：删除无价值的词，以及合并形态学上的变体。我们还可以考虑增加目标特征的分段数量，看看能否将 village 包含在特征集中。

8.5.1 停用词

正如 4.1.3 节中所讨论的，**在特定领域中，有一些公认的无价值特征，我们可以编写一份这样的特征列表，用来改善分类器的性能。**在 NLP 和 IR 中，这种禁忌特征尤其重要，它们被称为**停用词**（stop word）。这种常用的 NLP 特征选择技术要丢弃一个小的词集，其中的词出现得非常频繁，但对于分类任务来说几乎没有语义上的内容。这种方法称为**停用词删除**（stop word removal），也可以应用在 IR 中。我使用了雪球 IR 系统中的停用词，一共有 180 个可以丢弃的记号，都放在文件 stop.txt 中。停用词还可以基于词频自动识别。对于我们前面的例子，删除停用词可以得到以下分词结果：

> ['population', 'TOKNUMSEG31', 'TOKNUMSEG6', 'census', 'TOKNUMSEG31', 'built', 'metro', 'area', 'made', 'zhanggong', 'nankang', 'ganxian', 'largely', 'urbanized']

可以看出，这个结果的语义有多么密集。

8.5.2 分词：词干提取

在一些文本领域中，经常需要通过丢弃不同词的形态学变体来降低特征数量。例如，如果你认为 city 在这个问题中是有用的，那么这个词的复数形式 cities 也应该同样有用，只是出现的次数更少。**如果将这两项合并成同一个特征，就可以使用更不常见的变体来增强主要信号，从而获得更好的性能。这正是数据降维的目标。**也可以将其看作一种可计算特征，基于一个基本特征（词本身）计算出词的词干。从可计算特征的角度来看，有时候也可以将词干与基本词组合起来，一起提供给 ML。

为了获得词在形态学上的词根，我们可以使用一个词根形式的字典（**词形还原**方法），或者使用一种简单的近似（**词干提取**方法）。一本简单的词元字典就足够了，因为多数例外出现在高频词中，低频词往往是非常规则的。我将使用 Porter 词干提取算法的一个具体实现作为词干提取的方法（Cell 10）。

形态学上的变体也可以使用无监督 ML 技术识别出来。像西班牙语和芬兰语这种形态很强的语言确实需要做形态学方面的处理，而黏着语（如土耳其语）则需要专门的方法。

对于前面的例子，新的分词方法将得到以下结果：

> ['popul-', 'TOKNUMSEG31', 'TOKNUMSEG6', 'census-', 'TOKNUMSEG31', 'built-', 'metro-', 'area-', 'made-', 'zhanggong-', 'nankang-', 'ganxian-', 'larg-', 'urban-']

这是一种很大的改进，因为它包含了正确的人口数量（TOKNUMSEG31）。请注意，词干后面有一个短横线，这是一种传统的表示方法，说明它们是词干不是词。

8.5.3 第三次特征化

使用 MI 筛选出来的前 20 个词干如表 8-5 所示，可以看出现在数值重要多了。但是 villag-甚至没有出现在前 2000 位中，所以我们还是保留 1000 项（我试过了扩展到 2000 项，但没什么作用，只是将内存要求提高到了超过 16 GB）。现在分词需要更多时间，所以 NLP 通常使用多台机器分批次处理，使用像 Apache UIMA 或 Spark NLP 这样的框架。使用命名实体识别会使分词过程更慢。而且，因为我添加了更多复杂性，所以结果更加难以理解。词干 civil-能表示哪种记号呢？civilization 还是 civilized？很让人好奇。

表 8-5 第三次特征化中使用 MI 筛选出的前 20 个词干

位 置	词 干	效 用	位 置	词 干	效 用
1	TOKNUMSEG30	0.0537	11	import-	0.0366
2	citi-	0.0513	12	largest-	0.0357
3	capit-	0.0482	13	TOKNUMSEG18	0.0356
4	airport-	0.0445	14	TOKNUMSEG19	0.0349
5	temperatur-	0.0420	15	TOKNUMSEG20	0.0346
6	climat-	0.0420	16	china-	0.0338
7	univers-	0.0404	17	institut-	0.0322
8	intern-	0.0398	18	major-	0.0318
9	TOKNUMSEG29	0.0371	19	TOKNUMSEG22	0.0318
10	urban-	0.0370	20	TOKNUMSEG14	0.0317

评价新的特征集（Cell 11，见表 8-1c）可以得到一个值为 0.3267 的 RMSE（显示在图 8-1e 中，这是我给出的最后一条曲线，因为尽管它与其他曲线不同，但在这个阶段这些曲线是没有价值的）。有了这个结果，我们就更接近第 6 章中的最佳性能了。

下面使用和前面类似的技术进行误差分析。

误差分析

根据 Cell 12 中的误差分析，我们看看 Demsa 这个例子。它的文本包含了“Population is 180,251”这个句子，由此得到了 2 个连续的记号<“popul-”, “TOKNUMSEG30”>，但它的人口数 180 251 被预测为 2865。同样，Leiyang 这个城市的人口数是 1 300 000，被预测成了 55 023，而它的文本包含句子“It has over 1.3 million inhabitants”，生成了连续记号<“million-”, “inhabit-”>。在当前系统中，popul-和 TOKNUMSEG30 可能出现在文档完全不同的两端。它们出现在相邻位置的事实可以说明，它们是一个强烈的信号，但这种信息对于 ML 来说是不可用的。如果 ML 知道这些记号是连续的，就会选择它们作为强烈的信号。这就要用到二元词这个概念，进行第四次特征化。

8.6 上下文特征

为了加入词的顺序信息，一种常用的技术是使用二元词，即有顺序的成对词。这是 5.1.2 节中讨论的列表编码技术之一。**二元词可以捕获局部的顺序关系。**

8.6.1 二元词

如果直接使用二元词，会显著增大词汇表的容量（大约有 60 万个条目），所以，Cell 13 设置了至少出现 50 次的阈值，这使得约 99.98%的二元词被丢弃，只剩下 113 个。表 8-6 随机抽取了 30 个二元词，其中有些是多词表达式（MWE），还有些是 TOKNUMSEG，但每种都不是很多。14 个包含数值型记号的二元词列在了表 8-7 中。

表 8-6 二元词随机样本

二元词	二元词	二元词
,-former	town-TOKNUMSEG4	three-smaller
TOKNUMSEG31-urban	war-town	lie-former
center-TOKNUMSEG31	town-support	centr-music
TOKNUMSMALL-known	leader-movement	park-host
known-west	mall-high	activ-health
citi-TOKNUMSEG2	modern-era	new-europ
high-old	delta-group	far-downtown
attract-TOKNUMSEG13	rate-TOKNUMSEG0	park-left
type-passeng	fair-literatur	outsid-known
commerci-compani	wall-capit	grand-parti

表 8-7 113 个二元词中所有包含数值型记号的二元词

二元词	二元词
TOKNUMSEG31-urban	center-TOKNUMSEG31
TOKNUMSEG31-product	found-TOKNUMSEG6
TOKNUMSMALL-known	citi-TOKNUMSEG2
TOKNUMSEG6-bomb	town-TOKNUMSEG4
TOKNUMSEG29-concentr	local-TOKNUMSEG6
attract-TOKNUMSEG13	rate-TOKNUMSEG0
around-TOKNUMSMALL	near-TOKNUMSMALL

从表 8-7 可以看出，很多最常见的二元词其实是多词表达式，如 modern-era 或 new European。在表 8-7 中，只有第一个二元词（TOKNUMSEG31-urban）吸引了我，因为它与人口相关。因此，这些二元词尽管足够频繁，可以在训练集与测试集上大量挖掘，但数量太少了，难以成为有用的先验知识。

8.6.2 第四次特征化

在这 1212 个特征（98 个基础特征、文本长度、1000 个词干，再加上 113 个二元词，见表 8-1d）上进行训练可以得到一个值为 0.3262 的 RMSE，与只使用词干的效果相同。但我试图完成的目标（populatio-numeric_token）并不在选出的二元词中，其中没有人口数量。下面尝试一种更加激进、有哈希编码的跳跃二元词方法。

8.7 跳跃二元词与特征哈希

本节讨论二元词的一个扩展：跳跃二元词，它会导致特征爆炸。为了处理特征爆炸，我们要进行特征哈希，下面依次讨论这些问题。

8.7.1 跳跃二元词

跳跃二元词是将列表表示为成对元素集的一种方法。成对元素中的两个元素在列表中是有顺序的，第一个元素出现在第二个元素之前，它们的距离最多就是跳跃二元词的阶。例如，三阶跳跃二元词的两个元素之间最多有两个记号。5.1.2 节介绍过跳跃二元词，**它的基本思想是在自然语言文本中消除那些由插入语、同位语和附加限定符带来的干扰性变动**。比较一下"the 500 000 inhabitants of ..."和"at 500 000, the inhabitants of ..."，这些通配符的位置可能说明了一个信号，否则 ML 是不能获取的。

如果我们直接使用跳跃二元词，就会显著增加特征向量的长度。为了减少特征向量的长度，可以使用 4.3 节介绍的任意数据降维技术。**非常适合这种特征的一种技术是特征哈希（见 4.3.1 节），因为有非常好的哈希函数可以分配自然语言单词**。

8.7.2 第五次特征化

Cell 14 组合使用了六阶跳跃二元词和特征哈希技术（见 4.3.1 节），目标哈希数量为 3000，以此将二元词数量降低到可管理的范围之内。通过特征哈希化，大量特征（在这个例子中大概有几百万个）被映射到一个固定长度的向量上。我们希望在有碰撞的情况下 ML 可以识别出模糊的信号。至于哈希函数，Cell 14 使用了 Python 内置的哈希函数。最终的向量长度是 4099（见表 8-1e）。这种方法的 RMSE 是 0.3267。

这虽然并没有什么改进，但是一种与前面截然不同的方法，性能没有下降已经很说明问题了。参数调优（如哈希数量和跳跃二元词的阶）还有很长一段路要走。需要注意的是，这种方法的误差分析非常困难，有大量跳跃二元词需要记录，每个哈希坐标都应该与映射到该坐标的跳跃二元词分布关联起来。通过一个专门设计的系统，你可以做一些更加传统的特征影响分析。

8.8 数据降维与嵌入

最后，Cell 15 探索了使用词嵌入技术的数据降维方法。因为嵌入与 TF-IDF 分数会出现过拟合，Cell 15 仅在训练集上进行计算。为了使用这些嵌入，Cell 15 计算了整篇文档的加权平均嵌入，建立了一种与嵌入向量有同样长度的文档表示（见 8.8.2 节）。

有些作者将 NLP 中的 FE 等同于数据降维，但我希望这个案例研究可以提供更多其他的选择。

8.8.1 嵌入

按照 4.3.7 节中的方法，Cell 15 训练了经典的 Word2Vec 嵌入。也可以使用其他嵌入方法，效果可能会更好，但 Word2Vec 出现的时间更长，有更多广泛使用的具体实现（在写作本书时，ELMO 和 BERT 嵌入的效果最佳）。与因使用一种能充分利用嵌入方法的良好 ML 方法（如 NN）而造成的差别相比，不同嵌入方法之间的差别是不值一提的。由于文本数据量相对较小，我选择了规模较小的嵌入（50 个维度），在占总数据 80%的训练数据上（约 30 000 个城市），Word2Vec 为 72 361 个记号训练了嵌入，使用了在 8.4.1 节中分词得到的词干版本。也就是说，先对记号进行词干提取，再合并大写词，将数值合并为 32 个段。对于前面的例子，这种分词方法得到了如下结果：

> [‘it’, ‘popul’, ‘was’, ‘TOKNUMSEG31’, ‘at’, ‘the’, ‘TOKNUMSEG6’, ‘census’, ‘whom’, ‘TOKNUMSEG31’, ‘in’, ‘the’, ‘built’, ‘up’, ‘or’, ‘metro’, ‘area’, ‘made’, ’of’, ‘zhanggong’, ‘and’, ‘nankang’, ‘and’, ‘ganxian’, ‘larg’, ‘be’, ‘urban’]

也可以使用其他数据降维方法，如 SVD（见 4.3.3 节）或 LDA（见 4.3.4 节）。

图 8-2 展示了一个嵌入的二维投影。我曾试图通过严格的剪枝和抽样使这个投影更容易理解，但还是使用交互式技术更容易理解。在使用嵌入时，这种投影是主要的分析技术，还要为特定项目列出邻近的项目（使用欧氏距离）。从图 8-2 中，可以看出数值型记号聚集在一起，如果嵌入是唯一的信息源，模型就无法区分出它们。

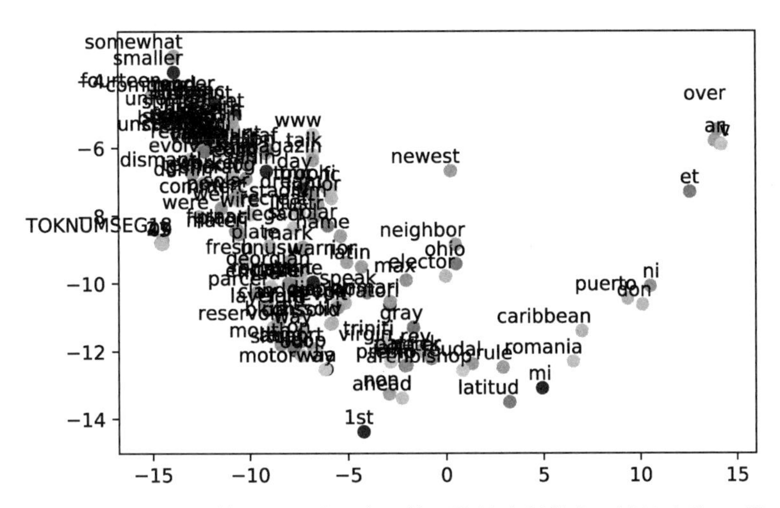

图 8-2 使用 *t*-SNE 算法的二维渲染，使用的是在训练集上计算出的 50 维嵌入的一个样本

8.8.2 特征加权：TF-IDF

为了得到整篇文档的一个表示，需要将词嵌入组合起来，首选是使用 RNN 这种复杂的方法（见 5.3 节）。一种更简单的方法是将它们看作一个集合（见 5.1.1 节），不考虑它们的顺序，并算出平均值。但是，更频繁的词会主导这个平均值，淹没那些不频繁但语义丰富的词的贡献，这和 8.5.1 节中停用词的情况类似。在这一阶段，完全可以丢弃不重要的词，但也可以使用特征加权方法来压制它们的贡献（见 2.1.3 节）。

因此，我们可以不使用原始计数，而是使用 NLP/IR 中一种传统的特征加权方法：通过词类型在语料库中的逆频率来调整计数。**这也是基于在整个数据集上的统计量进行缩放的另一种方法**（见 2.1 节）。

我们将文档中的词频率（term frequency，TF。在 IR 中，term 是词类型的同义词）替换为词频率与逆文档频率（inverse document frequency，IDF）的乘积。为了得到更有价值的统计量，我们可以在更大的数据集（如完整的维基百科或一个大型网络爬虫）上计算 IDF 计数。在这个案例研究中，我们使用训练集。（因为我们使用了布尔型向量，TF 不是 0 就是 1。）

作为文档的一种描述，如果某个特定的维度集合是有意义的，那么对于有更高 IDF 的词，这些维度应该具有更强的表示作用，加权会增强这种信号。

对于词类型 the，它的 IDF 是 0.713。与具有内容的词类型相比，这个 IDF 是非常低的。例如，

census 的 IDF 是 1.13，capital 的 IDF 是 8.0。正如我们提到过的，IDF 可以使用某种不必要性来筛选停用词。

8.8.3　第六次特征化

根据嵌入的可视化明显可知，单独使用嵌入的表示效果非常差，所以 Cell 15 将嵌入加入了 8.5 节中经过词干提取和 MI 筛选的前 1000 项中。使用这种表示方法，我们在 1149 个特征（98 个基础特征、文本长度、前 1000 个 MI 筛选项目，以及 50 个维度的文档表示，见表 8-1f）上进行训练，得到了一个值为 0.3280 的 RMSE。误差变得更大，但还不能确定这种技术是无效的。或许使用另一种模型，甚至随机森林的另一种参数设置就可能变得有效。与这个案例研究中的其他几次特征化相比，这种从嵌入得到的密集特征有很大的不同。**更严重的是，由于构建嵌入时的随机性，这个结果是不稳定的。这是一个非常难以解决的问题**。当前的建议是使用高质量的外部数据源（如 GloVe）来建立嵌入。请注意，这对我们的例子不一定有效，因为有自定义的数值型记号，所以我们应该在建立嵌入时抛弃它们。在使用其他任意预训练的嵌入（如 BERT）时也是如此，因为不能使用与具体问题相关的自定义分词方法。

注意，这个误差分析将是非常困难的。现有的带有嵌入的误差分析技术更重视的是理解数据对神经网络中某个单位的贡献，比如使用注意力地图。当然，这只适用于使用神经网络的 ML。我们可以认为这种困难同样存在于其他数据降维技术中。我的意见是，这取决于为了可解释性而进行逆向降维的容易程度。特征哈希可以进行逆向工程，尽管需要大量的内存。

8.9　结束语

在这个案例研究中，我们处理的是一个 NLP 问题，它不限于简单的文本分类（如话题探测或情感分析）。从二元词的成功，我们可以知道上下文在这个领域中确实非常重要。有些早期决策可能并不完全正确。需要指出的是，误差分析并不是“消费”数据，它会让你知道在这份数据上有些特定词的效果非常好。我主要的疑惑在于，使用 MI 从训练集与测试集的联合集中提取有意义的词。在进行了严格的阈值筛选之后，我并不认为这种方法会过拟合，但是严格的阈值筛选会导致 ML 能够使用的词更少。如果我们不使用阈值，就只能使用一次测试数据，因为此后的任何一次迭代都会过度以测试数据为目标，使得进一步测试变得无效。这就带来了一个操作性难题：要想前进就要消耗数据，你需要**预先**确定要进行多少轮 FE。否则，你会早早地消耗掉全部数据，剩下的结果就会严重过拟合。

如果想在这个数据集上使用更加复杂的 NLP 技术继续进行 FE，那么有以下建议可供尝试。

- 采用 NER 路线，如使用 spaCy 将 2016 区分为一个年份，并与它作为一个普通数值（可能是人口数量）的情况做对比。
- 对文本进行分段，并仅使用一段来提取特征。可以使用局部段（使用典型算法，如 NLTK 中实现的 TextTiling）、段落或句子的一个滑动窗口。我最喜欢的方法是使用一个小的实例集找出与实际人口数值邻近的词（根据误差分析，我喜欢的邻近词有 population、inhabitants 和 census），再选择一个有三个句子的滑动窗口，使它包含最高密度的这种记号（包括数值型记号）。也可以使用有标记的原始数据，提取出有特定标题的几段数据作为目标段。
- 训练一个序列标注器，将人口数量识别为一个特殊类型的实体。基于前面的方法，我们有了一些句子，可以很容易地识别出正确答案，可以使用这些句子作为已标注数据，训练一个序列标注器（如使用 CRF 建立一个定制 NER）在维基百科文本上识别人口数量。使用一种文本处理器来提取标注数据，再推广到其余的实例上，是我以前成功使用过的一种巧妙方法。
- 更加深入地研究 NLP 深度学习技术，像 LSTM-CRF 这样的技术是最可能在这个问题上取得最好效果的，尤其是当组合了通用语言模型时。

还可以尝试以下更简单的工作。

- 添加一个特征表示数值型记号中是否有逗号。从表 8-2 中可以看出，年份数值是不用逗号分隔的，而人口数值用逗号分隔。正如本章所强调的，具体领域的分词非常需要加入领域知识。在处理生物学文本时，我发现带连字符的结构特别重要，如 pB-actin-RL，既需要把它们看作一个记号，也需要把它们分别看作多个记号（不过，要非常小心地将计数调整正确）。
- 再次考虑使用对数值和词的指示特征，并使用它们的计数。即使是数值，实际的人口数值也应该只出现一次，这本身就可能是一种信号。
- 还可以重新使用从人口数量目标值导出的段，我不确定这样能否达到期望，因为会有 60 万到 2400 万个值被合并到同一记号中。
- 加入多词表达式（MWE，可以使用 Python 的 gensim 包中的功能）。
- 在进行嵌入时，还可以找出文档中所有条目上每个坐标的最大值和最小值。

到此为止，最大的性能改善只能期望通过 ML 的超参数调优来获取了，不过我跳过了这部分内容，因为它与 FE 的主题关系不大。下面要讨论的两个问题没有体现在这个案例研究中，但对于文本数据上的 FE 非常重要：内容扩展与结构建模。

8.9.1 内容扩展

有很多方法可以让现有的输入数据提供更加丰富的信息。例如，一些在训练数据上计算的统计量（如 IDF 或嵌入）可以在更大的相关文档集合（语料库）上计算。在像维基百科这样带有超链接的文档上，还可以包含链接文档中的一些文本。这种扩展也可以在通过 NER 识别出来的实体上进行，例如使用 DBpedia Spotlight。扩展数据可以像正常文本一样添加，也可以作为独立的特征集，以免淹没初始信号。**第 3 章讨论了通用扩展技术，而这是通用扩展技术在文本领域的特殊体现。**

8.9.2 文本中的结构

最后，有多种方法可以利用文本的层次结构。例如，可以在文本上进行词性（part-of-speech，POS）标注（用“名词”或“动词”这样的词汇与语法类别来标记词）。这样可以对二元词进行扩展，将其中的一两个条目替换为 POS 标记，如 NOUN-population 或 TOKNUMSEG1-VERB。**这种具体领域中的降维技术有助于增强信号，因为它能显著地减少二元词的数量。**

另一种格式化文档的结构表示方法是**生成节标题中记号与该节中记号的笛卡儿积**。这样，如果某个小节的标题是“Demographics of India”，那么“Many ethnicities are present in …”这样的句子就可以表示为 demographics-many、india-many、demographics-ethnicities 和 demographics-india，等等。我们希望当这种复合词有意义时，可以将出现在文档之间的词标题选择出来。**我们在 5.1.3 节中讨论过树的表示技术，而这是该技术的一种特殊形式。**

8.10 扩展学习

如前所述，使用计算机处理人类文本的历史与计算机本身几乎一样长，其应用早在 20 世纪 50 年代就出现了。直至近期，文本处理依然是一个需要大量 FE 的著名领域。毫不奇怪，正是 NLP 激起了我对特征工程的兴趣。在这个领域中，有很多非常好的图书。Manning 和 Schütze 的《统计自然语言处理基础》是一本经典著作，对一般性的统计知识和语言学概念都做了非常精彩的介绍。要想了解通用概念的最新发展，我推荐 Jurafsky 和 Martin 最近更新的《语音与语言处理：自然语言处理、计算语言学和语音识别导论》。在最近几年，这个领域已经被深度学习方法所主导。Yoav Goldberg 的著作《基于深度学习的自然语言处理》是这方面非常好的资源。如果想看看另一个全面的 NLP 示例，Brink、Richards 和 Fetherolf 在《实用机器学习》一书的第 8 章中给出了一个全面的电影评论案例研究。在 Dong 和 Liu 的著作 *Feature Engineering* 中，第 2 章从一个综合视角讨论了将文本表示为特征的方法，最后一节讨论了在 NLP 中分析非文本特征作为额外上下文的方法，后者是一个非常有趣的思路，值得进一步研究。

第 9 章

图像数据

前面的案例研究关注的是离散数据，本章则关注传感器数据。我是一个 NLP 专家，这与我的专业知识相去甚远。幸运的是，有很多计算机视觉（CV）方面的资料可以供我们在这个案例研究中使用。学会如何在一个欠缺专业知识的领域中解决问题也是非常重要的。

在大脑研究方面，哺乳动物的视觉感知是现在研究得比较充分的领域之一，它始于 Weibel 和 Hubel 在 20 世纪 50 年代的开创性实验。我们知道，视网膜是与一些特殊神经元连接在一起的。当光线照射到视网膜上时，所照射到的二维空间的特殊部分就可以产生信号，并通过这些神经元发射出去。这与像素及其处理过程的相似性不是偶然的。视觉大脑皮层包含一种视觉提取机制，可以对不断增长的复杂性建立一种表示。信息是通过一种精确的结构来处理的：细胞被组织为多个层，在层中对图像特性进行编码。深度学习是从图像处理发展而来的，这一点儿也不奇怪，因为 DL 非常好地模拟了我们现在对视觉大脑皮层的理解。

在处理图像时，我们是在把现实表示为一种离散化、可感知强度值，由传感器提供。对于完全一样的场景，同样的传感器会生成不同的读数，CV 最主要的任务就是超越这些变动，从中提取出高层次的意义（对象、人物，等等）。CV 它最初是一种平滑训练，在发展成熟之后，就彻底以 DL 为中心了。我们讨论的是在小数据集上进行的特征工程（FE），目的是为可以处理传感器数据的有用技术提供相关信息。**如前所述，这个案例研究的重点不是 CV 教学**（如果想学习 CV，最好看一下 9.9 节介绍的那些图书），**而是学习 CV 从业者使用的 FE 技术，帮助你解决自己领域内的独特问题。**

图像上 FE 的主要问题是如何处理大量本身没有实际意义的低层次特征。我们需要处理一种高层次的干扰性变动，以便对特征进行归一化，使得信息获取方式上的微小变动不会影响 ML 的基础机制。对于处理传感器数据的所有人，这些问题都是非常重要的，因为数据获取过程中的变动很大。在本章的案例研究中，一个关键点是要花费尽可能多的时间去熟悉和理解数据，将精力全部集中在算法上并不是一种好方法。在这个问题领域中，样本（图像）之间的对齐问题是非常重要的，但在这份数据上失败了。在 9.8 节中，我们会再次讨论这个问题。

9.0 本章概述

在这个案例研究中，我们使用显示海拔的卫星图像扩展了 WikiCities 数据集。对 12 个随机城市直方图的探索性数据分析（EDA，见 9.2 节）表明，山地更多的地区应该有更少的人口，这样的城市中心是不可靠的。每幅图像都可以添加几百个脆弱的新特征（见 9.3 节）。第一次特征化（见 9.3.1 节）使用了一个以城市为中心的 32 像素 × 32 像素的正方形，它的结果低于基准模型。误差分析（EA，见 9.3.1 节）将系统行为映射回图像，以进行进一步的分析，并确定了模型没有学到很多知识。而且，非图像特征的平均重要性比图像特征高 40 倍。然后，我们探索了两种变体：高斯模糊（将像素与其邻近的像素进行平均，以除去人工痕迹，见 9.3.2 节）和白化（目标是对数据进行标准化并除去其中的线性相关，只保留有意义的变动，见 9.3.3 节）。高斯模糊的效果不错，在余下的实验中我们会一直使用它。我们还对变动做了误差分析，看看一幅图像在被轻微修改时能否改变 ML 的预测结果（见 9.3.4 节）。通过对测试图像的不同变体进行抽样，我们测试了模型。分析表明，这个模型是非常脆弱的。9.4 节在数据变体上进行了训练，以使分类器更加稳健。我们可以通过自动改变数据来生成特征向量，扩展带有变体的训练数据（见 9.4 节），这是在干扰性变动上添加领域知识的一种有效 CV 技术。在我们的例子中，这些变动是仿射变换（见 9.4.1 节）、平移、缩放和旋转。在第二次特征化中（见 9.4.2 节），通过对每个城市使用四个实例扩充了特征，这四个实例就是基础图像加上三种随机变动。这些变换改进了基准模型，误差分析（见 9.4.2 节）表明，模型成功地将关注点放在了城市中心。为了进行更稳健的处理，我们使用直方图形式的描述性特征（见 9.5 节）。第三次特征化（见 9.5 节）使用像素数量和一个特殊值表示每个城市。这种方法对于旋转是稳健的，对于平移的稳健性稍差，而对于缩放还是很敏感的。在评价阶段，我们看到了一些改进，但效果还是比不使用图像差。使用粗颗粒直方图得到的结果与基准模型非常相近，误差分析（见 9.5 节）发现干扰性变动的影响降低了。

之后，我们使用角点检测的形式进行了局部特征检测，目的是为相似的特征提供更好的上下文（见 9.6 节）。角点是图像中的信息在所有方向上都发生改变的地方，表示有一定地理特性的地区，如一个湖或一座山，它们对可居住区域是有影响的。通过 Harris 角点检测（见 9.6.1 节），我们使用角点数量完成了第四次特征化（见 9.6.2 节）。这次结果有了轻微的改进，在本章中是唯一一次。最后，因为 CV 有自己领域专用的数据降维算法，9.7 节展示了使用方向梯度直方图（HOG）的数据降维技术，它为每个图像段在不同增长方向上计算一个计数表。第五次特征化（见 9.7 节）的结果好于使用原始像素，但不如使用直方图或角点，比完全不使用任何图像数据也差得多。

这些案例研究中使用的特征向量简要表示在表 9-1 中。

表 9-1 本章使用的特征向量。BASE 是表 6-1d 中的保守图特征向量。(a) 像素特征，1122 个特征；(b) 变体扩展，1122 个特征；(c) 直方图，354 个特征；(d) 角点，99 个特征；(e) HOG，422 个特征

1	rel#count
	... BASE ...
98	computed#value
99	pixel at 0,0
131	pixel at 0,31
	...
1122	pixel at 31,31

(a)

1	rel#count
	... (identical to (a)) ...
1122	pixel at 31,31

(b)

1	rel#count
	... BASE ...
98	computed#value
99	counts for 0
100	counts for 1
	...
354	counts for 255

(c)

1	rel#count
	... BASE ...
98	computed#value
99	# of corners

(d)

1	rel#count
	... BASE ...
98	computed#value
99	HOG cell #1 histogram bin #1
100	HOG cell #1 histogram bin #2
	...
108	HOG cell #1 histogram bin #9
	HOG cell #2 histogram bin #1
	....
422	HOG cell #36 histogram bin #9

(e)

9.1 WikiCities：卫星图像

请注意，本章不是完全独立的，如果你没有看过第 6 章，应该仔细阅读 6.1 节，了解一下任务和目的。在这个案例研究中，我想使用卫星图像扩展 WikiCities 数据集，然后通过街道和建筑

物的数量来估计人口数量。美国 Lawrence Livermore 国家实验室还提供了一个通过空中摄影照片清点汽车数量的标准数据集，并在这个数据集上成功应用了预训练的 DL 模型。

卫星图像是一种很有价值的资源，但是它们的分辨率一般不高，而且经常受到许可限制。此外，8 万个城市的能识别出建筑物的卫星图像会使语料库膨胀到太字节级。因此，我们使用的是由 NASA 提供的传感器图像，每像素表示 31.25 米。这些图像是从 GIBS 瓦片地图服务器上下载的。①卫星图像通常是以 HDF 格式分发的，这是一种定制的图像格式，需要专门的工具。使用瓦片服务器进一步简化了我们的工作：我们不需要处理 HDF，瓦片服务器中的瓦片直接有经度和纬度格式，这意味着瓦片在垂直方向上按照城市与南北极的距离远近被挤压了。我将这种人工处理痕迹留在了数据中，以此代表图像数据处理中的挑战。

这些文件包含的传感器数据捕获自 14 个波段的电磁波谱，海拔特征是使用两台摄像机来记录的。这些图像不在可视波谱之内。这还意味着预训练神经网络模型不会有什么价值，例如，Venkatesan 等人发现，在一般图片上训练调优的模型在医学图片上没有好的表现。本章案例研究中的原始数据是一个从 NASA 下载的瓦片集，基于 GeoNames 分发的 GPS 坐标（第 9 章 Jupyter 笔记本中的 Cell 1 和 Cell 2）。为了将这些瓦片转换为某种能追加到每一行上的初始数据，Cell 3 提取了一个 64 像素 × 64 像素的范围。这个范围以 GeoNames 中每个城市的经纬度中心为中心。然后，就可以对所得的 64 × 64 特征进行进一步的处理了。下面我们从探索性数据分析（EDA）开始。

9.2 探索性数据分析

我们可以使用这 80 199 个瓦片进行 EDA，从研究一些瓦片及其直方图开始。Cell 4 随机绘制出了 12 个城市。因为瓦片不是图像，只包含一个有 256 个强度水平的单通道（彩色图片包含三个通道，即红、绿和蓝）。人类的眼睛只能分辨出 60 种灰度，所以单通道中包含的这种信息在用灰度显示时会丢失。为了解决这个问题，Cell 4 使用了一种称为**伪色**（false colour）的可视化技术，它适用于感知数据。通过向不同的灰度部分添加颜色，信息就变得可见了。

这种卫星数据因为包含人工痕迹而被诟病，你可以在图像中看到一些小黑点。图 9-1 中的第一行是几张灰度图像，我们从中没有发现任何有意义的信号。②它们实际上是从卫星的双目感知仪器上获得的海拔信号。图像的分辨率过低，似乎不足以捕获人工结构。我们可以看出山地更多

① 我们使用的图像来自 NASA 地球科学数据与信息系统（ESDIS）项目运营的全球图像浏览服务（GIBS）。

② 尽管这有些出人意料，但我多次遇到过这种情况：他们只给我一个乱糟糟的生产数据库（没有更多信息）来解决数据科学问题。

的地方人口更少。我们看一下 Cell 5 中的直方图，从图 9-1 中的第二行可以看出，不同的特征值在直方图中得到了非常好反映。我们绘制了几个著名城市的市中心（没有给出），从中知道了 GeoNames 的市中心与我们所认为的市中心有时候有一些不同。

我们准备使用所有像素作为特征，尝试一下机器学习。

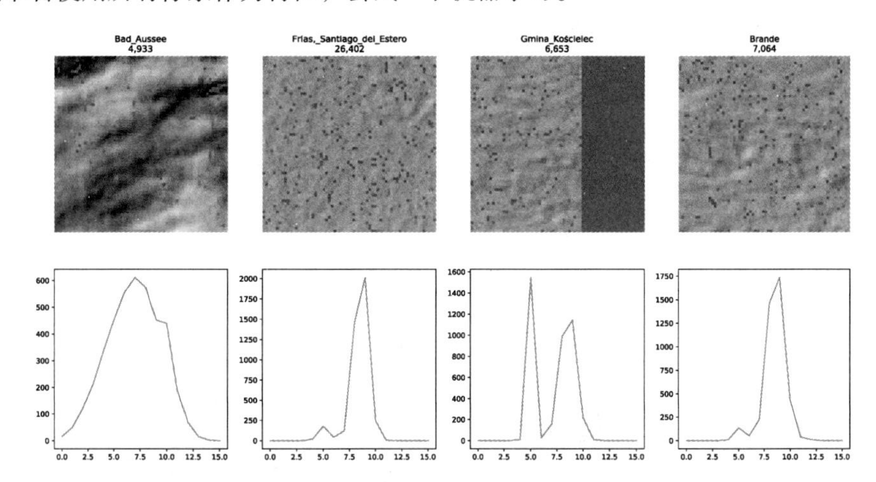

图 9-1 EDA：4 个随机定居点及其直方图。人口数量显示在名称下面。海拔直方图绘制出了频率与海拔信息的16个箱之间的关系。这些图像说明了Bad Aussee在阿尔卑斯地区（海拔 600 米），Gmina Kościelec（海拔 200 米）市中心邻近一个小池塘，其余两个地方则相对平坦（直方图中没有多少变动，海拔分别为 300 米和 100 米）

9.3 像素即特征

我们要进行一次特征化，使用每个像素作为不同特征，再加上一些概念上的变体。现在最常用的方法是使用 DL 建立更加复杂的层进行表示。下面看看非 DL 方法是如何做的。

9.3.1 第一次特征化

在第一次特征化中，Cell 6 以定居点为中心取了一个 32 像素 × 32 像素的正方形，得到了 1024 个额外特征（见表 9-1a）。选择 32 像素是为了覆盖城市中心方圆 1 公里的区域。因为数据集中多数定居点少于 1 万个居民（均值是 5000），所以我认为比这个范围大的区域中都会有多个定居点，在 9.8 节中，我们会重新讨论这个决策。在训练时，我们使用了一个可以处理几千个特征的稳健 ML 算法（随机森林）。在这份数据上使用 SVM 的训练时间超过两天。最终的 RMSE 是 0.3296，比基准模型的 0.3189 还要差，但从 EDA 可知，数据中有投影问题，还有错误的中心数据。另一个问题是使用图像数据加入了更多复杂性，训练时间比不使用图像数据增加了约 60 倍。

误差分析

因为有大量非描述性特征，所以要理解 CV 系统，最成功的方法就是将系统行为映射回图像，以进一步分析。按照这种传统方法，Cell 7 使用随机森林计算出的特征重要性，为不同像素在模型"眼中"的相对重要性提供了一种可视化说明（见图 9-2a）。图形看上去非常随机，说明模型没有学到什么知识。对于一个信息量很大的模型，我希望中心像素有更高的重要性，作为模型注意力的"中心焦点"。就图形来说，中心应该有一个更白的元素，后面会解决这个问题。这个特征集中有两种成分，即普通特征与图像特征，看看每种特征的最大平均特征重要性会很有趣。对于非像素特征，重要性的最大值是 0.227 02，平均值是 0.007 75。对于像素特征，最大值是 0.000 37，平均值是 0.000 23。令人惊讶的是，像素特征总是使 RMSE 变得更差。根本的原因在于它们的数量太多，像素特征的数量是普通特征的 10 倍。请注意，使用其他特征重要性度量，如 mRMR 或第 4 章中讨论的技术，可以把这种可视化分析扩展到 EDA 阶段。在进行下一次特征化之前，我们使用原始像素作为特征。我想探索它们的两种变体：高斯模糊和白化。

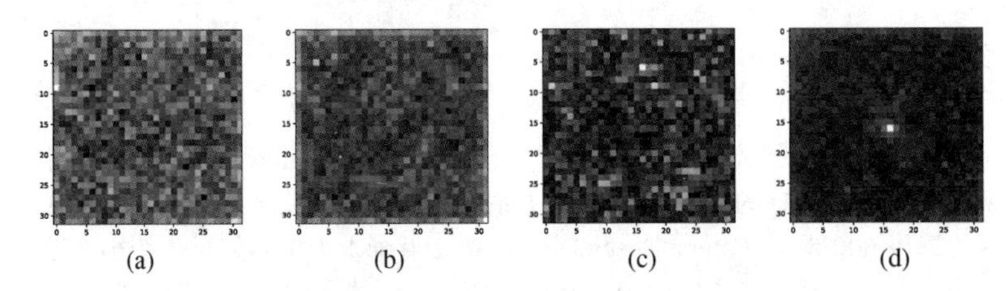

图 9-2 每个像素的随机森林特征重要性的图形化渲染。(a) 基础 RF；(b) 高斯模糊；(c) 白化；(d) 使用仿射变换的扩充

9.3.2 可计算特征：高斯模糊

我们知道卫星数据中有人工处理，对像素与其邻近像素做平均有助于消除一些人工痕迹，尽管最终会丢弃信息。在我们的例子中，图像表示地形信息。这是一个地理平滑的用例，正如 2.1.2 节所述。Cell 9 实现了这种思想，得到了一个有轻微改进的 RMSE，但仍然不如基准模型。

高斯模糊使用了像素平均技术，这是一种图像滤波技术。在 CV 领域中，滤波是指对每个像素使用它的邻近像素运行一个函数，用来增强图像、提取信息（纹理、边缘，等等）和检测模式。

要对一个像素进行模糊操作，需要使用该像素和邻近像素的值的组合来替代这个像素。这种操作非常有用，称为**卷积**。给定一个称为**卷积核**的权重矩阵，以及矩阵中的一个锚点，卷积将图像中每个像素依次作为锚点进行处理。对于每个作为锚点的像素，卷积使用该像素周围的邻近像素，范围等于核矩阵的大小，然后将这些像素的值乘以核矩阵中的权重，再把所有乘积相加，就得到了源像素的卷积值。**核矩阵是向特征中添加本地背景信息的一种非常好的方式。**在如下公式中：

$$C[i,j]=\sum_{u=0}^{w}\sum_{v=0}^{h}\boldsymbol{K}[u,v]I[i-u+a_r,j-v+a_c]$$

$\boldsymbol{K}$是一个 $w \times h$ 的核矩阵，锚点位置为(a_r,a_c)，I是图像像素。这种数学操作通常使用星号（*）来表示，它有很多用途与特性。

使用不同的核矩阵，卷积可以进行图像锐化、移动平均、加权移动平均、计算相关性等操作。它不受平移的影响，因为它的值依赖于周围像素的模式，而不是邻域中的位置。它还是线性不变的：$h*(f1+f2)=h*f1+h*f2$，并且在缩放时也运行得非常好：$h*(kf)=k(h*f)$。它还满足交换律（$f*g=g*f$）和结合律（$(f*g)*h=f*(g*h)$）。最后，它的微分性能也很好：$\frac{\partial}{\partial x}(f*g)=\frac{\partial f}{\partial x}*g$。最后一个性质可以用来近似 Sobel 算子的任意阶导数。Gabor 滤波器也是 CV 中一种重要的卷积滤波器，可以进行通用纹理检测。

请注意，以上定义可以应用在图像中的所有像素上，它还需要处理图像外部的像素。缺失的像素可以通过复制边缘像素来近似，也可以设置为一个固定值（如全黑或全白）或者相对一侧的值。

对于高斯模糊，核是通过一个二维高斯函数定义的：

$$K(x,y)=\frac{1}{2\pi\sigma^2}\mathrm{e}^{-\frac{x^2+y^2}{2\sigma^2}}$$

在 5 × 5 的情形中，使用默认的$\sigma=0.3\times((\text{kernel_size}-1)\times0.5-1)+0.8$可以得到：

0.014 00	0.028 01	0.034 30	0.028 01	0.014 00
0.028 01	0.056 02	0.068 61	0.056 02	0.028 01
0.034 30	0.068 61	0.084 04 *	0.068 61	0.034 30
0.014 00	0.028 01	0.034 30	0.028 01	0.014 00
0.028 01	0.056 02	0.06 861	0.056 02	0.028 01

看一下 Cell 10 中的特征重要性（见图 9-2b），我们知道图像的边缘比以前淡了一些。这似乎表明模糊没什么用处，因为边缘的元素得到的模糊更少。

这个数据集比基准模型更差，难以衡量改进程度，在 ML 中不使用像素数据应该能得到更好的结果。对模糊的研究到此为止，因为与像素特征相比，非像素特征的重要性上升了。最后一种常用于原始像素的技术是白化，下面看看它的效果如何。

9.3.3 白化

我们在 2.1.1 节中讨论了白化和 ZCA，作为两种归一化技术。白化的目标是对数据进行标准化，并除去其中的线性相关，只保留有意义的变动。ZCA 是一种特殊的白化技术，它生成的结果更容易被人类理解。

Cell 11 使用了与第 2 章中不同的公式进行白化处理，遵循了 Keras 包中提供的方法，在数据之后执行乘法操作。[①]

结果令人失望，因为 RMSE 是 0.3476，而且训练时间几乎翻倍。这是可以预料的，因为白化稳定了数据方差，而对于像随机森林这样在每个特征上独立操作的算法来说，这是不必要的。

白化仍然是 DL 中一种常用的技术，在这里也可能有所帮助。为了再次确认代码能正确地对数据进行白化，Cell 12 计算了协方差，发现多数相关性是 0，还发现列上有单位方差。这两个特性说明我们正确地进行了白化。与其他类型的白化相比，ZCA 白化的主要优点是转换后的图像与原始图像很相似，如图 9-3 所示（也是在 Cell 12 中计算的）。特征重要性的值看上去甚至比以前更暗（见图 9-2c）。不过，像素特征的平均重要性略有提高。

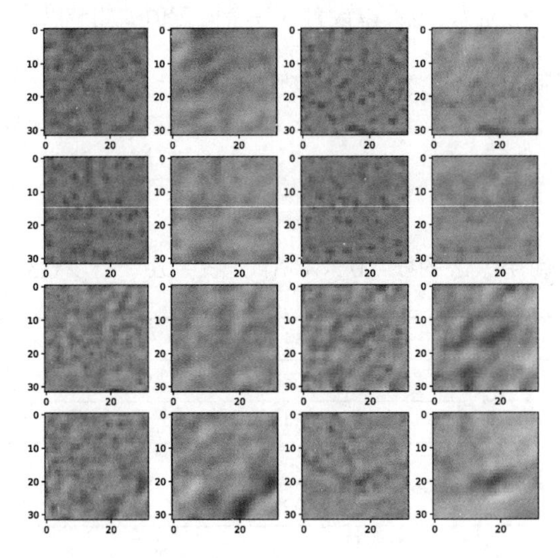

图 9-3　8个定居点的ZCA白化结果。右侧图片是左侧图片的白化版本。前两行来自训练集，后两行是未知的测试示例

在这三种方法中，我们要深入研究的是高斯模糊。

① 在训练数据上计算一个 ZCA 转换，在测试数据上使用它时，要在数据矩阵**之后**进行矩阵相乘，而不是之前。（这似乎就是 Bradski 和 Kaehler 所说的计算 PCA 的“混杂”方法。）

9.3.4 对变动的误差分析

根据 EDA，我们知道这个数据集有缩放问题和市中心的地址错误。这些问题有多严重呢？如果一幅图像被轻微改动，会改变 ML 预测的结果吗？为了回答这些问题，Cell 14 分割了训练数据，按照高斯模糊模型训练了一个随机森林模型，然后使用未知行的变动测试随机森林模型，对源图像的不同变动进行抽样：

- x 和 y 坐标上的缩放，从−10 到+10 像素；
- x 和 y 坐标上的平移，从−10 到+10 像素；
- 从 20°到 340°角的旋转（增量为 20°）。

这些统称为仿射变换，将在 9.4 节中详细讨论。你会发现所有变换都需要 32 × 32 正方形范围之外的像素，这就是我们从前在 Cell 3 中提取 64 像素 × 64 像素范围的原因，Cell 14 可以充分利用它并随后提取相应的 32 × 32 正方形。评价这些变动的一个样本并与基础图像进行比较。修改后的图像被提供给初始回归器。与基础图像的结果相比，如果修改后图像的结果更精确，Cell 14 就记录下这种情况发生的次数，并记录下误差降低一半的次数。结果非常不错，在几乎 1500 幅图像上的 13 649 次尝试中，有 6072 次得到了改进，并且 1777 次改进中的误差减半。**这些结果表明，小的变动可以导致模型行为有显著的改变：这样的模型很脆弱**。Cell 16 绘制了一个直方图，表示哪些参数和技术可以改进模型（见图 9-4a）。它表明了一种全面的改进，没有任何强烈的参数偏好可以用来进行自动扩展。下面使用这些变体扩展训练数据，训练一个更加稳健的模型。

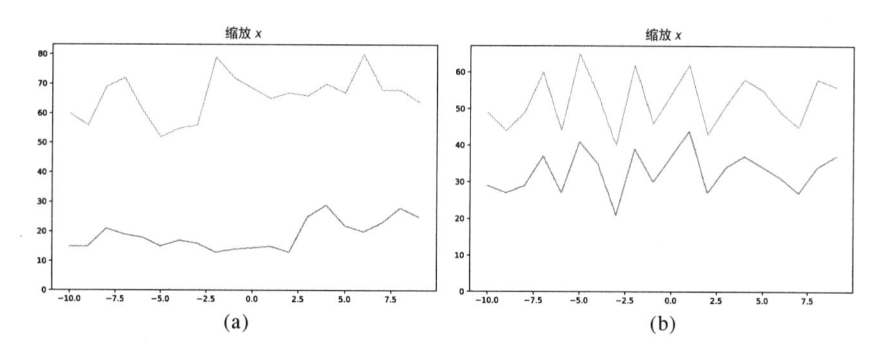

图 9-4 仿射变换在未知数据上的影响，下面的曲线是改进超过 50%的误差率（节选）。(a) 所有像素；(b) 32 个分箱的直方图。请注意，(a)达到了 80 而(b)只有不到 70

9.4 自动数据集扩展

CV 中一种有效的技术是向 ML 过程中添加领域知识，相关变换并不携带信息，这称为**干扰**

性变动。对于卫星图像，Cell 7 研究了 9.3 节中描述的三种变换。这些变换都是我们将要讨论的**仿射变换**的一部分。

9.4.1 仿射变换

仿射变换是一种线性变换，是通过将源平面上的三个点映射到目标平面上的三个点来定义的。从数学上说，它的定义方式是乘以一个 2 × 2 矩阵再加上一个 2 × 1 向量。它包括平移、缩放和旋转，这些是我们要使用的一个仿射变换子集。一般来说，它们可以挤压图像，但必须保持平行线继续平行。

在我们的例子中，城市中心有最多 10 像素的平移，这是一种位置误差。无限制旋转反映了城市轴的各种对齐方式。最后，缩放在这个数据集中尤其重要，因为我们知道数据表现出了不规则的南–北压缩。

9.4.2 第二次特征化

Cell 7 在 143 884 个实例上训练了一个 RF 模型，为每个城市使用了四个实例（见表 9-1b）。这四个实例是一个基础图像加上三种与 9.3.4 节中有同样参数的随机变动。有趣的是，与第一次特征化中的基准模型相比，仅使用非像素特征的基准模型生成的结果要差得多：不加修改地重复行会使 RF 过于相信某些特征配置，从而导致过拟合。如果不在扩充数据集的同时修改 ML 算法，就会有这种风险。对于这种基准模型，变换确实可以提升性能，但是提升不大，与没有复制的基准模型相比差很多。

误差分析

图 9-2d 中的特征重要性得到了这个问题可能的最佳结果，它将模型的注意力集中到了城市中心的行为上。很多定居点非常小，远离中心的特征很可能是没有价值的。图 9-2 表明特征重要性是如何随着与中心的距离增加而降低的。它的效果这么好，令我非常欣慰。在这个阶段，应该研究一下其他方式了。

9.5 描述性特征：直方图

处理干扰性变动的另一种方法是使用对这些变动稳健的方法来表示原始数据。如 2.3.1 节所述，描述数据分布形状而不是数据本身的描述性统计量是将信号从噪声集中区分出来的常用方式。在有图像数据和其他传感器数据（如声音）的情形下，直方图就是一种非常好的方式。如果一幅图像被轻微地旋转，它的直方图仍然保持不变。如果图像被轻微地平移，那么像素位置的值会显著改变，但直方图只会因为在边缘丢失和获得了一些像素而改变。

第三次特征化

Cell 18 将每个实例都表示为 256 个计数，代表图像中具体像素值的数量（见表 9-1c）。这种方式对旋转稳健，对平移比较稳健，但对缩放仍然敏感。请注意，Cell 18 没有归一化直方图，因为所有图像都是同样大小的。它也没有在图像实际范围中进行缩放，而是使用灰度的最大和最小观测值进行缩放，生成了一种“均等”直方图。在处理不同光照条件下获得的直方图时，后者是非常常用的一种操作，但这里似乎并不需要。

RMSE 的值是 0.3265，仍然比不使用图像要差，但训练时间只比基准模型长 9 倍。通过将数据分为 32 个箱（不是 256），Cell 19 进一步降低了直方图的粒度。在一共 130 个特征上训练模型得到的 RMSE 是 0.3208，非常接近于基准模型，而且训练时间只有它的 2 倍。

误差分析

使用直方图的主要目标是降低干扰性变动的影响，并使模型更加稳健。Cell 20 在直方图模型上重新进行了 9.3.4 节中的变动影响分析（见图 9-4b），差别是显著的。对于像素特征模型，它的变动可以使 45%的基础图像有所改进，而在使用直方图时，这个比例降低到了 28%。在 9.3.2 节中的模型中，显著改善只有 29%，而在使用直方图时，这个比例提高到了 62%。这说明直方图模型更加稳健，而且如果变动是有益的，就能更加全面地提升性能。至于参数和条件，与 9.3.4 节中基本上是一样的。不过，对于旋转来说，直方图的效果有一些下降，这也是很正常的，因为它对旋转是非常敏感的。**说到底，直方图模型更加稳健，训练得也更快，还能生成更加精确的结果，所以它很自然地成了 CV 中最受人喜欢的工具。**

9.6 局部特征检测器：角点

如果你有表面上相似的大量特征，ML 算法就会迷失在信息的海洋里。视觉需要从一般性信息中筛选并提取出重要的信息。本节将研究**局部特征检测器**（local feature detector），其中“特征”这个词是从 CV 的意义上来说的，它与 ML 中的特征相关，但更加抽象。对我们来说，更好的说法应该是“图像特性”。局部特征检测需要在图像上运行一些函数，找到相关区域（region of interest，ROI）。这些 ROI 都会表现出某种重要特性。通常，我们也可以训练出这种特征检测器，如人脸识别。我们可以使用描述性研究（如用于反向投影的直方图）来估计它们的参数，下一章将讨论这种方法（见10.1节）。使用局部特征表示图像是CV中的一种标准技术。

在WikiCities这个例子中，我们将介绍一种用于检测角点的成熟方法。**角点是图像中的信息在所有方向上都发生变化的部分**。它不同于没有任何变化的平面区域，也不同于只在一个方向上有变化的边。

改变是感知的关键。20世纪50年代，Hubel和Weibel在实验中偶然发现，在哺乳动物的视觉大脑皮层中，神经元是针对视觉刺激改变、而非稳定刺激来学习的。**在WikiCities这个问题中，角点表示一个具有地理特性的区域，这些特性对居住区域有影响，如一个湖或一座山。角点是纹理分析的一种基本类型。**

9.6.1 Harris角点检测

这种算法基于对图像梯度的计算，即能捕获不同方向上变化的偏导数矩阵。快速变化的区域具有很高的导数值。检测算法能计算出梯度矩阵的特征值，并找出与坐标轴无关的改变方向。使用特征值可以使滤波器不受旋转和平移的影响，但仍然受缩放和光照特性改变的影响。

对于平面区域，特征值会很小。如果一个特征值比另一个大很多，那就是边缘区域，否则就是角点。因为角点上的方向改变非常明显，所以它是能够检测的最稳健的图像特性。请注意，梯度也可以使用卷积和Sobel算子来计算。

9.6.2 第四次特征化

Harris角点检测算法有一些参数需要选择：上下文大小与Harris *k*参数。我还加入了模糊操作，作为一种预处理步骤。噪声会使导数失效，所以在计算导数之前要先进行平滑，这是很重要的。Cell 21绘制了在EDA中使用的一些图像变体，使用伪色一共绘制了144幅图像，但这些图像的大小和复杂度不适合在本书中展示。根据这些图像，我们可以看出更高的模糊值和更大的上下文所产生的角点数要比最大值少10%，但它们变得更难以区分了。所以我选择的模糊值为3，上下文大小为2，Harris *k*参数为0.05。Harris角点检测为每个像素返回一个分数，表示该像素的“角点性”。为了得到实际的角点，需要设置一个阈值，这个阈值的选择要根据每个具体图像的光照特性来确定。一个大的角点会使很多像素有很高的分数，所以除了设置阈值，我们还建议做一种非极大值消除的操作，即找到最大值附近的点并丢弃它们。我们不用找到实际的角点，为了避免设置阈值，我对“角点性”做了排序，使用前100个值作为图像的整体“角点性”分数。

Cell 22 添加了角点性特征，但结果令人失望，Harris 检测其他参数的结果更差。幸运的是，虽然找到高质量的角点非常困难，但 OpenCV 中有一个非常合适的函数，叫作 goodFeaturesToTrack。它可以接受一个质量参数，并返回图像中的主要角点。它使用了另一种不同的角点算法，但也是建立在与 Harris 算法相似的思路之上的，同时进行了非极大值消除。Cell 23 使用 0.01 作为质量参数，这是一种很合理的默认设置。使用返回的角点列表长度作为额外特征，可以得到轻微的改进（Cell 23，见表 9-1d），从 0.3198 下降到了 0.3188。这是本章中第一次对基准模型得到改进。

误差分析

对于误差分析，Cell 24 绘制出了人口数量对数与检测到的角点数量之间的关系（见图 9-5）。**有趣的是，从这张图中可以发现，很多角点（说明土地比较分散）的城市一定不是中等规模的。**这个说法既涉及地理因素，也涉及人口因素，必须小心对待，但它确实修正了特征背后的一些看法。下面进一步研究梯度的思想。

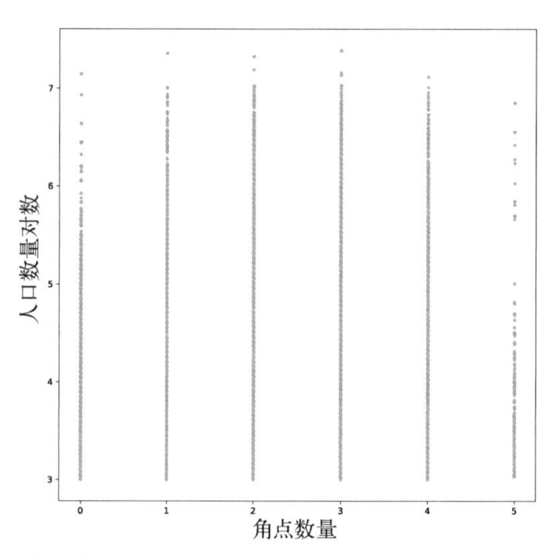

图 9-5 检测到的角点数量与人口数量对数（以 10 为底）的关系

9.7 数据降维：HOG

因为角点生成了一个突然的梯度改变，而且是可检测的最稳健的局部特征之一，所以计算梯度直方图是有意义的。方向梯度直方图（histogram of oriented gradient，HOG）方法可以计算一个梯度的直方图，即包含图像分段不同增长方向计数的表格。它构成了 CV 中所谓的“特征描述器”。这是一种领域专用的数据降维技术，希望可以不受干扰性变动和光照改变的影响，但又与三维对象、材料、形状，甚至畸形场景的内在特性有足够的区别。HOG 是一种典型的领域专用数据降维技术，是一种历史悠久的方法，包括 SIFT、VLAD、GIST、BLP 等多种方法。从我们的观点来看，它使用梯度为像素提供了上下文，使其更有信息量。

给定一个点和一个角，非归一化梯度直方图就是梯度在角的方向上的像素数量。它的主要优点是对一些变换是固定的，包括旋转和缩放。使用邻近单元对直方图进行归一化，HOG 方法还可以实现对光照变化的固定，该算法将这种操作称为“阻断”。

该算法从计算整个图像的梯度开始，然后把图像分成多个单元，计算每个单元的梯度方向。这些方向的直方图就构成了 HOG。为了计算梯度的方向，它使用了反正切函数。这样得到的方向被认为是没有指向的，范围为从 0° 到 180° 。实践证明，不使用指向可以得到更好的结果。然后，0° ~180° 这个范围又被分成 9 个箱，每个梯度都在每个箱上通过实际值的插值进行计数（例如，27° 的梯度对 20° 箱有贡献，也对 40° 的箱有较小的贡献）。每个箱上的计数还要考虑梯度的大小，这是通过“投票”来实现的。这些细节对算法的有效性非常重要。如果你想在 HOG 的启发之下设计一种自己领域的算法，请一定要注意，找到适合数据的最优参数和机制不是一项简单的任务。

在我们这个具体例子中，HOG 不一定是最合适的，因为它仍然对方向上的变化敏感。同一幅图像如果旋转 90° ，就会生成不同的特征。我们可以通过扩充训练数据或设计一种类 HOG 滤波器来做进一步的改进。

第五次特征化

在这一阶段，我们还不清楚数据中是否有对任务有帮助的信号。地理上两个相似的定居点是否不会影响其人口数量，很可能并不符合我们的**先验知识**。Cell 25 使用了在 32 瓦片 × 32 瓦片上的 8 × 8 单元，测试了在 HOG 背后的这些想法。它使用 16 × 16 的块进行归一化，得到了 324 个额外特征（见表 9-1e）。因为每个直方图使用 9 个箱（HOG 的默认设置），所以这些特征是 36 个直方图的。从瓦片中的 16 个单元得到了如下结果：图像角上的 4 个单元进行了一次归一化，图像边缘的 8 个单元进行了两次归一化（每次归一化中都有两个直方图），图像中间的 4 个单元进行了 4 次归一化。

最终结果的 RMSE 是 0.3398，比使用原始像素要好，但比使用直方图或角点要差，比完全不使用任何图像数据差得多。这次案例研究到此结束。

9.8 结束语

对于保守特征集，我会选择角点数量来改进。这份数据上的高性能特征集仍有待寻找，我还是寄希望于仿射变换与角点数量的组合。

数据集和代码留下了供你实验的大量空间。下面是一些可以探索的简单思路。

- 深度卷积网络。尽管训练数据的数量只勉强够用，不过这种方法确实值得尝试。有很多用于 MNIST 手写数据识别的方法，简单改写一下就能适合这份数据。
- 修正缩放问题。这是一种可计算的人工数据处理方式，很容易完成。
- 尝试传统的数据降维技术，如 PCA。有现成的可用于白化操作的 PCA 代码。
- 在 9.5 节的直方图上执行监督离散化。有一种可以将两个连续的箱联合在一起的贪婪算法，在未知的测试数据上进行检验时，使用这种算法有可能缩小误差。在使用这种算法时，可以从 2.2 节对 ChiMerge 和自适应量化方法的讨论中获得一些启发。
- 不用“角点性”，而是用“边缘性”。我们将在稍后讨论边缘检测。

为了弥补本章概述中提到的领域专业知识方面的欠缺，我还对这个案例研究使用了试错方法。为了强调领域知识对于特征工程的价值，我的朋友、CV 专家 Rupert Brooks 博士[①]阅读了本章，并检查了源数据。他建议以局部二元模式（LBP）的形式利用纹理特征。对于这个数据集，他重点指出邻近信息是非常重要的，而绝对位置并不重要。CV 中还有其他一些重要的问题，如人脸识别（HOG 即源于该问题），在这些问题中绝对位置是很重要的，所以选择正确的技术是关键。还有，选择并确保样本的正确对齐方式是 CV 的基本要求。因为这个数据集既缺少这种对齐方式，也不能自动建立，所以一个专家事先就应该知道，像素特征及其变体没有任何成功的机会（应该避免这样做）。这令我想起了一句西班牙谚语：El que no tiene cabeza, tiene pies。[②]

最后，我要用在 IBM 时与一位 CV 同事的对话来结束本节。我说我非常羡慕 CV，因为它的中间过程本身就非常有用，如寻找角点，而 NLP 应用需要端到端的性能：找出好的词性标注本身并没有意义。我的同事表示反对，他说他羡慕 NLP，因为对于我们这些 NLP 从业者来说，特征检测与提取已经是现成的方法了。在完成本章的工作之后，我不禁想起了这段对话。

计算机视觉中的其他主题

我将非常简要地介绍一些与本章相关的其他主题，在处理传感器数据时，有些人可能对此很

① 非常感激他花费时间来做这项工作。本章中的所有方法以及任何潜在的错误或疏忽都由我负责。

② 意思是“He who lacks a head ought to have feet”（如果没有聪明的头脑，就应该保持勤奋）。

感兴趣。

颜色操纵。本章数据是单通道的。对于多通道数据，可以按照不同的通道单独处理，并按每个通道获得特征。还可以使用以下感知导出公式将图像转换为灰度的：

$$Y = (0.299)R + (0.587)G + (0.114)B$$

除了红、绿和蓝通道，有些图像还有一个阿尔法（透明度）通道。尽管 RGB 是常用格式，但它不是表示光感应数据的唯一方式。另一种表示方式是 HSV（色调、饱和度和明度），如 3.1 节所述，它可以从 RGB 格式计算而来。从 H 通道和 S 通道计算特征是人脸识别的推荐方法。

边缘检测。与角点检测一样，从图像梯度中也可以提取出在一个方向上的变化。应用最广泛的方法是由 John Canny 提出的。除了一阶导数，这种算法还使用了二阶导数（通过拉普拉斯算子）。二阶导数为 0 表示梯度方向发生了改变，由此可以找出一个边缘。该算法使用很高的阈值来认定某个单独像素是一条边的一部分，再使用较低的阈值通过邻近点继续找出存在的边。这种思想称为**滞后**（hysteresis），可用于其他问题和领域。

图像平滑。如你能控制获取机制，就可以对同一场景获取多幅图像，然后进行平均。这与 7.6 节中的误差模型是同一原理。它能以 $\sqrt{n}$ 为因子来降低噪声，其中 n 是图像的数量。本章使用的卫星图像可以使用这种技术，因为它们是陆地卫星多次传输的结果。一种相关的技术称为**无地图校准**（chartless calibration），它使用不同时间的图像进行校准。

在有传感器需要校准、你又可以改变其能量获取量的情况下，这种方法可以转换用于其他场景。

尺度不变特征变换（scale-invariant feature transform，SIFT）。与 HOG 一样，SIFT 也能计算梯度直方图，但它生成的是局部描述，不是全局描述。HOG 之所以能获得广泛应用，是因为它是 SIFT 的一种替代方案，而 SIFT 是有专利的。它们都属于梯度直方图的方法族，给定一个以某点为中心的区域，可以生成有不同归一化方法的梯度直方图。如果场景是平的，SIFT 就是近似最优表示，重要的是获得与视平面平行的平移不变性。这些假设对于视频处理非常重要。SIFT 还使用了不同分辨率的图像金字塔，这可以使 SIFT 具有某种程度的缩放独立性。

使用深度网络作为特征提取器。尽管没有足够的训练数据来为你的问题拟合一个深度网络，复用预训练模型也是非常有帮助的。在一篇博客文章中，Arthur Douillard 描述了研究航空影像以检测汽车的方法，并将其成功地应用在了 COCO 预训练模型上。在 COCO 跟踪的 82 个对象中，汽车是其中的一种。该模型足够稳健，当汽车图像完全来自该模型时，已经可以被识别出来了。

9.9 扩展学习

计算机视觉是个非常有趣的主题，已经有了几十年的研究和发展。如前所述，有许多关于如何在操作数据上识别高层次结构（CV 中的“特征”）的图书，如 Nixon 和 Aguado 的《计算机视觉特征提取与图像处理》。如果想学习更加基础的概念，我认为 Carsten Steger 的 *Machine Vision Algorithms and Applications* 非常有用。对于 OpenCV，即 Jupyter 笔记本中使用的专用软件库，Bradski 和 Kaehler 的《学习 OpenCV》是深入研究这种技术的绝好资源。没有 OpenCV 社区汇总的精彩教程，尤其是 Ana Huamán Quispe 的教程，我无法完成本章的内容。

文本和图像的组合开启了一个激动人心的研究方向，你可以参加计算机视觉与模式识别大会的系列研讨会。

Zheng 和 Casari 的《精通特征工程》一书中也介绍了用于 CV 的特征工程，并对 HOG 进行了详细而又精彩的解释。她们还将像 AlexNet 这样的 DL 方法与 HOG 联系在一起，非常有启发性。Dong 和 Liu 在 *Feature Engineering* 一书的第 3 章中，讨论了图像的特征提取。他们提出了三种方法：手工提取（本章内容）、隐式提取（我们在 HOG 中有所涉及）和 DL 提取。他们还将 DL 方法与 HOG 联系起来，尤其说明了用于像素的特征提取器为什么是局部的，只具有一个很小的“接收区域”。他们得出结论，调优的 CNN 结构类似于手工特征提取器。

第 10 章

其他领域：视频、GIS 和偏好

在本书最后，我们再介绍几个主题。在前面的案例研究中，因为 WikiCities 使用的数据所限，所以并没有涉及这些主题。在第 6 章到第 9 章中，我们一直在讨论同一个问题。这样做的好处是可以把不同技术放在同一背景下讨论，但坏处是限制了能够讨论的问题。本章简要介绍三个其他领域：视频数据、地理（GIS）数据和偏好数据。与第 6 章到第 9 章中的案例研究一样，本章的重点也不是学习如何将特征工程（FE）最好地应用在视频、GIS 和偏好数据上，而是从这些领域中获得一些进行 FE 的灵感。当你发现自己的专业领域与这三个领域有联系的时候，就可以将学到的知识应用到自己的独特领域中。我会介绍数据、进行一次特征化并加以讨论，但不会进行全面的探索性数据分析（EDA），也不会做误差分析（EA）。

第一个领域是视频处理。**这个领域中的主要 FE 经验是，在数据量特别大的环境中，应该尽量关注相关实例（前面的帧）上的计算复用**。我们将研究屏幕录制中的鼠标位置跟踪问题。

第二个领域是 GIS 数据，在这个例子中，我们研究的是路径数据。**该领域中主要的 FE 问题是如何处理随时间变化的动态空间数据**。我们要预测一种鸟类是否很快就会开始迁徙，使用的是 Movebank 库中的动物跟踪数据。

最后，偏好数据演示了针对有稀疏特征的大数据集的填充技术。我们将在一个表示为偏好数据的挖掘软件库上讨论这个问题。

这些案例研究中使用的特征向量简要表示在表 10-1 中。

表 10-1 这些案例研究中使用的特征向量。(a) 视频数据，96 个特征；(b) 地理数据，14 个特征；(c) 偏好数据，15 623 个特征

目标变量

特征

keyframe?	
1	red bin_1 (prev)
2	red bin_2 (prev)
	…
16	red bin_{16} (prev)
17	green bin_1 (prev)
	…
33	blue bin_1 (prev)
	…
50	red bin_1
	…
96	blue bin16

(a)

moving?	
1	year
2	month
3	day
4	day of year
5	hour (24)
6	minutes
7	seconds
8	latitude
9	longitude
10	distance city 1
	…
14	distance city 5

(b)

MRR	
1	file length
2	# of includes
3	# of structs
4	# of char(0)
	…
259	# of char(255)
260	pref. Torvalds
261	pref. akpm
	…
15 623	pref. Hemmelgarn

(c)

10.1 视频

随着过去 10 年的发展，具有大容量存储和高级视频功能的智能手机已经普及开来，视频的录制量与存储量都飞速上涨。单单 YouTube 一个网站，用户每秒上传的视频时长就超过了 400 小时。在视频数据上进行机器学习（ML）并不一定比上一章中讨论的计算机视觉更困难。例如，在一帧和接下来的一帧中识别一个人与确定两张照片中的两个人是否是同一个类似。处理视频中的帧与处理 Instagram 上的照片没有什么区别。

不过，视频中用帧表示的图像有非常多的绝对数量，如果使用暴力算法，对计算能力的要求是非常高的。在这个案例研究中使用的 5 分钟视频表示了 9276 幅图像，由此可以对这种情况有个正确的了解。它的数量差不多是第 9 章中卫星图像的 10%，但由于图像的分辨率高得多，所以占用的空间更大（作为独立图像）。还有，大多数处理是可以重复的：由于视频的特质（movie 原本就是 moving image 的简写），多数帧到下一帧时几乎没有变化。这说明从一个实例到下一个实例的特征计算是可以复用的。**如果你遇到的问题中有大量多维度的序列化数据，就会发现从本节的视频处理中学到的知识非常有帮助。**

视频处理的主要问题是跟踪随时间发生的变化、实时处理，以及海量特征。主要技术包括 blob、关键帧和轨迹。

10.1.1 数据：屏幕录制

这个案例研究使用的视频数据是一个 5 分钟的视频，关于如何使用一个屏幕录制工具。这种特殊的工具使用一个明亮的黄色圆圈（光晕）来强调鼠标的光标位置。选择该视频是因为它的高清质量，还因为它的作者 Xacobo de Toro Cacharrón 大方地选择在知识共享协议许可证之下发行这个软件。

跟踪鼠标光标在录制屏幕时的位置对于观察者来说是非常困难的。在一个窗口环境下，用户移动鼠标，眼睛中的移动检测细胞很快就能确定它的位置。但是，在观看屏幕录制视频时，我们没有控制鼠标，所以这种方法是不可行的。而且，鼠标所在的位置是视频中最容易出现下一个重要操作的地方。因此，录屏软件作者使用一个对比度很高的黄色圆圈来强调鼠标的位置（见图 10-1），这个黄色圆圈在帧中非常容易识别。不过，录屏软件允许对屏幕位置进行缩放（鼠标的光标和它周围的圆圈也是可缩放的），这意味着人工识别器（在我们的例子中是识别鼠标光标）必须能够正确地处理缩放。

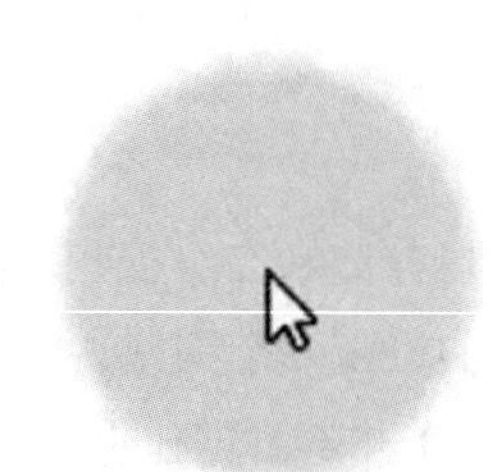

图 10-1　带光晕的鼠标光标。光晕是明显的黄色，非常容易识别

10.1.2 关键帧检测

电影是由一组场景组成的，当场景改变时，整个屏幕就会有一个突然的变化。这时候，在前面的帧上预训练得到的所有特征都应该被丢弃。如果场景不变，但摄像机改变、闪回或任何其他能生成全屏幕的电影设备发生改变，情况也是一样的。与场景改变相对应的帧称为**关键帧**（key frame）。在关键帧上，所有特征都应该重新计算。对于视频压缩和视频摘要这样的应用，关键帧是非常重要的。

识别出一个帧是否与前一个帧有足够的不同，其实就是计算出图像之间是否有合适的距离。

显然，简单的像素距离无法捕捉到像摄像机移动等操作，我们可以使用更加稳健的特征，如 9.5 节中的直方图。

我们将识别关键帧作为一个学习问题来研究。压缩的视频中含有被明确标注的关键帧，称为 I-frame，可以作为训练标签。使用 ffprobe 工具（ffmpeg 工具集中的一种），我们可以得到标注数据，并将其表示为帧索引。视频中的多数 I-frame 是间隔 160 帧标记的。[①]一位志愿者标记了视频中的所有 41 个关键帧供我们使用。第 10 章 Jupyter 笔记本中的 Cell 11 计算了两个相邻帧的直方图和它们之间的差别，然后使用计算出的差别确定第二个帧是否是关键帧。Cell 12 中包含一个使用多项式核的 SVM 模型，使用两个直方图作为特征，在前四分之三的视频上进行训练，使用后四分之一的视频进行测试。它的特征向量简要介绍在表 10-1a 中。仅使用一个视频很难解决这个问题，因为在 9000 个帧中只有 41 个关键帧。Cell 12 中的最终系统抽样了阴性类，取得了一些成功，测试时的召回率是 65%。当然，很欢迎你使用更多视频来尝试一下。

对于你的具体领域，主要的问题是 ML 如何接受两个独立特征化的邻近图像（或具体领域中的实例）作为输入。由于视频数据的特质，我们可以不对其中一个图像进行特征化，因为可以复用前一帧的直方图（见 9.5 节中对直方图的详细介绍）。这似乎没什么特别之处，但能减少 50% 的特征化时间。如果 ML 计算也能部分复用，如神经网络中输入值的传播，就能进一步减少处理时间。只有当特征是对每一帧独立计算的时候，这种优化方法才可行。请注意，计算直方图不是一种困难的工作，但我们可能要做一些复杂的归一化，这就要求更多的计算时间。例如，我们可能要计算一个方向梯度直方图，如 9.7 节所述。

最后，关键帧检测与事件流中的分段是相似的，事件流是现在的一个重要研究主题。

这里介绍的技术不一定是关键帧检测的最佳方法。一种更好的方法是维护当前已知帧的直方图的概率分布，再计算出从这个分布生成新直方图的概率。这种方法与**直方图反向投影技术**密切相关，后面会介绍这种技术。

10.1.3 目标跟踪：均值漂移

现在，我们已经准备好开始解决这个周围有一圈黄色光晕的鼠标光标跟踪问题了。这种问题又称为**目标跟踪**（blob tracking）。第一个任务是在一个帧上找到它，而与其他帧无关。能完成这个任务的一种简单技术是**直方图反向投影**（histogram back projection），后面会介绍。根据反向投影的结果，我们要使用 *k* 均值聚类找到光标，它是候选点的一个最可能的分组。我们通过均值漂

① 感谢 Heri Rakotomalala 指出这一点。

移算法复用前一帧中的光标位置，以此来优化处理速度。**在这个具体问题中，我们应该通过搜索附近的解来复用前面帧中的计算，而不是从头开始。这就是我们最主要的收获。**

1. 直方图反向投影

这种算法使用我们要跟踪的目标的一个样本图像，对于图像中的每个像素，都计算出该像素由样本图像直方图（概率分布）生成的概率。这种算法是单通道的，因为本例中的主要信号是颜色（黄色），所以在将图像由 RGB 格式转换为 HSV 格式之后，Cell 15 在色调通道上使用了这种算法。

反向投影的结果是每个像素都有一个概率值。为了找到数据最可能的中心，Cell 15 使用 k 均值聚类来寻找最可能的中心并加以强调。最终的系统出现了一些错误，而且需要运行一段时间，但是由于它很简单，效果出人意料得好。它使用 785.76 秒在 9276 帧上找到了 5291 个盒子。通过使用前面帧上的结果，我们可以加速算法并提高它的准确率。

2. 均值漂移

均值漂移算法是在概率分布上找出局部极值的一种通用算法。对于视频目标跟踪这种具体情形，它使用每个像素的反向投影概率，并从前一帧向点密度更大的方向移动兴趣区域（region of interest，ROI，见图 10-2）。当达到最大迭代次数或者 ROI 中心不再变化时，算法停止。

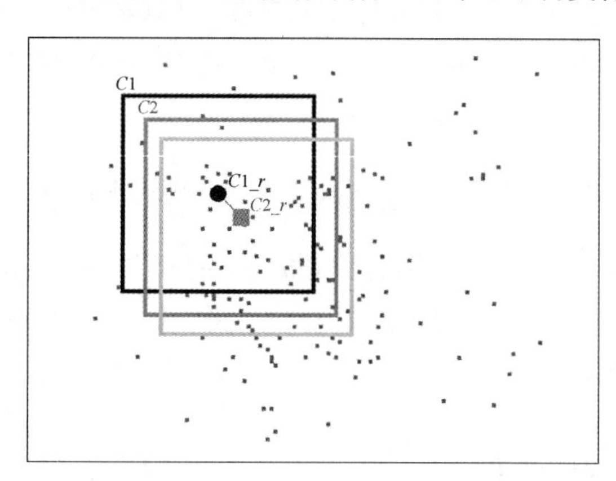

图 10-2 均值漂移目标跟踪算法。算法计算出当前兴趣区域 ROI 或者 ROI($C1$)的质心 $C1\_r$，并向该方向移动 ROI。一直迭代并改变 ROI，直至收敛

为了简化可视化图形，当在整个图像上识别出第一个 ROI 时，Cell 16 放慢了视频速度，以确定均值漂移能否正确工作。Cell 16 使用了 680.80 秒，比初始算法少了 100 多秒，并发现了同样数量的盒子，其中 4886（总数的 92%）个是通过均值漂移发现的。这次执行展示了均值漂移丢失的地方。应该将参数调得更好一些。

10.1.4 扩展学习

与 CV 相比，使用 ML 进行视频处理是一个比较新的领域。有趣的是，当使用深度学习（DL）来解决问题时，依据时间成分与视频成分合并方法的不同，视频处理也表现出各种不同的神经结构。**关键点在于结构是依赖于具体任务的。例如，最适合行为识别的结构并不一定适合目标分割。如果你的数据是一组相关的实例，那么可以把视频处理方法应用到自己的问题中。**

对于这个案例研究，还有两种跟踪算法值得一提，即光流法（optical flow）和连续自适应均值漂移（continuously adaptive mean shift，CamShift）。Bradski 和 Kaehler 在《学习 OpenCV》一书中对包含均值漂移在内的这些算法做了非常好的介绍。

光流法。这种算法确定屏幕上所有点的常规性移动，并将移动的点与背景点区分出来。移动对象的阴影会使这个问题更加复杂，它们在移动时会影响背景中的点。

CamShift。当兴趣区域放大和缩小时，本节介绍的均值漂移算法会出现问题，也就是说，它并非不依缩放而变的。CamShift 是均值漂移的一种自然改进，除了数据位置的改变，它还考虑了大小和方向的改变。

数据集。至于数据集，Marszalek 等人在 CVPR 2009 中提出了一个"Human Action and Scenes"数据集，它是测试视频 ML 新思路的一种常用资源。

10.2 地理特征

时间数据提供了一种特殊的挑战，并催生出了一些特殊的技术（如第 7 章中讨论的那些），地球表面的位置与之类似。值得一提的是，尽管从人们的经验来说，地球是非常平坦的，但它是个球体（现在仍然有人认为地球是平的）。这意味着地球上两点之间的距离不是一条直线，而是一条弧。更复杂的是，地球不是一个完美的球体，因为它的自转使得赤道有轻微的隆起。

据估计，在全世界每天生成的 2.5 EB（约 27 亿 GB）数据中，有 80%是带有地理信息的。对于环境和疾病传播来说，地理空间数据也是非常关键的，而这些都是当前人类所面临的一些前沿问题。

位置数据的处理属于地理信息系统（GIS）领域。我们要区分地图上的点（静态）和轨迹（动态）。在 GIS 特征中，我们将研究基于距离和关键点的表示方法。**即使你的问题不属于 GIS 领域，也可以在数据上使用几何特性，如基于距离的特征。这就是本节的要点。**

数据：动物迁徙

我们将使用尼日利亚非洲杜鹃的迁徙数据。这是通过卫星遥测技术获得的，由 Iwajomo 等人提供，是 Movebank 数据仓库的一部分。它包含 6 种个体（鸟类）的 12 563 个跟踪点，时间为从 2013 年 5 月 29 日到 2017 年 6 月 28 日。

我们的问题是预测一只鸟是否会在 2 小时内出发进行迁徙。Cell 21 按照个体对数据行进行了分割，保留两个个体进行训练、两个个体在开发时进行测试、一个个体进行最终检验。这样就得到了 3199 行训练数据和 4329 行测试数据。

为了得到目标类，即这只鸟是否出发，Cell 22 解析了时间戳，并按照两个条目之间的秒数分配一个类别。Cell 23 将日期和时间分离为独立的特征，并计算出“年中一天”（day in the year）特征，因为对于迁徙时间来说，如果用一年中的一天来表示，应该比用日期与月份两个特征表示更容易理解。基础特征化包含了 9 个特征：年、月、日、年中一天、小时、分、秒，还有经度和纬度。在这些特征上训练出来的 RF 模型的准确率是 70.2%，召回率是 91.4%，*F*1 是 79.4%。下面使用到地标的径向距离来扩展特征集合。

1. 到地标的径向距离

用经纬度表示的点本身并没有太大价值，一种更好的方式是将它们表示为到问题中一个特定重要的点的距离特征，并进一步扩展为到特定数量的地标点的距离和角度。例如，在一项对纽约市中付小费行为的研究中，Brink 等人建议使用到时代广场的距离作为特征。对于地标，我们将使用到附近城市的距离。

Cell 24 先计算出了数据的中心，即它们 GPS 坐标的平均值。这里使用了一个简化假设，即地球是平的，对于彼此邻近、没有跨过子午圈的点来说，这种假设没什么问题。一个子午圈的经度范围为从−180° 到 180° ，它上面的平均值是没有意义的。计算出中心之后，Cell 24 筛选出了一个列表，其中包含从 GeoNames 中获得的尼日利亚和喀麦隆的行政单位，仅保留距离数据中心不足 50 千米的城市，并将到列表中每个点的距离添加为特征。因为到每个点的准确距离非常重要，所以它在计算时使用了精确的顺向性距离，这样每个城市都得到了一个特征。

到中心点少于 50 千米的限制将行政单位的数量从 850 降低到了 5。除了前面提到的 9 个特征之外，从数据点到每个行政单位的距离成了一个额外特征。在这 14 个特征上训练出来的 RF 模型的准确率是 70.0%，召回率是 91.8%，*F*1 是 79.5%（Cell 25）。它的特征向量简要总结在表 10-1b 中。它提高了召回率，但降低了准确率，对 *F*1 有个轻微的改进。**这里的主要收获是，**

如果你在处理一个距离对于模型非常重要的问题，就可以考虑选择一些特殊元素计算距离，得到距离的上下文，从而将领域知识加入问题中。此外，你可以学习 GIS 中使用的更多技术，见下面的讨论。

2. 扩展学习

与时间序列分析类似，在地理空间建模领域中，统计方法的使用也有很久的历史传统。我们简要地了解两种具体方法：一是**克里金法**（kriging），这是一种空间插值技术；二是**变异函数**（variogram），这是一种分析工具，与时间序列分析中的自相关函数类似。近年来，由于处理多维数据的需求，人们开始将统计方法与机器学习混合起来，并称之为 GeoAI。这方面的研究可以参考由 SIGSPATIAL 在组织的系列研讨会。

Kobler 和 Adamic 在从 2000 年开始的早期工作中训练了一个决策树模型，来为斯洛文尼亚中的熊预测合适的栖息地。他们使用了一个粗糙的位置模型（每像素 500 米）来为栖息地建模，并没有实地考察以容纳噪声。他们使用各种资源来扩展数据，包括海拔高度、森林覆盖率、定居点与人类的统计信息。树的最高节点是该地区是否有 91%的森林覆盖率。例如，如果森林密集但附近有人类居住，那对熊而言就不是一个合适的栖息地。与这个案例研究类似，Van Hinsbergh 与其同事使用 GPS 跟踪预测了一辆静止的汽车是在等信号灯还是已经到达目的地。在这个领域的一些有趣结果中，有一种经验贝叶斯克里金法。它使用了局部模型的复合形式，是普通克里金法的一种替代。Pozdnoukhov 和 Kanevski 发现，空间数据的支持向量表示了传感器网络中测量站的最佳位置。Lin 等人则使用 OpenStreetMap 特征增强了加利福尼亚州 PM2.5 的模型，预测了空气中的小颗粒污染。

最后，位置数据还可以用来生成推荐，Zhao、Lyu 和 King 在 *Point-of-Interest Recommendation in Location-Based Social Networks* 中详细地介绍了这个主题。10.3 节将研究推荐。

10.3 偏好

推荐系统是协同过滤的一个实例，它使用用户社区来过滤信息。通常的做法是使用具有相同项或者对某些项有同样偏好的用户列表。

在整合偏好数据与 ML 问题时，主要的难点在于用户如何表达偏好：只有很少的项被评价了。而且，这些很少的项反映出了用户对一个异常庞大的项集合的偏好。从 ML 的角度来看，偏好数据明显地表现出极端稀疏的特征，多数特征值需要填充。对于如此大规模的缺失值，3.2 节介绍的填充技术是无法胜任的，要么因为结果很差，要么因为运行时间太长。所以，我提出了一种基于项的简单推荐算法，来进行**机会主义的填充**。一般来说，如果你处理的问题中有稀疏特征和大量缺失值，那么参考学习一下偏好数据的处理技术可能有用，包括本节讨论的技术和最后介绍的其他技术。

10.3.1 数据：Linux 核心代码提交

用来展示推荐系统的偏好（此处双关）数据源是明尼苏达大学的 MovieLens 数据集，它是由 GroupLens 研究小组发布的。不过，这个数据集是专门用于非营利性研究的。如果用户取得了他们的许可，就可以下载这个数据集的一份副本。我没有使用这个数据集，而是采用了 Ying 等人在文章“Predicting Software Changes by Mining Revision History”中的一些思路，分析了 Linux 核心代码的提交历史。我们可以将提交历史看作一个对源代码文件有偏好的提交者：一个对文件提交了多次修改的人，他表现出了对该文件的一种偏好或专业知识。

因为这个案例研究的目标是将偏好数据与常规特征组合起来，所以可以使用每个提交者的信息来增强数据，并预测他们的某种具体特性。但为了尊重他们的隐私，我没有这样做，而是选择研究提交者具有处理偏好的文件，并使用每个文件上的特征来预测该文件在生命周期内是否获得了比其他文件（提交）更多的关注。这种预测似乎没有什么必要，因为研究一下提交历史就可以获得这种信息，但是对于新的文件，这是一种非常重要的预测信息。对于每个文件，我们使用它们开始时的源代码计算出特征：字符直方图，这样可以得到像左花括号数量、左圆括号数量、`#include` 数量、结构体数量这样的特征，以及文件的总长度。

偏好数据是使用 gitrecommender 来计算的，这是我几年前写的一个 Java 工具，用于教学目的。偏好数据的形式是一个表格，包括了提交者与文件的计数，即提交者对文件的提交次数。为了捕获文件的中心度，我们检查了提交日期，并按照月份进行分组。Cell 31 按照提交次数对文件排序，并计算出它们名次的倒数（1/名次）。这种度量将某个月份内最多提交的文件分配给 1 的分数，第二多的文件分配的分数为 1/2，以此类推。名次倒数的均值（MRR）是要回归的目标度量。对于某个特定文件的 MRR，计算均值时要按照从第一个已知提交到最后一个已观测提交的顺序。10 个月以上没有提交的文件不在考虑之列。Cell 32 绘制出了 MRR 排在最前面的一些文件（见表 10-2），结果看上去很有意义，因为很多提交是向维护者列表中添加名称或者修改系统文件。

表 10-2 按每月名次倒数均值排序的 Linux 核心文件

文件	MRR
MAINTAINERS	0.911 818 78
drivers/scsi/libata-core.c	0.311 638 23
Makefile	0.270 823 08
kernel/sched.c	0.130 612 57
net/core/dev.c	0.100 503 53
sound/pci/hda/patch_realtek.c	0.095 225 337
drivers/gpu/drm/i915/intel_display.c	0.090 184 201
drivers/scsi/libata-scsi.c	0.076 660 623
drivers/net/wireless/iwlwifi/iwl4965-base.c	0.066 584 964
drivers/net/tg3.c	0.064 789 696
Documentation/kernel-parameters.txt	0.060 356 971

为了从提交计数表中获取偏好，Cell 33 按照提交者对其进行了归一化，然后对归一化值进行了阈值化，最后得到 8000 个偏好。使用这份数据，Cell 36 进行了第一次特征化，在具有 15 623 个特征的 51 975 个实例上的一次基准运行得到了值为 0.0010 的 RMSE。特征向量简要总结在表 10-1c 中。这次训练耗费了 150 分钟，使用了 32 GB 内存和 8 个 CPU 内核。这次的特征数量远超其他案例研究，比其他笔记本文件需要更多内存。

10.3.2 填充偏好数据

人们提出了很多算法来解决协同过滤问题。我们将介绍一些在大数据集上效果很好的简单算法，特别要研究一下基于项的推荐方法。基于项的推荐方法的思想：如果一个用户对某个项 i 表示出了偏好，那么他就可能同样喜欢与 i 相似的项 j。为了获得项之间的相似性，可以使用聚类算法中的任意距离度量。Cell 37 计算出了两个提交者之间的 Tanimoto 距离。这种距离又称为交并比（intersection over union，IoU），它先对偏好进行二值化，然后计算出两个提交者所处理文件的并集和交集的比值。直观地说，如果两个提交者都处理过类似的文件，那他们就是相似的。填充过程就是将提交者的 Tanimoto 相似性矩阵与偏好表相乘，偏好表中包含了提交者与文件之间的偏好关系。

对于得到了某个特定提交者（称为 u）提交的文件，这种相乘可以得到一个分数，等于另一个提交者（称为 v）对这个文件的偏好乘以 u 和 v 之间的 Tanimoto 相似度。这样，如果一个文件被很多人提交，而这些人又与一个未知提交者相似，那么我们就可以相信这个未知提交者也提交了这个文件。这里的基本原理是发现提交者团队，10.3.3 节会稍作讨论。

这种通过将偏好与相似度相乘获得的权重可以让我们在未知提交者之间进行比较，但并不是一个有效的填充值：因为所有偏好都在 0 和 1 之间，而这种值可以超过 1，与现有的偏好是不可比较的。所以，Cell 38 使用它们进行了一种机会主义的填充：它基于与 Tanimoto 矩阵相乘的结果选择出前 n 个未知提交者，然后使用文件的偏好中位数对它们进行填充。这样，受欢迎的文件仍然受欢迎，对某个文件表现出很强偏好的提交者仍然有很强的偏好值。最后得到的 RMSE 从 0.0010 降低到了 0.0008。

10.3.3 扩展学习

近年来，由于 Neflix 竞赛的推动和搜索引擎对点击率模型的普及，协同过滤领域吸引了很多注意力。关于这个主题的一项实用资源是 Owen、Anil、Dunning 和 Friedman 的著作《Mahout 实战》，它介绍了这个领域的新进展。下面讨论与这个案例分析相关的两个主题：新用户偏好和非负矩阵分解（NMF）。

新用户。对新用户的推荐很困难，因为通常缺少能被模型使用的偏好数据。在这个案例研究中，就相当于处理新创建的文件。处理这种情况的一种好方法是定义一个文件邻近区域，然后基于类别的中心点进行填充。例如，在这个案例研究中，一个合理的邻近区可以是在同一个文件夹中的文件。

NMF。NMF 是一种非常好的推荐方法。如 4.3.6 节所述，NMF 的目标是使用两个矩阵 $\boldsymbol{W}$ 和 $\boldsymbol{H}$ 的乘积代替初始偏好矩阵，并使 $\boldsymbol{W}$ 和 $\boldsymbol{H}$ 中没有负数元素。矩阵 $\boldsymbol{W}$ 中行与矩阵 $\boldsymbol{H}$ 中列的数量是这种方法的一个超参数。对于这个案例研究，它表达的是团队概念：矩阵 $\boldsymbol{W}$ 表示某个特定团队有多大可能负责某个特定文件，矩阵 $\boldsymbol{H}$ 表示某个特定提交者有多大可能属于某个特定团队。以填充为目的，计算 $\boldsymbol{W}$ 和 $\boldsymbol{H}$ 要求对求解方法进行特殊修改，以不考虑缺失项。还要注意的是，scikit-learn 中的求解方法在处理不独立的列时是有困难的。

TURING
图灵教育
站在巨人的肩上
Standing on the Shoulders of Giants

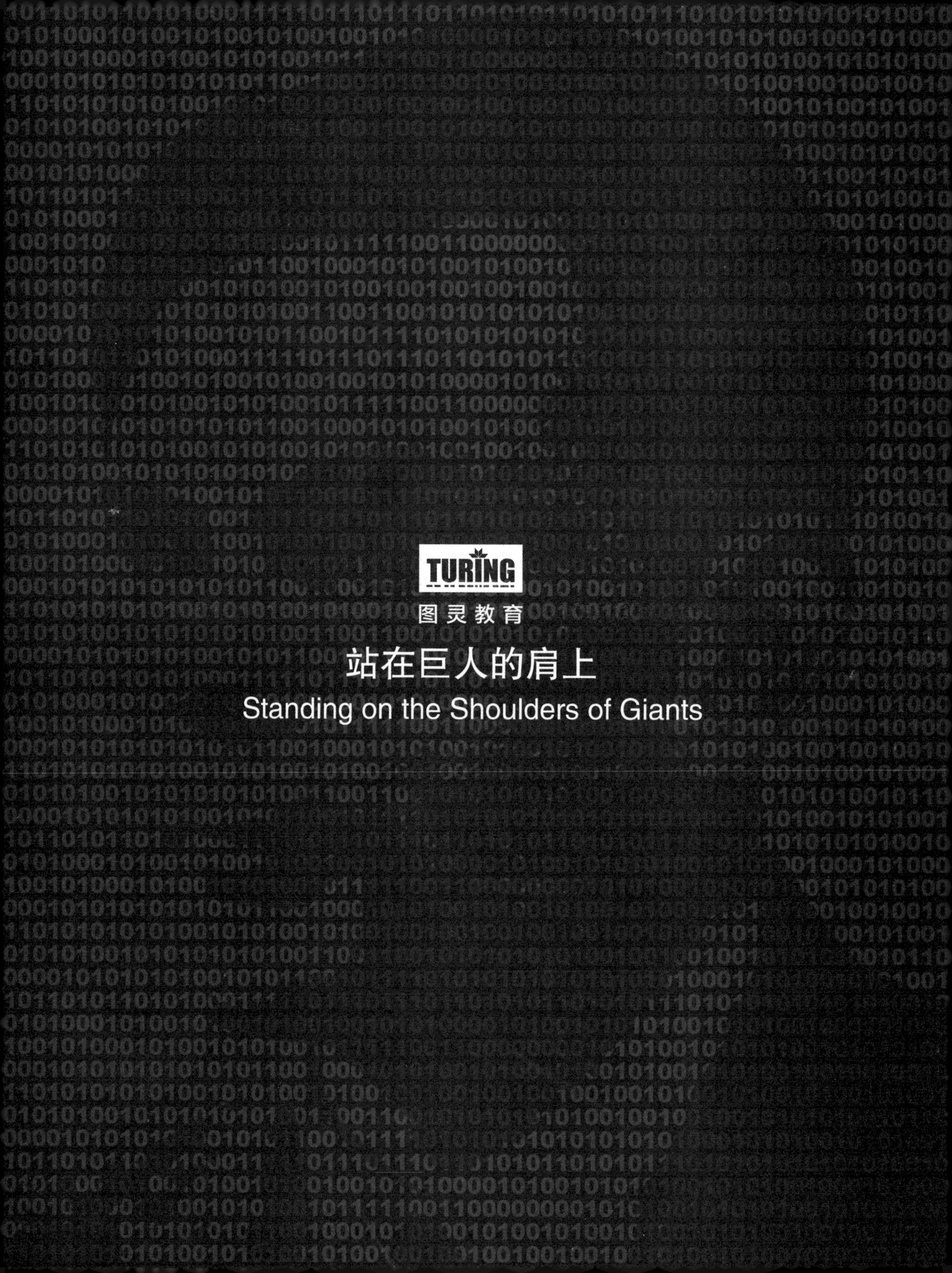
TURING
图灵教育
站在巨人的肩上
Standing on the Shoulders of Giants